多肉植物的栽培・裝飾・賞玩法

大人的
多肉植物鑑賞圖鑑

外觀獨特，易於栽培，小巧可愛。
讓我們一起體驗裝飾樂趣，培育多肉植物吧。

多肉植物的葉肉肥厚，令人印象深刻。
它們擁有多變的形狀、顏色及大小，不禁讓人看得入迷。
從基本栽培方法、人氣品種，到改造方法，
本書彙整豐富的內容，樂趣無窮。
為你介紹時下流行，深受大人喜愛的多肉植物之美。

CONTENTS

多肉的玩賞之樂與栽培方法

「鎌倉・草花屋 苔丸」

「苔丸」融入鎌倉綠意盎然的自然之中，空氣中飄著一縷懷舊的氣息。
經過改建的老宅別具特色，店長赤地光太郎引進多肉植物的幼苗，在這家店裡進行販售。我們請他分享多肉植物的魅力，以及順利栽培的方法。

中庭裡有繁茂新鮮的綠色植物。
一方空間栽滿季節花草和山草盆
栽，散發出閑靜雅致的氣氛。

如何呈現植物的自然風貌
始終是設計時的第一考量。

草花屋「苔丸」，除了販售季節性花草、多肉植物、山草和切花等商品之外，也有經手造園景觀和空間布置。經營者赤地先生打造的獨特世界，展示接近自然狀態的植株，令人不禁受到這份感性所吸引。

赤地先生自行設計了一間日光室，請熟人協助建造，在裡面擺滿多肉植物，只要打開玻璃門窗就能攬入流動的風，而且能接收陽光，這樣的環境正是管理多肉的最佳場所。此外，日光室還能放置不耐寒冬的多肉植物，在空間配置中扮演重要的角色。赤地先生告訴我們：「有一個觀念適用於任何植物，就是要儘量提供接近原產地的環境。」繼續深入內部一看，清新自然的庭院隨即映入眼簾，花盆與層架上有一些老舊工具或古董雜貨，烘托了庭園的氛圍。這些物品往往給人粗糙的印象，但與多肉和花草調和交融後，形成一股柔和情調，品味十足。苔丸所經手的多肉，據說大多是向農園進貨，或是向從事植物獵人的熟人取得。在狹小的店裡擺放稀有品種，讓客人可以體驗尋寶的樂趣，找尋自己喜歡的植物。「多肉植物能夠變成我想呈現的樣貌，它們是很吸引人的素材。我會在維持基本栽培方法的前提下，嘗試在嚴苛環境中種出搖晃細長的植物，或是只在上方保留葉子，我想試試看所有想嘗試的事，跟隨自己的感受，享受其他地方所沒有的自然樣態⋯⋯。我對多肉植物的興趣從未減退。」

鎌倉車站步行約20分鐘抵達鎌倉山，「苔丸」即座落於此。經營者改建古宅，一片綠意點綴的外觀，令人不禁駐足流連。門口有一棵大而顯眼的櫻花樹迎接客人。

1

2

3

多肉植物最大的魅力在於容易栽培。其中有許多健壯的品種，平時只要注意日照和澆水，植物就能在最低限度的照顧下生長。而且與花草相比，多肉植物的生長速度比較慢，可以養出接近想像中的樣子，真令人高興。再來就是種類很豐富！也不知道是好是壞，我會產生滿滿的收集慾（笑）。

by Koutarou Akachi

1 日光室內部可以看見綠意盎然的庭院，整家店有許多地方都令人想效仿看看。 **2** 赤地先生也會做花藝，店裡有販售色彩繽紛的鮮花。聽說他也有做過婚禮花束。 **3** 明亮的日光室裡滿是外型獨特的植物，裡面還有許多一般園藝店看不到的珍貴品種。

讓植物自由生長，保留枯萎的模樣，
享受毫不修飾、不協調卻舒適的美感。

赤地先生主要採取的多肉植物玩賞法和栽培法，
就是不過度插手，堅持以自然的方式培育。
他會刻意留下應該修剪的枝條或枯萎的莖，在一旁守護。
雖然植物無法長出自己想要的形態，但也許這種不確定性，
正是栽培多肉植物的妙趣所在。

1 Hydnophytum papuanum
2 廣葉蘆薈
3 九頭龍

1 有根的八千代。扦插芽苗前將植株插在瓶子裡，看起來就像一幅畫。 2 生長在南非或馬達加斯加的席巴女王玉櫛（前面兩株）。3 比起經過修整的植物，赤地先生更喜歡自然生長的姿態。「我有時會讓植株繼續徒長。這樣可以發現全新面貌，很有趣喔。」（後）翡翠木，（前）白牡丹。

赤地先生喜歡的品種，
為外型獨特吸睛的植物。

嘗試栽培平時不常見的仙人掌或塊根植物
也別有一番樂趣，推薦給你。
令人不禁多看幾眼的奇特身姿，
一盆便足夠引人注目。

龍舌蘭屬 嚴龍白鯨

特徵是巨大的白爪和鋸齒。時髦的造
型很受歡迎，可以欣賞它獨特的樣貌。

1 廣葉蘆薈

廣葉蘆薈透過葉子中的果凍狀組織儲存水分。葉片細長帶刺，展開呈蓮座狀。有大有小，尺寸豐富。

4 Eriospermum paradoxum

中文俗名為「霧冰玉」。莖葉上附著棉毛，植株在涼爽季節從地下根莖生長。在太陽下呈現耀眼姿態，頗有神祕感。

2 裸萼屬 新天地

新天地是可愛的仙人掌，呈現凹凸不平的球狀。反折彎曲的大尖刺是紅色，很有華麗感。

5 豔桐草屬 Florianopolis

葉子神似薄荷葉的塊根植物。特徵是葉子背面的蓬鬆棉花。植株會開出橘花。

3 壺花柱屬 恐怖閣

恐怖閣呈向上生長的螺旋狀，形狀獨特。身上有尖銳的突刺，很有仙人掌的風範。生長速度非常緩慢。

培養挑選器皿的品味 **襯托多肉植物之美**

盆栽製作課程

雖然讓可愛的多肉植物保持原樣也不錯，
但帥氣成熟的氣質才是「苔丸流派」。
有純粹的單植，也有需要觀察平衡性的混植。
為了做出令人印象深刻的盆栽，盆器的選擇很重要。

如流動熔岩般的設計是FAT LAVA（德國）花瓶的一大特徵，盆內是優雅直挺的筒葉花月植栽。筒葉花月是翡翠木的芽變種，葉片呈棒狀，前端有凹陷。獨特的樣貌令人過目難忘，印象深刻。

Vintage

運用復古盆器栽種

德國或法國的舊盆栽上塗有顏色獨特的釉藥，裝飾性的圖樣很引人注目；大膽地單植，而不採用混栽。多肉與盆器互相輝映，提升存在感，打造出大人喜愛的盆栽。

達摩福娘的葉片豐滿渾圓，挑選盆栽時，需要搭配葉色和色調，製造一致的氛圍。盆栽表面鋪上黑色富士砂作為化妝土，優雅別緻。

Vintage

唐印的葉片大而豐滿，氣質如花。使用有可愛圓點的白盆栽，與帶紅的葉子前端形成對比，展現時髦風貌。

平缽的淺盆栽不高，搭配生長茂盛的多肉植物，就能打造平衡協調的畫面。
後／將不同大小的翠月集中在盆栽中央，表面鋪上富士砂，打造收束感。
前／銀霜（Silver Thaw）以匍匐莖生長群生，大量種植以呈現繁茂之美。

黛比的葉子有躍動感，適合搭配厚重的盆栽。在植株底部的空間隨意點綴小株的多肉，增加童趣。

Handmade

在藝術家的花盆中栽種

手工的盆器散發溫暖而豐富的樣貌，在裡面混植比較小顆的多肉植物，樂趣十足。在盆器的邊緣種入垂掛生長的植物，營造變化幽微的氣氛。

將小巧玲瓏的銘月、秋麗與藍精靈放入小盆栽。混植具有美麗紅葉的多肉植物，可同時欣賞兩種樣貌。

右／在大量混植中加入亮點，紫紅色的莖大膽垂掛在獨特的黃花新月身上。將別有情調的深盆放在老舊的爐架上擺設。 左／保留徒長的姬秋麗枝條，呈現有趣的盆栽造型。不要受限於盆栽，自由發想並享受設計的樂趣吧。

Natural materials

藉自然素材栽種

這是以鐵絲牢牢固定枝條做成花器的靈感發想。只要少量的土壤就能種植多肉，不用特別挑選種植環境是其一大優點。這裡選用水苔，方便種植在土壤容易鬆脫的環境裡。

集中混植形形色色的擬石蓮。嫩綠葉色與黑色枝條形成漂亮的對比，散發樸素而簡練的氣質。

順利培育多肉植物

多肉植物省時省力，比一般的花草更容易栽培。
這裡將為你介紹基本的栽培方法。
讓我們一起掌握植物特徵及養護技巧，養出健康漂亮的多肉吧。

1 準備材料與工具

1 多肉植物的用土
多肉植物專用混合土。採用排水性佳的配方。

2 澆花器
推薦使用前端較細的澆花器。可以替小盆栽澆水，也能直接澆在植株底部，是很萬用的工具。

3 水苔
使用佛甲草之類的細葉進行葉插法時，水苔可用來代替土壤。

4 缽底石
加強土壤的排水性及通氣性，具有預防爛根的效果。

5 報紙
進行栽種作業時，在底下鋪報紙，避免工作台髒掉。

6 鏟土器
將土倒入盆器，用來種植或移植的工具。

7 剪刀
修剪幼苗或根時使用。

8 鑷子
保養多肉植物的必要工具。經常用來進行栽種或處理枯萎的下葉。

9 掃把
小掃把可以打掃落下的土，十分方便。

10 抹布
毛巾的用途很多，準備一條是很重要的。

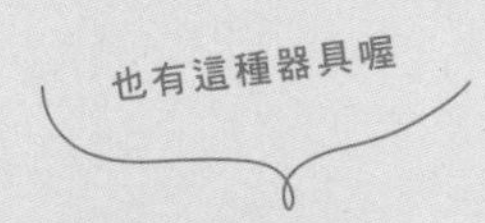

富士砂保水性佳，可以作為黑色化妝砂使用。藉由鋪在表土上，營造現代氛圍。

排水性佳，保溼性高的椰纖片。質地很輕，適合吊掛盆栽。

2 將植株種入盆栽

01 將買下的幼苗或長大的苗進行換盆時，重點在於去除黏在根上的土。遇到根部很雜亂的情況時，需要鬆開或修剪根部。

02 根部整理乾淨的樣子。如果想種入盆栽或混植，根據栽種物的不同，有些植物會是無根的狀態。

03 在盆栽中倒入多肉植物用土，並且種入植株。為防止葉子脫落或受傷，請使用鑷子。觀察高度並取得平衡，高度太低則增加土壤並調整位置。

04 下葉枯萎或受傷時，將葉片移除。放著不管會導致枯葉在澆水時因接觸到水而發霉，請多加注意。

05 去除翡翠木的下葉後，用鑷子夾住莖部，做出枝條低垂的形狀，並且插入土中。

06 觀察畫面的平衡性，依喜好將多肉插入土中。最後澆一下水就大功告成了。

想在混植盆的空隙裡加一點多肉植物時，以水苔代替用土是很方便的做法。在你想增加多肉的地方放入水苔，接著插入多肉的葉子就能穩住植株。

葉插繁殖

多肉植物的生命力很強，有些品種可以從莖的底部取下葉子，葉子會長出新芽或新根，繁殖出新的個體。葉插法只要將葉子放在土上就能繁殖，做法很簡單。建議使用換盆時取下的葉子或落葉，這樣也能長出新芽。不過，葉插法不能使用剛澆過水的葉子，在斷水條件下培育的多肉葉片可以俐落地摘取，而且更容易長出新根。如果要使用已摘取的葉子，需維持原狀；採集葉子時，請刻意留下整齊的生長點。此外，選擇葉肉肥厚的品種也是成功葉插的訣竅。佛甲草屬、擬石蓮屬、青鎖龍屬、風車草屬等品種適合葉插法。

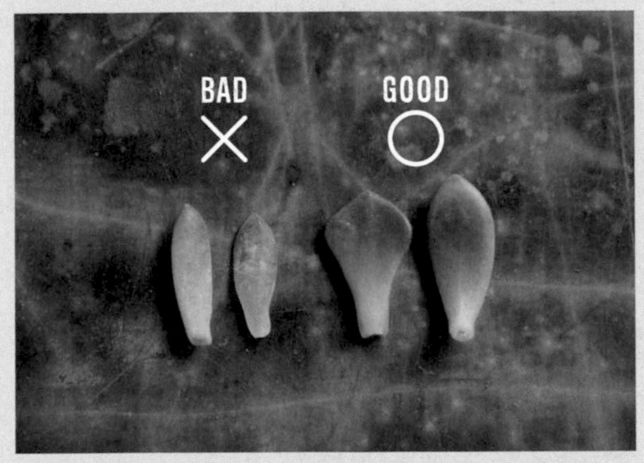

01 不使用底部受傷、泛黃變色的葉子。充分風乾的葉子比較容易發根。

02 在乾燥的土壤上，一片一片排列葉子。葉子朝上方擺放。

03 擺好之後，找一個通風良好的明亮地點，靜待葉子的底部發根。

04 數日後，葉子發根並長出新芽的樣子。原本的葉子將營養輸送給新芽後枯萎，將乾枯後的葉子剪掉，新芽則移植到其他盆栽裡。

4 分株繁殖

將長大的植株根部分開，先分出母株和子株，再進行分株會比較容易繁殖。十二卷屬、擬石蓮屬、龍舌蘭屬等多肉植物會長出子株，可以採取分株法。分株法不同於芽插法，由於植株本身已經有根，是新手也能輕易挑戰的繁殖方法。為避免根部太乾燥，完成分株後需立刻將植株種入土中。請將植株種入乾淨的新土。移植後不能馬上澆水。在植株剛分開的狀態下澆水，可能導致雜菌透過切口進入植物體內。為了減少根部受到的傷害，請先斷水一週左右再澆水。

01 從盆栽取出分株用的植株。去除黏在根上的舊土。

02 用手分開植株。如果根部糾纏在一起，不要強行拉扯，請慢慢鬆開整理。

03 母株與其他5個子株分開的狀態。過小的植株可能導致枯萎，因此不需要強行分開。

04 將母株和子株分別種入不同盆栽，這樣就完成了。放置一週左右再澆水。

5 放置地點

多肉植物本來就能在日照充足的乾燥地點自行生長。不提供充分陽光的話，植物無法行光合作用，水分始終殘留在體內，最後導致植株被悶壞。最糟會發生枯萎或溶化的情況，必須多加注意。此外，多肉植物也不適合潮溼的環境。每天最少要在通風場所放置4小時以上，讓植物接收陽光。不過，即使多肉植物喜歡陽光，盛夏直射的陽光會導致土壤升溫或葉片曬傷，需避免這種情況發生。請將植株放在明亮的屋簷下吧。

放戶外…

最合適的放置地點，是不會淋到雨的屋簷下或是有陽光的陽台。冬天氣溫低於5℃時，請根據不同品種的需求，將植物移至溫室或室內。

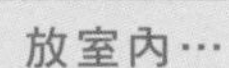

將植物養在可充分接收陽光的窗戶邊吧。此外，由於多肉不耐溼氣，開窗通風也很重要。放在較難照到陽光的地方時，應該將盆栽拿到外面曬曬日光浴。

6 澆水

植株會在缺水時消耗體內儲藏的水分，所以葉片會因此變皺。葉片變皺是危機的信號，這時請盡快澆水。但是，多肉植物澆太多水很容易引起一些問題。土壤潮溼會導致爛根、生病或發霉。基本上，應該在生長期等待土壤風乾再澆水，但休眠期要儘量減少澆水，斷水更能讓植株順利成長。(※)春秋型、夏生型、冬生型等生長期的澆水時機各有不同，確認自己想栽培的多肉是哪種類型十分重要。

(※)
●春秋型：生長期為春季與秋季。夏季生長緩慢，冬季休眠。
●夏生型：生長期為夏季。春秋季生長緩慢，冬季休眠。
●冬生型：生長期為冬季。春秋季生長緩慢，夏季休眠。

7 病蟲害因應對策

介殼蟲附著的植株。

多肉植物身強體壯且易於栽培，比其他植物更不易生病或遭遇害蟲，但日照不足或通風不佳的惡劣條件卻很容易引起病蟲害。應該注意的疾病有根腐病、黑斑病、白粉病等。早期發現時，可使用市售的藥劑加以處理。害蟲有介殼蟲、葉蟎、粉蝨、蚜蟲、蛞蝓等。發現前述害蟲時，應進行捕殺或噴灑藥劑。線蟲（根瘤線蟲）會潛藏在盆栽裡吸收根部養分，請將長有瘤狀物的根切除。

多肉植物圖鑑

Succulents Catalog

人氣的多肉植物具有搶眼的獨特色彩和形狀，以及能在狹小空間裡供人欣賞的特性。為了在高溫乾燥地帶生存，多肉的根莖葉可以保存水分，仙人掌也是多肉植物的一種。多肉的種類豐富多樣，有的品種葉肉肥厚，有的品種身上長毛或葉片細小。圖鑑將分別介紹不同屬的特徵及栽培方法。

協力／島村園藝

※開花期因種類不同而有些微差異。
※關於原產地的標記，圖鑑只記載代表性品種的原產地。
※圖鑑記載的葉片轉紅時期會因地域、環境、生長條件（澆水、用土等）等因素而有所不同。
基本上，多肉植物大多在秋季至冬季期間出現變化（葉片轉紅等）。

蓮花掌屬

特徵為莖的前端有工整的蓮座狀葉片，外型很獨特。莖會愈長愈長。葉片由下而上依序凋零。蓮花掌屬有多種葉色和紋路，鑑賞價值高這點也相當吸引人。植株會在秋冬期間開花，但植株可能在開花後枯萎。盡快修剪植株就能長出子株。

開花期 2～6月

原產地 馬卡羅尼西亞（加那利群島等地）、北非及阿拉伯半島部分地區

培育法 不耐寒也不耐熱，葉片在休眠期凋落，給人寂寥的印象。耐乾燥性強，注意不要澆太多水。5～9月休眠期幾乎不需要澆水。如果莖長得很凌亂，請修剪莖的前端。通常會在初春或秋季使用剪下的莖，並採取扦插繁殖法。

曝月

葉片中央有鮮豔的黃色線條，屬於黃中斑的類型。葉片轉紅時會泛起微微的紅暈，紅綠對比呈現美麗姿態。

豔姿

身形穠纖合度的中型蓮座，葉片中央有棕色線條。葉片會在春夏期間變成黃色。

曝日

特徵是鋸齒狀的葉片，葉片外側有白色至黃色的斑紋，粉紅色的葉緣十分豔麗。有些葉子的直徑大至20～30公分。

八呎鏡

整齊展開的圓葉是八呎鏡的一大特徵。休眠期會變成金黃色，葉片長大後的寬度大約20公分，相當值得一看。

檸檬水

葉肉稍厚且具有胎毛，中央區塊是明亮的黃綠色漸層，看起來很清新。檸檬水會大量分枝，形成繁茂的模樣。

黑法師

有光澤感的黑色葉片美麗動人，黑法師是莖幹向上分枝生長的大型品種。夏季休眠期落葉，留下葉子的中心部位。

黑法師錦

葉片有點細長，休眠期會長出褐色的條紋。葉子到了休眠期，僅剩生長期的三分之一左右。

小人祭

佛甲草般的小圓葉密集生長，灌木狀的細小莖部前端，長著群生的蓮花座。需在能躲避寒冷及潮溼環境的地點加以管理。

紫羊絨

外型類似「黑法師」，特徵是中央區塊的綠色與深紫色色調。放在日照良好的地方會長出漂亮的顏色。

姬明鏡

黃綠色的葉片周圍長著細毛，擁有獨特的葉貌，蓮座狀的植株扁平生長，而不是立體形態。姬明鏡生長旺盛，大量繁殖子株。

伊達法師

又稱為「綠茶法師」。綠色的葉子和植株中央有褐色，色調素雅。子株生長良好，可採取芽插繁殖法。

愛染錦

葉片上有不規則的米色斑紋，展現對比感的美麗身姿令人目眩神迷。葉緣還點綴著粉紅色。

露草屬

原生於南非東部等地的植物。露草屬具有肥厚的葉肉，其中的番杏科花蔓草是很常見的品種。

開花期 6～10月

原產地 南非

培育法 露草屬很健壯，植株匍匐蔓延，可用於地被植物或石造庭園。可忍受乾燥或酷熱環境，需放在日照與排水性佳的地點培育。請等土壤表面風乾後再澆水。只要不接觸寒霜就能在戶外過冬。

花蔓草

有常綠品種及斑葉品種，斑葉品種的葉緣會變粉紅色，看起來很漂亮。開花期會開出松葉菊般的深粉色花朵，呈繽紛色彩。花蔓草的繁殖力旺盛，會大量繁殖，將盆栽吊掛起來，植株會向下垂掛生長。

天錦章屬

天錦章屬有許多葉形和顏色豐富多元，且外型獨特的品種，十分受歡迎。有許多小型種，生長速度緩慢。雖然植株健壯且易於照顧，但另一項特徵是葉片容易脫落。掉落的葉子可用來進行葉插，讓我們一起體驗繁殖栽培的樂趣吧。

開花期 8～9月

原產地 南非

培育法 全年最好置於通風良好、不淋雨的地點。植株喜歡陽光，夏季應置於不受陽光直射的地點管理。天錦章屬是耐寒性較強的植物，但不能接觸寒霜，氣溫低於0℃時，應將植株移至室內。

天錦章

肥厚的葉子相互交疊，緩慢生長。深綠色的葉片前端呈細微的波浪狀，特徵是它的黑色斑點。

神想曲

葉肉前端扁平而細長，葉片顏色會轉黃。變長的莖上會長出厚厚的褐色毛。

楊貴妃之扇

葉片豐滿肥厚，前端的荷葉邊十分可愛。植株分枝向上生長，莖長出跟「神想曲」一樣的毛。

回歡草屬

回歡草屬身上可以取得許多種子，除了體驗播種的樂趣之外，種子也能自然脫落生長。菱形的葉片略有厚度，莖部的白色胎毛也很有特色。

開花期 5～6月

原產地 南非

培育法 置於日照與通風良好的場所管理。由於生長速度慢，請在小盆栽裡培育。耐熱性與耐寒性強，易於管理是回歡草屬吸引人之處。春秋季生長期給予充足的陽光，每週大約澆一次水。

櫻吹雪

在日本流通量最多的回歡草屬品種，綠色與粉紅色葉片漸層是櫻吹雪的人氣賣點。莖部低垂生長，前端會開出粉紅色的花。

擬石蓮屬

開花期 2～8月

原產地 中美洲（墨西哥為主）、北非、南非

培育法 擬石蓮屬喜歡陽光，因原生於高海拔地帶，不耐日本的高溫環境。最適合養在不受陽光直射且通風良好的地點。春秋季生長期，等土壤風乾再充分澆水。夏季與冬季休眠期則減少澆水，觀察葉子的狀態，快要變皺時再澆水。

銀武源

葉片呈現霧面的藍灰色，是很受歡迎的必養擬石蓮屬多肉。稍厚的葉片可在混植中使用。植株長大後，底部會長出子株。

白雪公主

葉緣呈現淡粉色，附著一層薄薄白粉的模樣十分可愛。偏白的葉色到了夏季會更接近綠色。

玉點

鮮豔豐滿的葉片前端有紅色點綴，葉片轉紅時，玉點在擬石蓮屬之中是數一數二美的品種。

野玫瑰之妖精

形態漂亮而工整，葉片在秋季轉紅，染紅的爪子前端相當吸引人。很容易栽培且整體尺寸較大，但生長速度緩慢。

花麗

藍綠色的葉片上附著白粉，邊緣呈現紅色，是十分美麗的品種。中央會長出花芽，春天開出黃花。

月光女神

葉子比「花麗」更大，具有曲線形的優雅姿態。葉片轉紅時，偏白的葉片上點綴著紅色的葉緣。

妮可莎娜

葉肉肥厚且形狀渾圓，模樣十分可愛。葉片是有光澤感的綠色，前端會在冬季時浮現淡雅的粉紅色。

翡翠波紋

葉片結實堅硬，深綠色的外型令人印象深刻。植株健壯且生長速度快，可以用葉插法輕易繁殖，樂趣十足。

女雛

葉片前端微尖，擁有淺綠的葉色。植株體積較小，也很適合作為混植用的植物。經過栽培後會長出子株，並且大量繁殖。

桃太郎

蓮花座的比例很協調，葉片微微展開，愈靠近前端愈尖銳。到了冬季，偏藍色的葉片前端會染紅。

紐倫堡珍珠

紐倫堡珍珠的特色是全年不變的美麗粉紅色，以及微微內捲的葉子。植株長得比較高，需要進行修整。

麗娜蓮

鋪著白粉的葉片很有厚度，朝側邊展開延伸。微捲的葉片烘托出更優雅的氣質。

蘿拉

蘿拉是人氣品種，別名「露娜蓮」，玫瑰般的蓮花座及淡淡的顏色很受歡迎。雖然新手也能輕易栽培，但要小心避免植株被悶壞。

公主珍珠

葉子宛如飄逸的荷葉邊，轉紅時期會變成紫色。在乾燥的環境下栽培可以養出緊實的植株。

靜夜

顏色偏白而透明的葉片具有高度鑑賞價值。雖然尺寸大約只有5公分，但植株長大後，根部會長出子株，形成群生狀態。

久米之里（*Echeveria* 'Kumenosato'）

久米之里是很美的品種，鮮豔的綠色很有光澤感，葉緣則是紅色。植株強壯且易於栽培，屬於有莖幹的類型，因此會向上變長。

白鳳

特徵是圓圓的大葉片。豐滿肥厚的葉片很有多肉植物的風範，葉片展開呈蓮座狀，植株直立生長。葉片會由綠色轉為淡粉色。

白閃冠

莖葉上覆蓋著輕飄飄且有點長的毛。具有直立性，葉片轉紅時會變成橘色，外型美麗動人。

特玉蓮

又名「特葉玉蝶」，葉片正反面看起來相反，很有獨特性。特玉蓮是產量很少的稀有多肉品種。植株雖然會長大，但生長速度很慢。

碧桃

碧桃具有相似於「霜之鶴」的直立性，特徵是有如團扇的大圓葉，屬於大型種。容易生出子株，會大量繁殖。

霜之鶴

具有黃綠色的橢圓形葉片，前端則是粉紅色，整體會在轉紅時期變成偏黃的紅色。屬於具有直立性的品種，下方葉子會凋落，植株同時向上生長。

紅輝炎

軟綿綿的胎毛十分可愛。葉片接觸低溫後，前端會變成朦朧的紅色。紅輝炎比其他品種更無法忍受斷水，這點必須多加注意。

白鬼

沒有厚度的波浪狀葉片感覺很脆弱。再加上偏白的葉色，形象正如其名「白色幽靈」（*Echeveria* 'White Ghost'）。

紅晃星

觸感摸起來有點像天鵝絨，葉子上有胎毛。綠色葉片的邊緣點綴著紅色，前端尖尖的，給人銳利的印象。

錦晃星

錦晃星長得很像「紅晃星」，特徵是有弧度的葉片前端及肥厚的葉肉。葉子整體被胎毛覆蓋，轉紅時期會染上漂亮的紅色。

高砂之翁

葉片前端是展開的荷葉邊，散發出大而華麗的形象。夏季受陽光直射會造成葉片曬傷，因此需要遮光。

光琳菊屬

光琳菊屬是南非原生的多肉群體。尖尖的藍白色葉片向上生長，長大後的莖會逐漸木質化，分枝成直立性的多肉植物。

開花期 2～5月

原產地 南非

培育法 身體健壯，耐寒性與耐熱性佳，放在一旁就能長大。但由於日本氣候潮溼，必須注意避免植株在夏季悶壞。栽培要點在於極力減少澆水量，在乾燥環境中管理。植株變長後進行修剪，就能以扦插法輕易繁殖。

琴爪菊

葉子的形狀很像鋸子，前端染上一層粉紅色。大約5月會開出有如松葉菊般的深粉色花朵。

厚敦菊屬

菊科多肉植物在岩石縫隙間自行生長。厚敦菊屬有許多外觀獨特的品種，可作為灌木型的塊根植物栽培。

開花期 10～11月、3～5月

原產地 南非

培育法 在排水良好的土壤中種植，在通風良好的半日照地點管理。將植物吊掛時，需安置於不會長時間淋雨的屋簷下。莖太長時要進行修剪整理。

黃花新月

具有蔓延的紫紅色莖部及肥厚的葉片，存在感十分強烈。春秋季會開出黃色的小花。

伽藍菜屬

伽藍菜屬很受歡迎，許多品種的外觀看起來不像同一個屬，形狀奇異多變，有些葉子表面長毛，有些會飄散粉狀物，有些身上長有紋路。尺寸也很多樣化，從10公分左右到3公尺的大型品種都有。生命力與繁殖力強，可大量繁殖。有些市面上流通的品種被當作欣賞用的花盆。

開花期 11～6月

原產地 非洲（馬達加斯加）、亞洲、中東

培育法 不耐冬季低溫，嚴冬時需移至室內。伽藍菜屬在多肉植物之中屬於較能承受夏季氣溫的類型，但要注意的是，盛夏直射的陽光會造成植株枯萎或葉片曬傷。請不要讓有毛的品種淋到雨。

白兔

葉片豐滿柔軟，上面覆蓋著一層白色細毛。
夏季需在乾燥環境下照顧。

黑兔

偏黑的深綠葉片美麗動人。由於不耐低溫，冬季最好放在室內並採取斷水措施。

黑兔耳

特徵是可愛的毛氈質感，以及葉緣上的焦褐色連續斑點。黑兔耳很喜歡陽光。

熊貓月兔耳

肥厚的葉片上長著密集的軟毛。偏白色的葉緣上有黑色斑點，看起來顯眼而迷人。

星兔耳

身形細長，葉緣的斑紋比其他品種細，看起來像點狀的星星，因此被稱為星兔耳。

月兔耳

黑綠色葉片上有毛，葉緣的偏黑色斑點也很令人印象深刻。月兔耳是伽藍菜屬多肉植物中最常見的品種。

巨兔耳

葉子寬度比其他品種大，令人印象深刻。容易長出子株，葉插法可輕易發根。注意不要在冬天澆太多水。

黃金月兔

又稱「黃金兔」。最近日本市面上大量出現「北狐」的稱呼。葉子上覆蓋著白色細毛並呈現金黃色。

虎紋伽藍菜

橢圓形的葉片上有斑紋，外觀相當獨特。水分太多會造成植株難以長出斑紋，應該觀察情況並控制澆水量。

仙人之舞

葉子上有天鵝絨質感的胎毛，表面呈現漂亮的褐色，背面則是銀色葉片，雙色的葉片十分吸睛。植株散發雅緻成熟的氣息。

蝴蝶之舞

葉片到了秋季會變成粉紅色，冬季會開出鈴鐺形狀的紅花。新手也能非常輕鬆地栽培，葉插法可以快速繁殖。

白銀之舞

銀色葉片上附著白粉，即使不會開花還是具有很高的鑑賞價值，是人氣品種。植株在冬季接觸低溫後，葉片會變成淡淡的紫紅色。

Beharensis Whiteleaf

大大的葉片很有特色，屬於葉子會長到大約1公尺的大型種。春季會開出淡粉色的可愛花朵。不耐低溫。

Scapigera

葉片厚度略薄，呈現雞蛋的形狀，左右對稱展開。日照不足會導致徒長，春季至秋季生長期應該在日照良好的地點管理。

雀扇（灰）

雀扇（黑）

雀扇（灰）／（黑）

葉片前端呈平緩的波浪狀，有灰色與黑色兩種類型。灰色款的色調是藍中帶白，具有如鵪鶉蛋一般的獨特外型。黑色款是黑綠色，形象雅緻。兩者採取葉插法的成功機率都很高。

雷鳥

葉片上有斑紋圖樣，由於圖案很像雷鳥的夏毛，因此在日本稱為「雷鳥」，又名「掌上珠」。葉片匍匐展開，葉緣會長出子株繁殖。

江戶紫

鮮豔的紫色斑紋很引人注目。斑紋會在葉片轉紅後變得更豔麗，非常值得一看。對夏季高溫潮溼氣候的承受力較強。

青鎖龍屬

景天科的其中一個屬。青鎖龍屬的品種非常多樣，有體型約2～4公分的小型群生類型，也有植株垂直延伸長大的類型。葉片形態也非常有個性，還可以欣賞漂亮的紅葉。

開花期 9～5月

原產地 南非、東非、馬達加斯加

培育法 春季至秋季生長期在日照與通風良好的地點管理，但大部分品種不耐夏季高溫潮溼環境，需要避免陽光直射，在乾燥的條件下培育。冬季只要不接觸寒霜或寒風，就可以在戶外管理。

Muscosa

特徵是成串的三角形小葉子，長成有如蛇一般的姿態。植株向上延伸彎曲，可採取芽插繁殖。

若綠

看起來很像Muscosa，但每一根葉子都比較細。鱗片般的小葉子密集叢生，延伸出細長的棒狀模樣。

方鱗若綠

葉片細軟而群生，並且分枝向上生長。抗乾燥力強，易於栽培。土壤完全風乾後再澆水。

星星王子

葉片互相交疊生長，如花一般惹人憐愛，非常有存在感。生長速度比較慢，秋季會開出小花。

南十字星

「星星王子」的錦斑種，綠色葉片的邊緣呈黃色。從上面看起來很像十字型的星星。葉片在低溫期轉紅，並在春季開出小花。

數珠星

肥厚的葉片層層堆疊，扭動旋轉生長。向上生長而彎曲，長出側芽並呈現群生狀態。

舞乙女

圓弧形的葉片左右交互展開。雖然長得很像「數珠星」，但數珠星會分段開花，舞乙女則是開出成團的白花。

星乙女

特徵是葉緣上的紅色線條。轉紅時期會染上紅色，很值得一看。下葉會在高溫期脫落，需在通風良好的地方管理。

Rupestris

結實豐滿的葉片分枝生長。生長速度慢，適合用於混植。扦插法可以大量繁殖。

玉稚兒

偏白肥厚的葉片就像毛毛蟲一樣可愛。
葉片之間緊密貼合，形成塔狀。

紀之川

肥厚的葉片表面有密集的細毛，呈現粗糙的霧面質感。夏季至秋季會開出淡橘色的小花。

小米西

英文名Little Missy是「小少女」的意思，可愛的粉紅色葉緣是一大特徵。最適合種在地被植物或混植的縫隙中。

星公主

銀綠色的葉片上有胎毛，呈現扁桃形狀，葉片會轉為紫色。植株生長旺盛，修剪後會長出側芽，可輕易繁殖。

花椿

豐滿的小圓葉長得很像「星公主」，但葉片不是整片布滿胎毛，而是長在葉緣和背面。冬季會由紅色變為橘色。

十字姬星美人

毛茸茸的胎毛附著在小葉子上，葉子往旁邊匍匐擴散。耐寒性比較強，在混植中加以活用，可藉此凸顯存在感。

高千穗

三角形的葉片彎折交疊，延伸出有如塔般的形狀，呈現獨特的樣貌。不耐悶熱環境，必須多加注意。

靜之舞

綠色葉片的葉肉很豐滿，秋意漸濃時，前端會逐漸轉紅，最後整顆植株變成大紅色。

天狗之舞

鮮豔平坦的葉片向上延伸，葉片轉紅時會從前端開始慢慢變紅。植株生長旺盛，可以採取扦插法或葉插法。

若歌詩

肥厚豐滿的葉片上覆蓋著短毛，給人天鵝絨般的印象。轉紅時期會變成美麗的橘色。

錦乙女

葉片不厚，外觀可能被誤認為普通的花草。葉緣呈鋸齒狀，表面彷彿塗上蠟一般光澤豔麗。

茜之塔

美麗的紅色小葉子層層堆疊並形成塔狀。茜之塔是極小型種。具有耐寒性與耐熱性，身體健壯且易於栽種。

藍絲帶

波浪狀的葉片呈現緞帶般的微妙變化。藍絲帶也很適合混植，紅色的葉緣很美。

醉斜陽

形狀像扁平彈珠，膨厚豐滿的葉片表面有薄薄一層胎毛。生長速度稍快。

Hobbit（*Crassula ovata* cv. Hobbit）

微捲的形狀看起來很有趣。日照不足會造成植株徒長，需置於日照良好的地點管理。

Cordata

歪歪扭扭的波浪狀葉片向上延伸生長。植株藉由側芽不斷繁殖，春天開出細緻的小花。

小米星

外型類似「星星王子」，小巧明亮的黃綠色葉片是一大亮點。植株容易繁殖栽培。

阿爾巴

紅色葉片很有衝擊性，是只有單獨一株也值得欣賞的品種。但必須注意耐寒性不佳。

Cooperi

需在日照充足且通風良好的地方管理。春季至秋季會開出大量白色或粉紅色的小花。

Pellucida（*Crassula pellucida*）

外觀類似佛甲草的地被植物。季節愈接近後期，葉片會逐漸變成漂亮的紅色。大約到了春季，花莖會變長並開出花朵。

Jinger Rubra（*Crassula pellucida* ssp. *marginalis*）

植株強壯且易於栽種，枝條垂掛生長。天氣變冷後，染上紫紅色的葉子很美，春季會開出白花。

雨心錦

色彩繽紛而清澈的葉片引人注目，白色斑紋會在葉片轉紅時期染上粉紅色。生長速度緩慢。

桃源鄉

日本俗名「桃源鄉」，中文又稱「筒葉菊」。葉子又細又尖，分枝向上生長。植株不喜歡太潮溼的環境，需在乾燥條件下管理。

姬綠

小葉子左右交互展開，分枝群生。植株健壯且易於栽培，芽插法或分株法可以大量繁殖。

普諾莎

小小的葉子上有偏白的粉狀物，葉片大量層層堆疊，呈現可愛的模樣。植株很容易栽培，繁茂群生。

Browniana

小巧玲瓏的葉片與深粉色的枝條是一大亮點。生長速度快，在日照良好的地方管理，植株會往旁邊擴張生長。

花月錦

花月錦是美麗的錦斑種。植株具有直立性，葉緣會在轉紅時期染紅，可以欣賞葉緣與葉片的顏色對比。

圓葉花月錦

具有圓弧形的大葉子，是存在感十足的錦斑種。擁有色彩繽紛的葉片，適合用於混植。

神刀

特徵是有如鐮刀的突出葉片，以及粗糙的質感。葉片會向上交錯生長。

姬神刀

「神刀」的小型種。特徵是天鵝絨般的毛。花莖會在夏季時從中央延伸，前端開出小花。

青鳥

春天會開出有香氣的花朵。喜歡陽光但葉片容易曬傷，需要避免受到盛夏日光的直射。

景天樹

景天樹是具有直立性的品種，紅色的葉緣和藍灰色的圓葉魅力十足。葉片上有斑點，放任生長會養出很大的植株。

風車草屬×擬石蓮屬

風車草屬與擬石蓮屬交配而誕生的屬。繼承了美麗的蓮座狀葉片，以及方便栽培的強壯特質，淡雅柔和的葉片充滿吸引力。

開花期 3～5月

原產地 交配種

培育法 基本上耐熱性和耐寒性都很強，很容易栽培，但弱點是無法忍受盛夏高溫潮溼的環境。植株可能會悶到溶化，需放在避開陽光直射的半日照處管理。此外，葉片會儲存水分，可以承受乾燥氣候，但卻不耐溼氣。葉子出現皺紋就是澆水的信號。

黛比

紫色的葉片會在盛夏時浮現少許綠色。黛比又稱「紫女王」。具有耐寒性，確實執行斷水才能在冬季健康生長。

艾格利旺

肥厚的葉片外側有一些粉紅色。植株會大量繁殖群生，注意不能澆太多水，以免導致過於潮溼。

瑪格麗特

具有堅挺的爪子和尖尖的蓮座狀外型。葉片的整體顏色偏白，莖幹生長後會比較直立，並且長出側芽。

白牡丹

「朧月」和「靜夜」的交配種。葉插法的發根率良好，新手也可以輕鬆挑戰。

初戀

進入深秋後，整體葉片轉紅，莖幹延長並在前端開花。植株結實且容易栽培，但是耐熱性差。

Amevoides

具有簡約俐落的銳利葉片。基本上全年皆可戶外栽培。需置於通風良好的屋簷下管理。

月下牡丹

外觀小巧可愛的人氣品種。建議在土壤風乾後，每週澆水一次。生長速度緩慢。

伯利蓮

冬季轉紅時期，銀色的葉子會變成粉紅色，上面浮現的紅色紋路真美。耐熱性與耐寒性強，全年皆可於戶外栽培。

薄冰

植株向上生長後彎曲延長，春天會開出黃花。夏季時，一旦盆栽或葉子上有殘留水分，植株就有可能悶住或溶化。

紫樂

葉片有些許深淺差異，葉色全年呈現紫色，看起來很時髦。莖會直立生長但容易發生徒長，需放在日照良好的地點管理。

粉紅佳人

形狀比例很協調，葉片向外展開呈現整齊的蓮座狀，秋冬時期會染上粉紅色，散發可愛的氛圍。葉插法很容易繁殖。

風車草屬

大部分的品種表面都有一層薄薄的白粉，葉肉肥厚且展開呈蓮座狀。植株會向上延伸，莖部呈現直立狀態。有些品種是青銅色或偏白的顏色，有些則會變成粉紅色，葉片顏色豐富多樣。

開花期 3～5月

原產地 墨西哥、中美洲

培育法 風車草屬喜歡陽光，但無法承受夏季悶熱的環境，應置於通風良好的地方管理。耐熱性與耐寒性較強，但冬季氣溫低於0℃時，請移至室內栽培。最好在秋季執行分株或葉插工作。

蔓蓮

具有爪子尖銳突出的綠色葉片，蓮花座的體型很小，大約3～4公分。植株會長出匍匐莖，大量繁殖群生的模樣很值得欣賞。

姬朧月

葉片全年呈青銅色，秋季轉紅時期會增加紅色調。給予充分的陽光，就能欣賞筆直向上生長的模樣。

朧月

葉片是稍微偏白的灰綠色，接觸冬季低溫或夏季日光後會浮現淡粉紅色。莖會在幾年後變粗並大量群生。

白珍珠

肥厚的葉片不論大小還是形狀都很美，葉片展開呈蓮座狀。秋冬時期會變成高雅的粉紅色。

姬秋麗

姬秋麗是容易群生的小型種。不耐夏季悶熱氣候，這點必須多加注意。澆太多水容易導致葉片脫落，需減少澆水量。

秋麗

進入深秋後，葉片會染上橘色，橘色與淺綠色的漸層看起來真美。易於照顧且耐寒，可在戶外過冬。

達摩秋麗

混有淡粉色至紫色之間的色彩，葉片具有圓弧形的前端及肥厚的葉肉，這是它的亮點。莖部直立生長，大量群生。

石蓮屬

石蓮屬原生於中國到喜馬拉雅山脈等地區的岩石地帶，屬於高山地帶的多肉植物。因其高山性而耐寒性強，但弱點是不耐高溫潮溼環境。「密葉石蓮」的葉片整體呈現褐色，形狀細小而繁茂叢生；「印地卡」的葉片則具有雅緻的色調，兩者適合在混植中使用。花芽會向上生長，需在過於凌亂時加以修整。

開花期 4～12月
原產地 中國等地
培育法 春季至秋季請在半日照且陽光充足的地點栽培。夏季選擇半日照且通風良好的地點，並且進行斷水。嚴冬時期需小心寒霜或避免植物凍結，氣溫低於5℃時，建議移至室內管理。

密葉石蓮

細小的褐色葉片緊密生長。耐熱性與耐寒性較強，很容易培育。

印地卡

雅緻的色調很吸引人，方便在混植中活用。花芽會向上生長，需要在過於凌亂時修剪整理。

珊瑚蟲屬

南非開普省全年氣候溫暖，珊瑚蟲屬是原產自此地的多肉植物。這種多肉比較少人聽過，外觀充滿個性是一大特徵。

開花期 4～5月

原產地 南非

培育法 可承受氣溫低至零下1～2℃，植株會在低溫下呈現緊實的模樣。耐熱性也很強，最適合日照與通風良好的地點。莖會長得很長，培育時要注意避免太悶熱。

櫻龍

新芽從節間冒出，生長旺盛。植株分枝向上生長蔓延，之後會下垂並往旁邊擴散。葉子的形狀別具特色。

佛甲草屬

佛甲草屬是景天科多肉植物中種類最多元的一個屬。具有許多小葉子，有的莖部低垂，有的向上延伸群生，有的彷彿地毯往旁邊擴散，樣貌形形色色。嬌小的植株很方便照顧，玩賞方法多變，可種在花壇或混栽。

開花期 2～11月

原產地 全世界

培育法 耐寒性與耐熱性佳，有些還能在馬路旁或庭院角落自行生長，特徵是非常好照顧。繁殖力強，生長速度也很快，對新手來說很好養。請將植株放在日照充足的地方，減少澆水量並加以管理。

大唐米

特徵是形狀像橄欖球的小葉子。生長速度慢，植株往旁邊大量蔓延生長。

新玉綴

又稱「新玉串」。葉片前端具有圓弧感，圓滾滾的球狀葉子緊緊相依，向上生長後彎曲傾倒。

黃麗

多肉植物中稀有的黃色系佛甲草。又稱「寶石花」。葉子表面堅硬，帶有光澤感。

虹之玉

虹之玉在佛甲草屬中是代表性品種。耐寒性較強，只要不接觸寒霜就可以在戶外栽培。生長速度很快，葉片會變成豔麗的大紅色。

粉梅

葉片細小而密集生長，前端會在冬季染上淡粉紅色。除了轉紅時期之外，葉子在其他時間都是黃綠色，植株會長到很大顆。

小美人

強壯的莖會不斷向上延伸。葉片轉紅後呈現繽紛色彩，單獨種植也很有存在感。白色的星形花朵相當可愛。

天使之淚

圓滾滾的葉片表面覆蓋一層白粉，清爽的青檸綠葉片魅力十足。需在春天進行修剪向上延長的枝條，更新植株的狀態。

毛姬星美人

葉子很細小，尺寸大約1～3公釐，種在一起可以呈現繁茂感。葉片變成紫色後也很可愛。

薄雪萬年草

葉子細小且高度低矮，建議作為地被植物。植株會開出白花，葉片會在冬季轉紅。

玉蛋白

葉片上覆蓋著細毛，蓮座非常嬌小可愛。莖會延伸並不斷擴張，因此可以做成吊掛式的盆栽。

Winkrelii

葉片表面有透明的胎毛，有點黏黏的質感是一大特徵。容易長出匍匐莖，芽插法可輕易繁殖。

Brevifolium

葉子的尺寸非常小，在地面上匍匐蔓延。葉色呈現銀綠色，冬天會轉變為紫色。

旋葉姬星美人

一顆顆小葉子繁茂群生。顏色呈現單一的灰藍色，葉片轉紅後可以欣賞黃色或粉紅色的葉子。

變色龍

葉色會根據日照程度而變化，因此稱為變色龍。進入深秋後，葉片會變成淡粉紅色。強壯的莖會向上生長。

變色龍錦

變色龍的錦斑葉。葉片纖細且前端尖銳，展開呈現蓮座狀。喜歡日照良好，環境乾燥的地點。

Forsterianum

外觀有如菊花的小型種，植株會大量繁殖，可以作為地被植物使用。轉紅時期會變成略帶黑色的暗沉色調。

Griseola

葉片如松葉般尖銳突出，並且向上生長。植株生長旺盛，新手可利用芽插法輕鬆繁殖，樂趣十足。

反曲景天

纖細銳利的葉子串連並向上生長。由於植株低矮而健壯，可作為地被植物使用。具備耐寒性與適應性，抗乾燥能力也很強。

森村萬年草

日本原產的多肉植物，很像金平糖的小葉子相當受歡迎。繁殖力強，植株會因過度生長而失去空隙，造成通風不良，請多注意。

小松綠

枝條表面粗糙，具有直立性，會向上蔓延生長，具有松葉般的質感。前端有柔軟的細葉，可以做成盆栽欣賞。

圓葉景天

特徵是又圓又平的葉片，在日本九州至本州自行生長的佛甲草。生命力很強，在日本的環境也能長得好。

黃金萬年草

特徵是鮮豔的黃綠色，以及金平糖般小型葉片。植株繁茂叢生，生長速度快，適合作為地被植物。

黃金丸葉萬年草

枝條低垂而向上生長。葉片具有圓弧感，秋季至春季期間正如其名，葉色會變成漂亮的黃色。

粉雪

葉子前端會在冬季變成白雪般的顏色，並且不斷向上生長。一旦肥料或水分流失，下葉就會發生脫落，莖則容易木質化。

Lavender

耐熱性與耐寒性強，植株比較健壯。細小的葉子低垂生長，整體葉色會在進入深秋後變成紅色。夏季會開出星形的白花。

迷你蓮

特徵是外型像小顆的擬石蓮多肉。容易長出側芽，剪下前端的子株並進行扦插，植株就會大量繁殖。

黃月

又名「新立田」，有如菊花般的外型非常有吸引力。夏季呈現淺綠色，秋季整體變成黃色，葉緣則變成橘色至紅色之間的顏色。

松之綠

具有鮮豔的葉片及帶紅的葉片前端，是很受歡迎的佛甲草。雖不耐高溫潮溼環境，但卻很健壯，葉插法可以輕易繁殖。

勞爾

屬於佛甲草當中體型較大的品種，圓形葉片肥厚豐滿。植株會分枝向上生長，並且形成群生狀態。

春萌

清新的綠色佛甲草，「勞爾」與「松之綠」的交配種。將植株種入盆栽，葉片展開並蓋住盆栽的模樣真美。

銘月

銘月具有與「黃麗」相似的光澤感，大而細長的葉片是它的特徵。植株具有直立性，葉片會變成美麗的黃色。

Pedilanthoides

大而扁平的葉片具有厚度，外型看起來很有個性。由於生長速度緩慢，可以慢慢享受栽培的樂趣。

白石

莖會在生長期向上伸長，整體葉色會在進入深秋後染紅。植株很健壯，葉插法可以大量繁殖。

綠龜之卵

葉子圓滾滾的模樣很有多肉植物的風範。春天會開出黃花。具有直立性，可採取扦插法或分株法繁殖。

洛蒂

豐滿肥厚的葉片縮在一起，看起來很像花朵。葉子前端略帶淡粉紅色，散發出迷人氣息。

松姬

葉子前端尖尖的，嬌小的蓮花座既低調又可愛。葉片會在轉紅時期變成橘色。

玉珠簾

葉片的形狀細長且前端很尖，互相交疊延伸。翡翠色的葉片美麗動人，低垂的莖部前端會在夏季開出粉紅色的花。

魯賓斯

清爽的綠色葉片會在秋季轉紅，變成黃色調，前端則染上朦朧的紅暈。生長速度稍快，莖部低垂蔓延。

八千代

細長的葉片不易脫落，莖部略粗。植株具有直立性，向上生長群生。發根和生長速度緩慢。

三色葉

特徵是混有粉紅色、白色和綠色的鮮豔葉子，可以作為混植中的亮點。莖會分枝擴張，如地毯般在地上匍匐。

龍血

多肉性質的葉片繁茂生長，深紅銅色的葉片烘托出成熟氣質。葉子會在冬季凋落並進入休眠狀態，春季則會長出新芽而復活。

Cauticolum

具有雅緻的黑色調葉片，以及獨特的葉形。葉片幾乎都會在冬季掉光，但植株底部會殘留葉芽，並在春季長出新芽。

生石花屬

生石花屬具有豐富多樣的形狀和顏色，在多肉植物之中屬於形狀很特別的類型。矮胖的葉片上方具有可接收陽光的天窗，雖然是植物但每年都會脫皮一次，這是生石花屬的特色。外側葉片枯萎後，內側會再長出新葉。原產地是岩石沙漠地帶，它們會擬態成周圍石頭或沙子的顏色，藉此生存下去。

開花期 10～1月

原產地 非洲南部

培育法 5～8月夏季期間的管理比較困難。雖然耐乾燥性強，但卻無法承受溼氣和低溫。經常因澆水量而導致枯萎或果凍化的情形，在夏季刻意執行斷水，應該就能順利生長。

瓦蓮屬

瓦蓮屬有許多小型種，外觀相當可愛。特徵是具有高繁殖力，母株周圍會長出子株且容易群生。葉片密集重疊生長，形成許多蓮花座。

Chrysantha

葉片上附著胎毛，雖然繁殖力高而易於生長，卻無法承受夏季悶熱環境，這點必須注意。

菊瓦蓮

外觀緊實且子株叢生的類型。植株會往旁邊不斷延伸，秋季可以欣賞到紅葉。

開花期 3～7月

原產地 土耳其、北非、中亞

培育法 不耐日本高溫潮溼的氣候。植株容易群生，會因過於悶熱而導致腐壞。請在通風良好的地方培育，夏季需減少澆水量。可透過分株法或播種法繁殖。

美好的多肉植物排排站♪

在島村園藝尋找中意的品種吧！

島村園藝協助本書進行多肉植物的拍攝工作，這家園藝店從20多年前開始經營多肉植物事業，目前隨時都會販售大約300種多肉植物。其中包含豐富的擬石蓮屬品種！店內甚至還有很難入手的稀有品種，請務必前往參觀。

1 青龍
2 Sarabony
3 Ebony Super Clone
4 烏木×羅密歐

本書最後有提供島村園藝的相關資訊。

多肉植物的獨特花朵

Succulents flower

多肉植物肥厚的葉片令人印象深刻，但有點出乎意料的是，其實有些品種會開花。不同品種的開花期各有差異，特徵也很多樣化，有的會開出小花，有的花芽蔓延生長並開花。雖然多肉的花比較沒那麼華麗，但跟葉子一樣多樣化，我們可以欣賞到豐富多變的花朵。

春萌　蘿拉　白石　薄化妝　大雪蓮　山地玫瑰

靜夜
達摩福娘
姬秋麗
春之奇跡
毛球馬齒莧
七福神
旋葉姬星美人
碧魚蓮

Instagrammer mayuno

更加親近，更多樂趣！

與多肉植物生活

mayuno是一名IG的人氣網紅，他持續在社群媒體分享多肉植物的魅力。IG上每天都會更新美照，展示繽紛個性化的可愛植物，瀏覽者甚至會以為自己看錯了，驚嘆這些竟然全都是多肉植物。我們走訪多肉植物點綴的美麗花園，請mayuno分享更有趣的多肉植物玩賞方法，以及如何呈現布置的品味。

Instagrammer
mayuno

mayuno是追蹤數達3萬的人氣網紅，分享品味獨到的多肉混栽，重新改造的罐子或盆器等雜貨，在社群媒體上廣受好評。他製作的混栽、幼苗、改造後的花園雜貨，除了在IG上公開之外，還會在活動中販售。

https://instagram.com/mayuno313/

混栽中集結了外型矯小、生長速度慢的多肉植物，並且在展示架上排列。節省空間的同時，又能栽培多樣化的品種，這是只有多肉植物才能辦到的事。

LOVE is patient,
is kind...
ALL,
hopes,
THINGS
truth.
LOVE never
3

充滿經典復古氛圍的小角落。最下層的茂密混栽，竟然使用汽油桶製作而成。在桶子側邊挖洞以確保混植的空間。

露台上擺滿令人自豪的多肉植物，根據植物特性搭配出如詩如畫的情景。

走入mayuno的花園，首先映入眼簾的是一樓客廳延伸出去的露台。露台防風且日照良好，遮陽棚可適度遮光，是非常適合栽培多肉植物的地點。這裡總共大約種了500種多肉植物。每一款都很可愛迷人，令人愛不釋手，但其中mayuno特別喜歡的是具有透明感、爪子很銳利的品種。植物從混栽或盆栽中四處冒出，增添更多活力。露台的層架上固定擺放混栽或小盆栽。mayuno只會在梅雨季或長時間降雨時，將一部分的盆栽移到室內，但基本上全年都在戶外管理。「確保多肉植物接收日照是很重要的工作，一天需要曬4小時以上的太陽，還要避免夏季悶熱或陽光直射的情況，因為殘留的水分會引起悶熱問題，造成土裡溫度變高，可能使植株一天就枯萎。下雨時要將盆栽移開以免淋溼，冬天要搬到屋簷下或室內。總之，試著改變盆栽的位置，掌握不同品種的多肉植物各自適合的環境，就是順利栽培的關鍵。」

1 在雜貨店購買高麗菜木箱，將木箱橫放並疊成層架。用比例平衡的多肉植物裝飾古董雜貨或老舊工具，營造獨特的品味。 **2** mayuno：「我不希望架上的多肉植物太大顆，所以選用小型盆器加以調整。」 **3** 多肉植物不挑盆器，可以使用藤編籃或麻繩編織籃。藉由不同的盆器製造截然不同的氣氛。 **4** 通風良好的明亮露台。露台可以避免植物直接淋雨，或是受到陽光直射，是非常適合栽培多肉植物的環境。不過，有些品種不易度過夏季或冬季，需將盆栽搬到可遮光的陽台，或是遮擋寒霜的屋簷下。

SPEED
LIMIT
10
with happy
Smiles!

雜貨是襯托植物的配角，以絕妙的平衡打造布局。

mayuno喜歡在花園裡種植花花草草。花園開滿季節性的花草，藉由多肉植物點綴四處，享受庭園植栽的樂趣。我們詢問mayuno如何邂逅多肉植物，他說：「我的第一盆多肉植物是朋友送的『子持蓮華』。」朋友教他繁殖方法，實際嘗試後大吃一驚。匍匐莖變長之後，將匍匐莖剪下來，植株就會不斷繁殖，他覺得很有趣，從此深深著迷。此外，mayuno看到IG上的多肉植物貼文後更是驚喜。「多肉的品種很多，而且各有特色，讓我受到很大的刺激。」如今多肉植物已成為mayuno生活中的一部分。他會挑選喜歡的古董雜貨或DIY物品，搭配多肉植物一起裝飾，瀰漫自然氣息的舒適花園就完成了。

在多肉植物色彩較單調的季節，可以增添一些花草的顏色，藉此點亮花園。鮮豔的紫色薰衣草十分引人注目。

1 mayuno的獨門布置法是在環繞花園的牆壁上吊掛植物。多肉植物不耐溼氣，吊掛植栽更容易保持乾燥，是一石二鳥的好方法。 **2** 在經過改造的空罐裡種植豐滿的「乙女心」。擺在金屬架上展現可愛的氛圍。 **3** 多肉植物可以種在任何盆器中。將多肉種在馬口鐵罐或空罐裡，可以擺在平台上，也可以做成吊掛裝飾，藉此點綴花園的一隅。 **4** 在空罐側面挖洞，將雅緻的紅色「春之奇跡」種入凹槽中。雖然葉子很小，但低垂蔓延的姿態很美。 **5** 花園入口放有老舊梯子與層板做成的花台，以及生鏽的牛奶罐等物品。樸素而別具氛圍的物品，與充滿自然氛圍的花園很相稱。

將葉片纖細的佛甲草集中種入籃子裡並做成混栽。葉子在和風的吹拂下搖曳，呈現帶有涼意的花籃植栽。作為點綴的紅褐色佛甲草是「龍血」。

多肉植物的 7種魅力

Succulent's charm 7

1 適合搭配廢棄物盆器

將辦公室的老舊文件櫃做成搶眼的花器。在無機質的素材中加入有圓弧感的多肉植物，呈現精練的樣貌。乍看之下不知該如何使用的廢棄物，也能與多肉植物完美結合，絲毫沒有異樣感。

2 「生鏽感」讓多肉植物愛好者著迷不已

多肉植物與生鏽的老舊雜貨很契合，可以互相搭配出舒適的氛圍。「我會保留生鏽物原本的風貌，還會把沒有生鏽的物品塗成生鏽的樣子，整個人都淪陷了（笑）。」

3 美麗動人的紅葉

多肉植物跟其他植物一樣，葉子會在氣溫降低後轉紅。提供植株充分的陽光，減少澆水量，就能加強紅葉的效果。

4
可在任何空間栽培

多肉植物健壯的特質十分吸引人，即使在少量的土裡也能順利生長。它們很好養，種植用的盆器類型或大小不拘，栽培者可以自由發揮，體驗布置多肉的樂趣。

5
多肉植物緊緊相依 展現如畫般的可愛景象

多肉植物的生長速度比其他花草類植物慢，擠在一起的植株可以呈現很好的效果。藉由葉子比較細小的品種，做出類似拼布的設計。

6
綿延生長的形態

枝條自由延伸的模樣別具特色。有的往旁邊擴張，有的不規則地延伸，將徒長的形態保留下來，大膽嘗試枝條蔓延的樂趣。

7
特別喜歡韓國品種 與知名培育者的幼苗

mayuno喜歡購買日本沒有的韓國稀有品種或新苗，以及很難入手的知名培育者的幼苗。它們最棒的地方當然是美麗的外型。看著藍綠配淡粉的微妙色彩變化，以及葉肉肥厚的模樣，不知不覺便深受吸引。

How to make Gathering

mayuno的

多肉植物混植作品

一起在喜歡的盆器中收集多肉植物，
嘗試製作混植作品吧。
多肉植物的魅力之處，就是可以種在非園藝盆器裡。
使用現有的雜物和天然素材，
輕鬆布置出好品味的混植作品提案。

contents

從盆栽邊緣垂下的「綠之鈴」展現優雅氣質。綠之鈴與繁茂的擬石蓮形成對比，看起來也很有趣。

用空罐做出廢棄物質感的容器，凸顯多肉植物的獨特面貌。將植株擺出有高有低的樣子，露出後方的多肉植物更好看。

以擬石蓮為主角的植栽，展現樸素卻帶有華麗感的組合。老舊的木盒與色彩微妙變化的多肉植物很相襯。

三層盆栽疊出的分量感，以及美麗的蓮座狀在在引人注目。結合橘色或粉色葉片的模樣非常值得欣賞。

01 有如花束般的盆栽
小盆栽混植

盆栽裡種滿渾圓又嬌小可愛的擬石蓮。種入不同大小的植株，取得好看的視覺平衡。除了讓盆栽在任何角度下都好看之外，還要將縱向生長的「舞乙女」種在後面，藉此表現前後的高低差，使四面八方的多肉植物都能曬到太陽。最後在植株間的縫隙埋入「Browniana」，營造緊實收束的感覺。

How to make
▶ P.102

02

多肉植物的經典作法， 收集可愛的佛甲草

鐵絲籃混植

葉片圓滾滾的佛甲草真是魅力十足。雖然形狀相似，但到了轉紅時期會變成五顏六色，可以欣賞葉色繽紛的混栽。鐵絲籃與水苔不僅增添大自然的氛圍，還能提升可愛度。莖部隨著植株生長而蔓延，形成不同姿態的樣子也是多肉植物的特性之一。不刻意動手調整，享受植物原本的樣貌，或許就能發現全新的魅力。

How to make
▶ P.103

01

有如花束般的盆栽

小盆栽混植

〔工具〕

赤玉土（缽底石也OK）、多肉植物專用培養土、素燒盆、盆底網、鑷子、鏟土器（小）、鏟土器（大）

〔使用的多肉植物〕

❶ 舞乙女　❷ 阿爾巴美尼
❸ 玉點
❹ 萊恩小精靈
❺ Floridity
❻ Arcane

How to make

01/ 鋪上盆底網，倒入赤玉土直到看不見網子。接著在上面倒入培養土直到盆栽高度的一半。

02/ 從盆器中取出植株，鬆開根部。多肉植物的根很細，必須小心處理。去除枯葉或不健康的下葉。

03/ 暫時將主要的多肉放進去，確認是否平衡。儘量將紅色調植株放在綠色的旁邊，製造對比感。

04/ 一邊用鏟土器倒入培養土，一邊將植株種入盆栽。為了呈現繁茂感，此階段要加多一點土。

＼完成！／

05/ 用鑷子夾取小植株並種入盆栽。將比較高的「舞乙女」放在後面，視覺上會更協調。

Column

讓盆栽看起來更可愛！

填補混植的縫隙或是調整平衡時，小顆的佛甲草屬或青鎖龍屬是很好用的素材。不過，它們的缺點是葉子容易脫落。建議事先加入少量的水，這樣葉子就不會在種植時脫落。另外請不要忘記，「姬星美人」和「Browniana」的澆水次數比其他多肉植物多一點。澆花壺可以澆到重點部位。

後：Browniana
前：姬星美人

02

多肉植物的經典作法，收集可愛的佛甲草

鐵絲籃混植

〔工具〕

多肉植物專用培養土、水苔、鐵絲籃、鑷子、鏟土器（小）、鏟土器（大）

〔使用的多肉植物〕

❶❷ 乙女心（左：已長大的植株、右：剛買的植株）
❸ 玉葉 ❹ 新玉綴
❺❻ 歐若拉
❼ 白石
❽ 虹之玉

How to make

01/ 先在水苔裡加水，讓裡面保持充分的溼度。

02/ 將水苔的水分擠乾，然後塞入鐵絲籃。請注意，塞太多會造成通風不良，引起植株腐壞。

03/ 考慮種植空間的大小，並將中間挖空，壓緊水苔直到土不會脫落。壓好水苔後，在挖開的空間裡倒入培養土。

04/ 鬆開植株的根，並且種入鐵絲籃中。由於細葉佛甲草的根很容易爛掉，因此不能過度鬆開，重點在於要像照片那樣，在連著根的狀態下將植株種入土中。

05/ 小心別讓葉子脫落，由左而右依序種入植株。高的植株放後面，留意高低差異。

06/ 進行種植時，需要觀察葉子的大小和色調的平衡。佛甲草自由延伸的模樣很吸引人，生長形態也是玩賞樂趣之一。

完成！

彷彿即將溢出的動態感植栽

編織籃混植

在小籃子裡種滿佛甲草的混植作品。將向上延伸的植株放在中央，匍匐蔓延的植株則放外側。植株剛種進去時看起來比較扎實緊密，但植株長大後，葉片會交錯混雜，融合自然的風貌。在籃子的手把上用一條碎布點綴。

How to make
▶ P.106

體驗微型植栽的趣味性

04 湯匙迷你混植

以插入少量植株的意象做出迷你混栽，植株的大小、顏色、形狀儘量不要太接近旁邊的品種，重點在於布局的協調性。刻意展現出「沒有縫隙的繁茂感」。使用可裝飾吊掛式多肉植栽的固化土「NELSOL」。如果你打算放在原處觀賞，那也可以不用NELSOL。雖然植物無法一直保持目前的狀態，但長大後的模樣也很惹人憐愛，趣味性十足。

How to make
▶ P.107

Column

養起來很好玩的多肉植物推薦名單

其實多肉植物很好養，植株繁殖後更有趣喔！

by mayuno

用脫落的葉子或養護時摘取的葉子，採葉插法栽培。只要將一片葉子靜置於土壤上，葉子就會冒出新芽並愈長愈大，栽培的過程很好玩喔！小小的葉芽不僅可愛迷人，生長的過程也很有鑑賞價值，簡直是一石二鳥。葉插法要避開夏季與冬季，並且在生長期執行。渾圓可愛的佛甲草屬，以及葉片呈蓮座狀的擬石蓮屬容易大量繁殖。葉插繁殖出的多肉植物，可以在混植中使用，也可以直接用來觀賞。

葉肉肥厚的可愛「新玉綴」的葉插植株。後方盆栽的生長狀態就是植株發芽後3年的樣子。

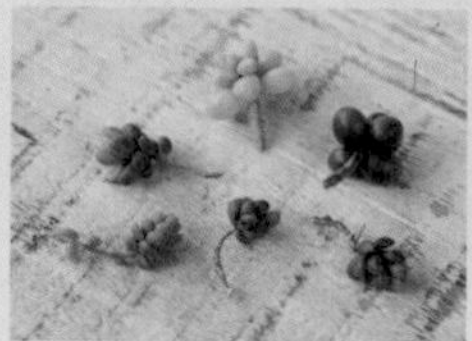

用於迷你混植的細小葉片，使用機會意外多，等注意到的時候植株已經變多了。「只要選擇通風良好的明亮地點，將植株埋入多肉植物專用培養土就會長出新根，繁殖方法很簡單。」

1 在停車場擺放層架，活用所有縱向空間。葉插多肉的盆栽或小盆栽緊密排列。 2 3 在育苗托盤或盆栽中，倒入多肉植物培養土並進行葉插法，養到一定大小後，將植株換至大盆栽。採取葉插法時使用粗大的土會造成根部難以伸展，請儘量選擇細土。「根不一定會從一片葉子中長出來。葉子和根部冒出後會呈現各種形態。我會溫柔地守護它們。」

停車場一隅擺滿多肉植物。這是我家的多肉實驗室。

by mayuno

雖然大植株很好入手，但用於小盆栽或混栽的小植株卻難以取得，所以mayuno打算自行培育。從葉插子株長到盆栽植株，大約需要2～3年的時間。為避免植株長太大，在小型盆栽中培育以調整尺寸。在管理方面最令人擔心的是如何度過夏季。植株必須放在遮光的陽台或擋雨的屋簷下照顧。直到發根以前，儘量不要澆水，在明亮的陰涼處守護植株。但是，植株發根後要少量多次澆水。太乾燥會造成植株枯萎，栽培時要多注意。

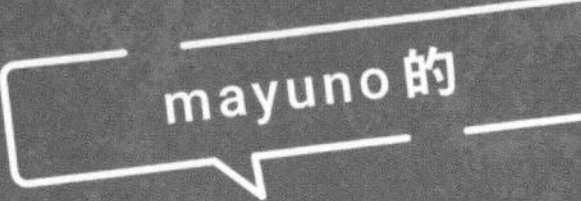

盆栽與空罐DIY大改造

多肉植物的外觀很獨特，使用與之相襯的盆栽或空罐並加以改造。
但保持原樣看起來太無趣了，用顏料加工生鏽的效果，
或是用模板畫出文字，可以營造更好的氛圍。

How to Remake Flower pot & Can

contents

1

2

3

4

■ 將生鏽的鐵絲網架在牆上，在角落仿作出牆面層架。用S型掛勾將改造的罐子掛上去，展示多肉植物。 ■ 在畫有圖案的空罐裡，種植具有粉色葉緣及可愛圓葉的「錦斑圓扇八寶」。植物與吸睛的插圖相襯，兩者互相調和。 ■ 盆栽上是有趣的廢棄物風格插畫，葉色轉黃的「天使之淚」與盆栽形成絕妙的搭配。 ■ 花園的角落設置了層架，用於收集改造用的空罐。準備各種尺寸或形狀的罐子，就能搭配不同大小的多肉植物，更方便使用。 ■ mayuno說：「我很喜歡能營造氣氛的物品，像是古董雜貨或老舊工具。」老舊物品與多肉植物一起裝飾，彼此也能自然結合，契合度非常高。

How to make
▶P.116

01

簡約素燒盆變身華麗盆栽

時髦的改造盆栽

簡約的素燒盆是很容易取得的材料，只要畫上喜歡的顏色、圖案或LOGO，就能依個人喜好完成作品，推薦改造盆栽的初學者使用。根據多肉植物的品種決定盆栽的顏色或設計，呈現好看的視覺平衡。再融入模板印刷文字，更加提升大自然的形象。

02 簡單擺放即是一幅畫
珠寶盒風格木盒

使用在日本百元商店買的木盒，以瀰漫復古氣息的珠寶盒為形象來改造木盒。在白藍配的底色上塗一些略帶髒污感的褐色，就能重現好看的陳舊質感。利用不同大小的多肉植物表現大顆的珠寶和細小的飾品。

With love and prayers!

How to make ▶P.117

How to make
▶ P.120

03

灰藍色是盆栽的亮點

壁掛式改造罐

將廚房用具的篩網改造成盆栽，由於盆底有網子，為避免土掉落，需先在上面鋪一層不織布，再將土倒進去。此外，正面區塊的面積很大，保持原樣感覺太單調了。於是在正面塗上自然的模板文字，作為盆栽的亮點。

陳舊質感的深度品味

04 廢棄物藍色生鏽風格罐

充滿韻味的盆栽彷彿始終待在原處，只要掌握上色技巧就能快速重現這種質感。成功關鍵在於壓克力顏料的疊色以及海綿的用法。為了呈現自然的氛圍，開封時要注意瓶蓋拉開的角度。

How to make
▶ P.121

photograph
lesson

根據不同季節，
有時每天都會拍照

拍出好看的多肉植物照片！

應該有不少園丁想替用心栽培的多肉植物拍照留念。 機會難得， 要不要拍看看呢？為你介紹多肉植物美照的攝影技巧。

大膽地
拉近！

Point 1 「想拍得好看」的部分就要放大特寫

仔細觀察多肉植物後發現很漂亮的地方，建議你在這時放大特寫。不要將拍攝物放在畫面中央，而是稍微往左邊或右邊靠，製造空間感。偏向一側的構圖可以呈現清新自然感，在背景營造朦朧美，拍出氣氛很好的照片。

該從哪邊
拍呢……？

Point 2 靈活運用陽光

利用自然光或光的方向也是很重要的攝影技巧。活用好天氣的上午至中午期間明亮柔和的光，最晚請在上午9點以前結束拍攝。此外，直射的陽光會造成畫面過曝，甚至讓陰影更明顯，請避免在這時拍攝。你可以一邊移動多肉植物，一邊找出最適合的拍照地點。

把困難的工作
交給相機就對了！

Point 3 用自動模式攝影

全自動的P模式，具備自動調整光圈值與快門速度的功能，建議搭配此模式進行拍攝。相機會在合適的亮度下拍照，最適合攝影新手使用。如果想加強背景的模糊度，請搭配光圈先決模式，並對焦在你想拍攝的多肉植物上，就能拍出自然朦朧的背景。

這張照片不是順光拍攝，
而是在光照射後方的狀態下
拍的畫面，因此可以清楚
看到一片片的多肉葉子。
我覺得拍照時
會自然而然地掌握手感，
捕捉植株的可愛之處。

專業攝影師
掛保證！

我好像很常拍攝偏左或偏右的角度，
但自己卻不怎麼意識到這件事。
讓植物靠向某一側並模糊背景
是我的攝影原則。

將拍好的照片上傳到社群媒體！

拍出好看的照片後，可以順手分享到Instagram或其他社群媒體。用戶對照片的反饋很快速，得到「讚」是一種鼓舞，可以體驗到分享的樂趣。肯定會多肉植物的魅力愈陷愈深。

SHARE ON SNS!

培育本書的多肉植物後，請將照片自由上傳至Instagram、Facebook、Twitter等社群媒體，大家一起分享可愛的多肉植物照片吧。記得打上主題標籤，與更多同好交流！

Special thanks

草花屋 苔丸

神奈川縣鎌倉市鎌倉山2-15-9
TEL.FAX：0467-31-5174

島村園藝

埼玉縣越谷市大字南荻島1001
TEL：048-975-6692
https://www.shimamura1187.com

mayuno

https://instagram.com/mayuno313/

Staff

編輯・製作　早川 亜紀子（株式会社 ライフイーエックス）
設計　平井 絵梨香（株式会社 ライフイーエックス）
照片　畔柳 純子

Boutique Mook No.1589
OTONA GA TANOSHIMU TANIKU SHOKUBUTSU

大人的多肉植物鑑賞圖鑑

出　　版／楓葉社文化事業有限公司
地　　址／新北市板橋區信義路163巷3號10樓
郵 政 劃 撥／19907596 楓書坊文化出版社
網　　址／www.maplebook.com.tw
電　　話／02-2957-6096
傳　　真／02-2957-6435
作　　者／ブティック社編輯部
翻　　譯／林芷柔
編　　輯／江婉瑄
內 文 排 版／楊亞容
校　　對／邱鈺萱
港 澳 經 銷／泛華發行代理有限公司
定　　價／380元
初 版 日 期／2023年2月

國家圖書館出版品預行編目資料

大人的多肉植物鑑賞圖鑑 / ブティック社編輯部作 ; 林芷柔譯. -- 初版. -- 新北市 : 楓葉社文化事業有限公司, 2023.02　面；　公分

ISBN 978-986-370-506-2（平裝）

1. 多肉植物 2. 栽培

435.48　111020133

how little
we're going to get
done
Le monde est
large

ふんわり見るだけ整形外科：超図解で面白いほど頭に入る

全彩圖解 骨科入門教科書

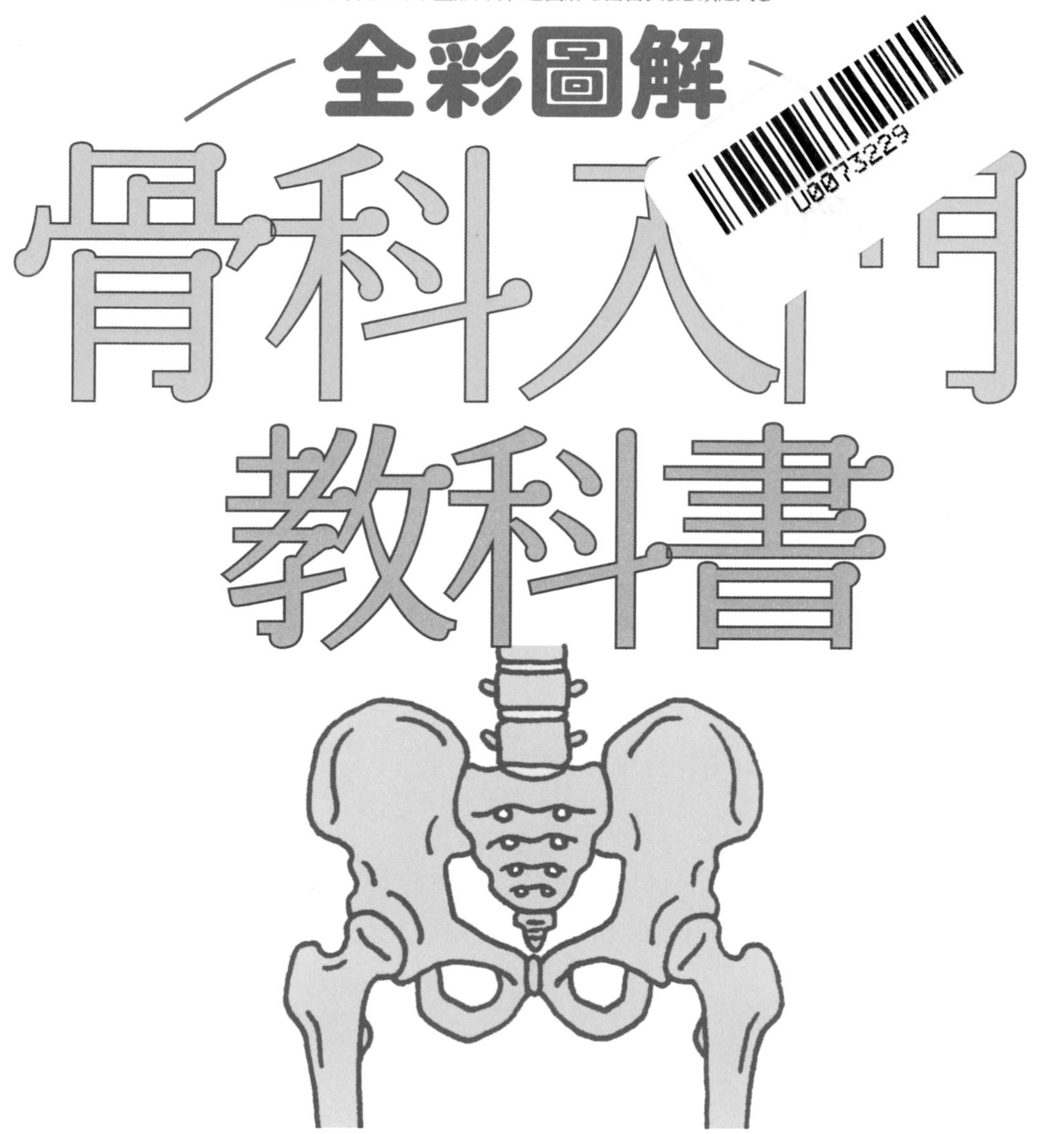

長崎縣立兒童醫療福祉中心
骨科診療部長

岡野邦彥 著

前言

遇到困惑時，上網搜尋一下。這對解決問題來說，是再方便不過的方法。

假設赤手空拳的我和手持智慧型手機的年輕醫師進行骨科知識大對決，我肯定必輸無疑。因為我自幼妄想的好朋友哆拉A夢就在他的口袋裡。

既然如此，身為骨科醫師且服務於骨科將近30年的我，究竟有什麼價值呢？我認為我的價值應該是**「如何整理歸納疾病和病狀，才能讓大眾更容易理解骨科」**。

遇到困難或問題時，利用「Google」搜尋答案確實方便又簡單，但最大的缺點是容易遺忘。因為找到的資訊多半是零碎的知識片段，一些與周遭環境沒有關連性的單純訊息。

具有關連性的知識訊息才有不容易遺忘且容易聯想的優點。適當地「搜集彙整」病症資訊其實需要一定程度的臨床經驗，因此需要花費相當多的時間與精力。

本書旨在協助各位統整腦中的骨科知識，篇章項目的順序排列並非採用辭典的編排方式，而且還會酌情附上相關參考資料。

將輕鬆閱讀的內容轉化成知識也是本書的一大重點。筆者在長崎撰寫這本書的時候，心中時時牢記一位大阪骨科前輩的諄諄教誨：「即使內容再正確，閱讀起來不有趣，也難以引起大家的共鳴。」

長崎縣立兒童醫療福祉中心
骨科診療部長
岡野邦彥

contents

注意事項

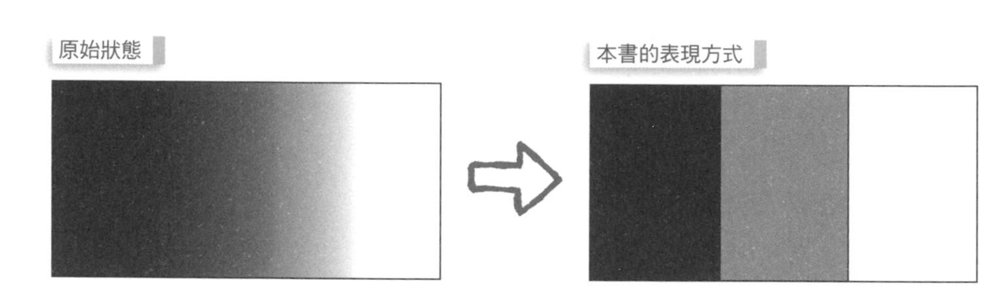

介紹某種疾病時，若要精準記載，通常需要大量時間與內容。不僅不能以過於武斷的方式呈現，我想大家應該也不想聽些類似政客（老是文不對題）或會議主席（總是言不由衷）常有的金玉其外，敗絮其中的發言。

本書將如上圖所示，**將原本應該呈連續性的病狀分割成數個區塊，黑白分明地說清楚，講明白**。各區塊的界線由身為主要編輯的我負責設定，界線好比國境，鄰近各國難免對國境的劃分存在意見分歧，因此本書基於「為了讓國民於短時間內確實掌握骨科整體樣貌」的考量來劃分這些界線。

介紹柴犬時，若想了解尾巴或毛流等細節，左側照片會是非常有用的參考資料。但本書的重點擺在了解柴犬的**大致整體樣貌**，因此書中沒有採用突顯柴犬特徵的插圖，而是盡可能畫出柴犬各個角度的多樣化動作。

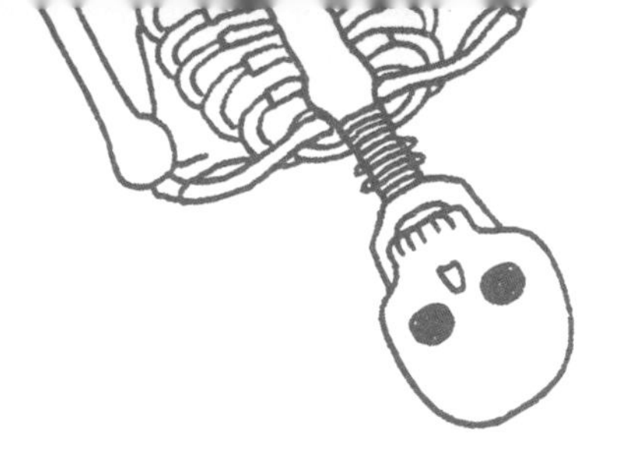

關於骨科

● 骨科處理的範圍？ 除了頭部，其餘皆是！

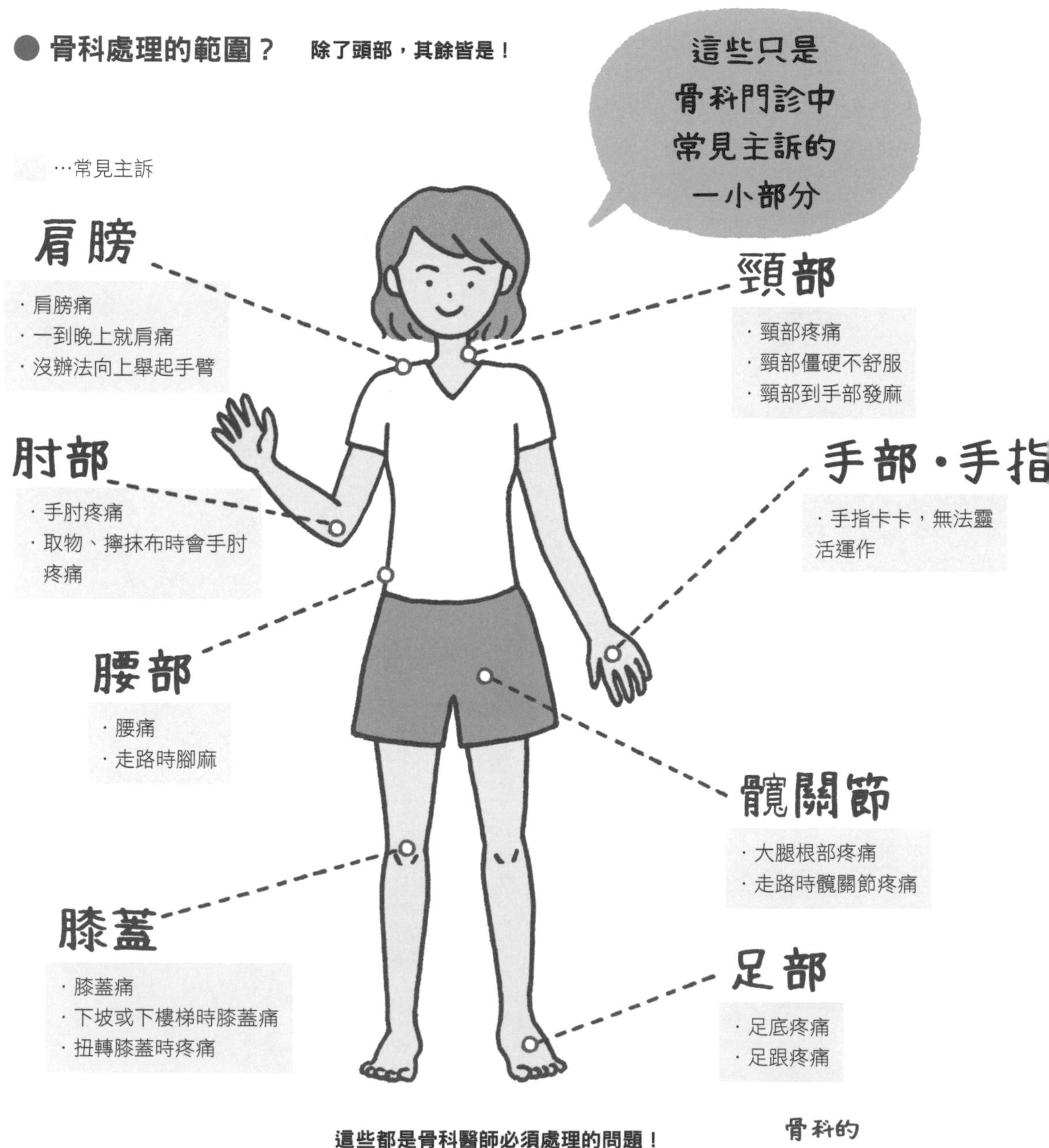

這些都是骨科醫師必須處理的問題！

骨科的
守備範圍非常廣!!

放馬過來

● 骨科必須面對的器官　**骨骼＋關節＋肌肉＋神經＝亦即運動器官！**

手臂彎曲的流程

・神經傳達大腦下達的指令→肌肉收縮→骨骼移動→關節彎曲

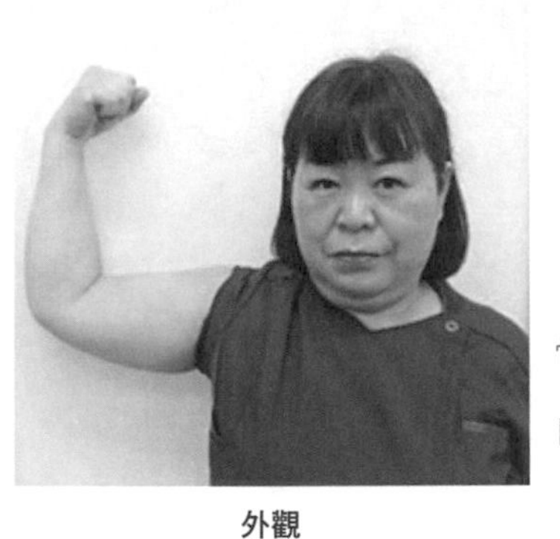

外觀

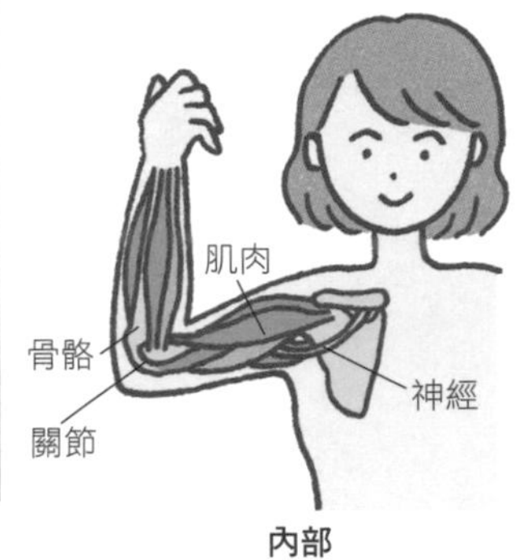

內部

手臂無法彎曲的患者前來看診時，骨科醫師的工作即是找出骨骼、關節、肌肉或神經中哪個環節發生問題

● 前往骨科看診的患者非常多！

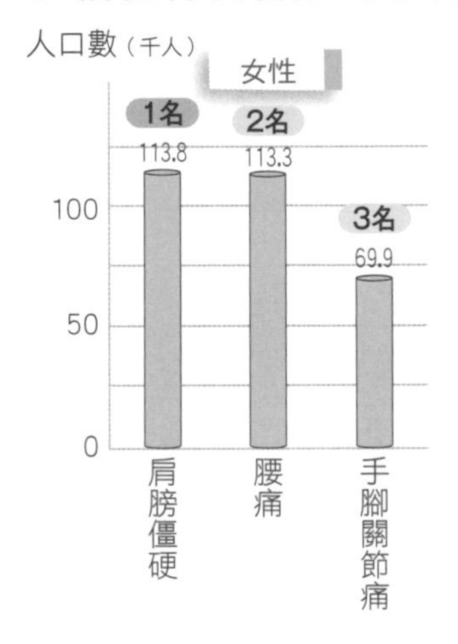

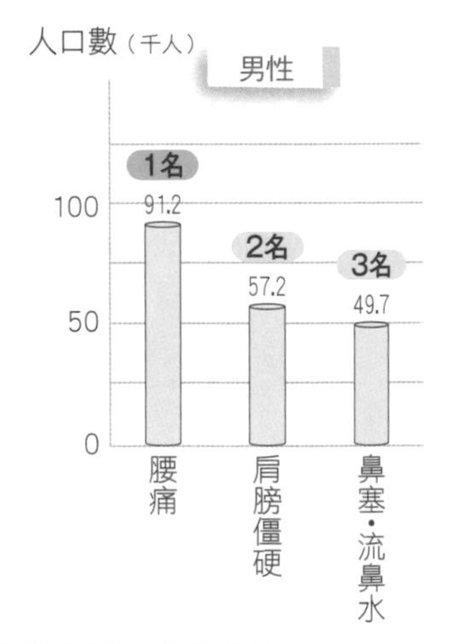

依性別區分的自覺症狀前3名（複選）

資料來源：厚生勞働省2019年國民生活基礎調查概況「家庭成員健康狀況」

無論男性女性，位居自覺症狀第一名的都屬於骨科領域！由此可知，造訪骨科的患者是非常多的

骨科醫師使用的診察器具

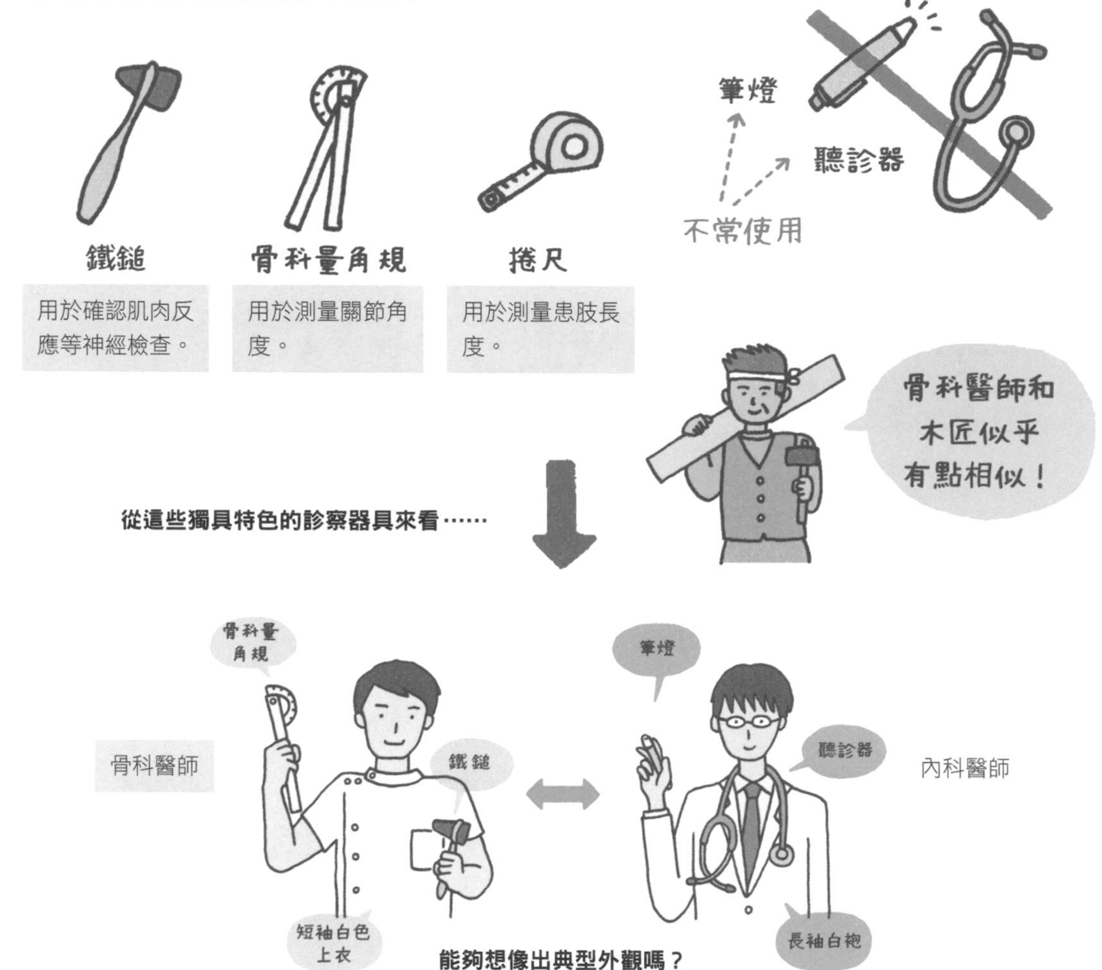
筆燈
聽診器
不常使用
鐵鎚
骨科量角規
捲尺
用於確認肌肉反應等神經檢查。
用於測量關節角度。
用於測量患肢長度。
骨科醫師和木匠似乎有點相似！
從這些獨具特色的診察器具來看……
骨科量角規
筆燈
骨科醫師
鐵鎚
聽診器
內科醫師
短袖白色上衣
長袖白袍
能夠想像出典型外觀嗎？

・與想像中的醫師形象似乎有些不一樣。

column

表現喜悅的是手和腳

四肢不比大腦和內臟，不是人活著時不可或缺的器官，而骨科主要的處理對象就是四肢。因此比起一些主要專科，骨科經常位居次要地位。

但我們前輩曾經提出反駁「能夠表現喜悅的是手和腳」。這句話一語道破骨科的本質。自己無法打理自己的大小事其實是一件非常痛苦的事，人生樂趣也會大打折扣。

所以，服務於骨科的各位，你們是豐富患者人生的最佳幫手，請為自己的工作感到自豪，一起來幫助更多人吧。

column

骨科是女性醫師比例最少的科別之一

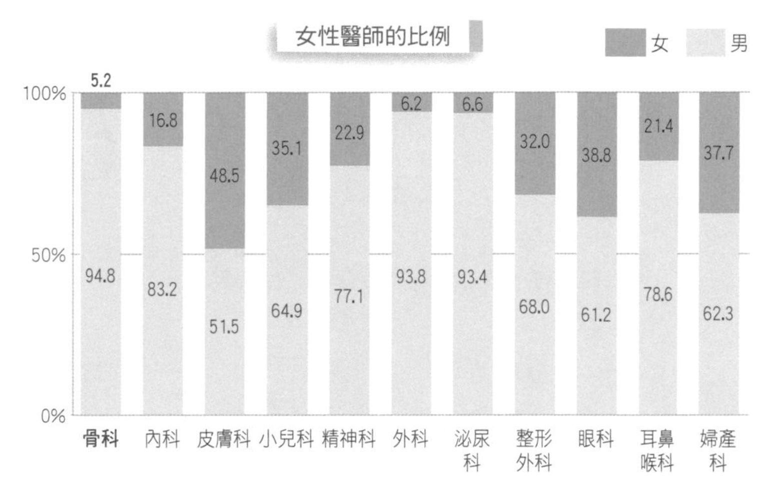

資料來源：※厚生勞働省　2018年醫師・牙醫・藥劑師統計概況（https://www.mhlw.go.jp/toukei/ saikin/hw/ishi/18/dl/toukeihyo.pdf）

為什麼從事骨科工作的女性醫師比較少呢？我認為可能是急診病患多、診斷工作中常需要使用X光攝影、工作內容比較吃力等因素。

實際上，骨科醫學會也察覺到這一點。某一年的日本骨科醫學會研討會上曾經以此為主題進行討論。當時的發表者全數是女性醫師，至於我為什麼參與這場會議，因為我當時的上司是女性，而且也是發表者的其中一人。

在我擔任科別主管時，某一年有6位新人加入，其中3名是女性。我曾擔心「女性太多容易造成工作進展得不順利」，但結果恰恰相反。她們經常使用院內PHS手機平等地與護理師進行「溝通」，不做任何會混淆醫師・護理師界線的工作。從結果看來，骨科醫師的工作條件明顯有所改善。至於界線比較模糊的工作則交由三名男性實習醫師負責。

我真心認為女性醫師的加入或許真能澈底改變骨科的工作環境。

好了，今天也準時回家吧！

骨骼名稱

數量很多，
讓我們把手腳合併一起學習吧

長頸鹿的每一塊頸椎都比較長。

● 基本資料

- 人體由**206塊**骨骼構成。
- 手有27塊骨骼，腳有26塊骨骼，雙手雙腳共106塊骨骼，占人體骨骼的半數以上。
- 只有前臂和小腿有二根長骨並列的情況。
- 另外，頸椎共7塊，數量和長頸鹿一樣。

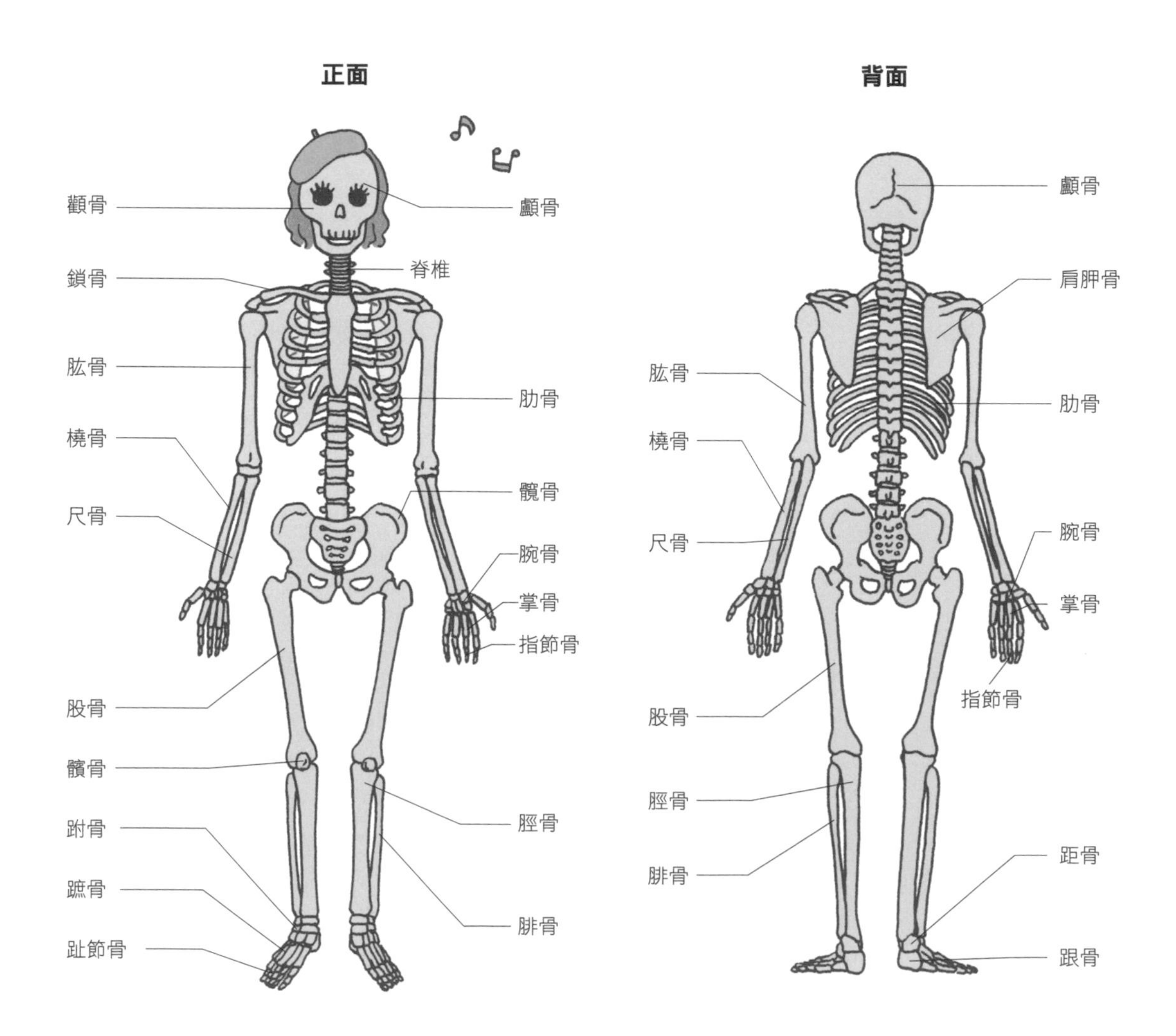

上肢骨骼

下肢骨骼

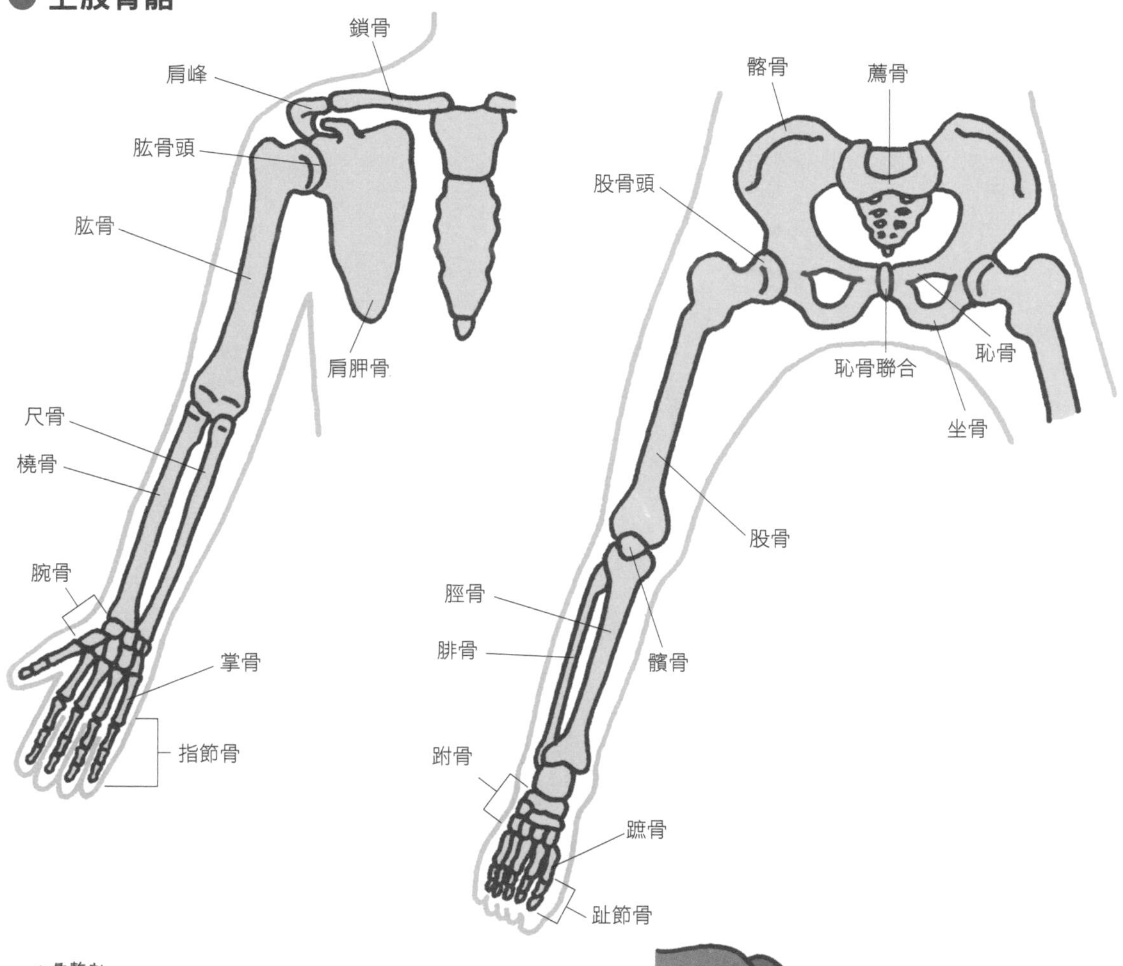

＼搜集彙整熟記！／

上肢和下肢骨骼並排在一起，其實很相似

- 各自位於最上方的是肩關節和髖關節＝球窩關節 ➔ p.86 。
- 接續是肘關節和膝關節＝樞紐關節。
- 手肘和膝蓋都有2根並列的長骨（橈骨・尺骨、脛骨・腓骨）。
- 除拇指（拇趾）以外，**手部和足部的骨骼構成都極為相似** ➔ p.145 。

人類若以馬的骨骼架構方式站立，會變成這樣。

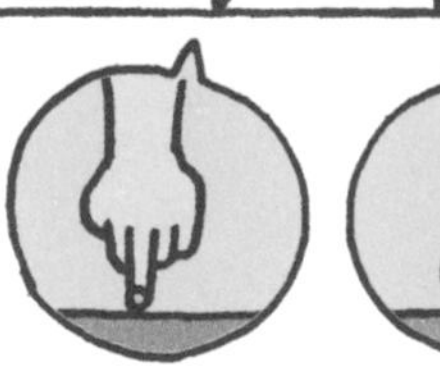

關節構造

以球窩關節和樞鈕關節為例

	球關節	樞鈕關節
構造	朝多方向轉動→容易移位	只能朝2個方向轉動→不容易移位
代表性關節	肩關節　髖關節	膝關節　肘關節
脫臼	多 （容易不穩定的關節）	少
不穩定造成的疾病	・反覆性肩關節脫臼 ・肩關節多方向不穩定 ・先天性髖關節脫臼 ・殘留半脫位	少
關節內骨骺損傷	・投手肩（肩膀） ・股骨頭生長板滑脫症	少

※膝關節可以稍微旋轉，嚴格說來屬於蝸狀關節，是樞鈕關節的同伴。

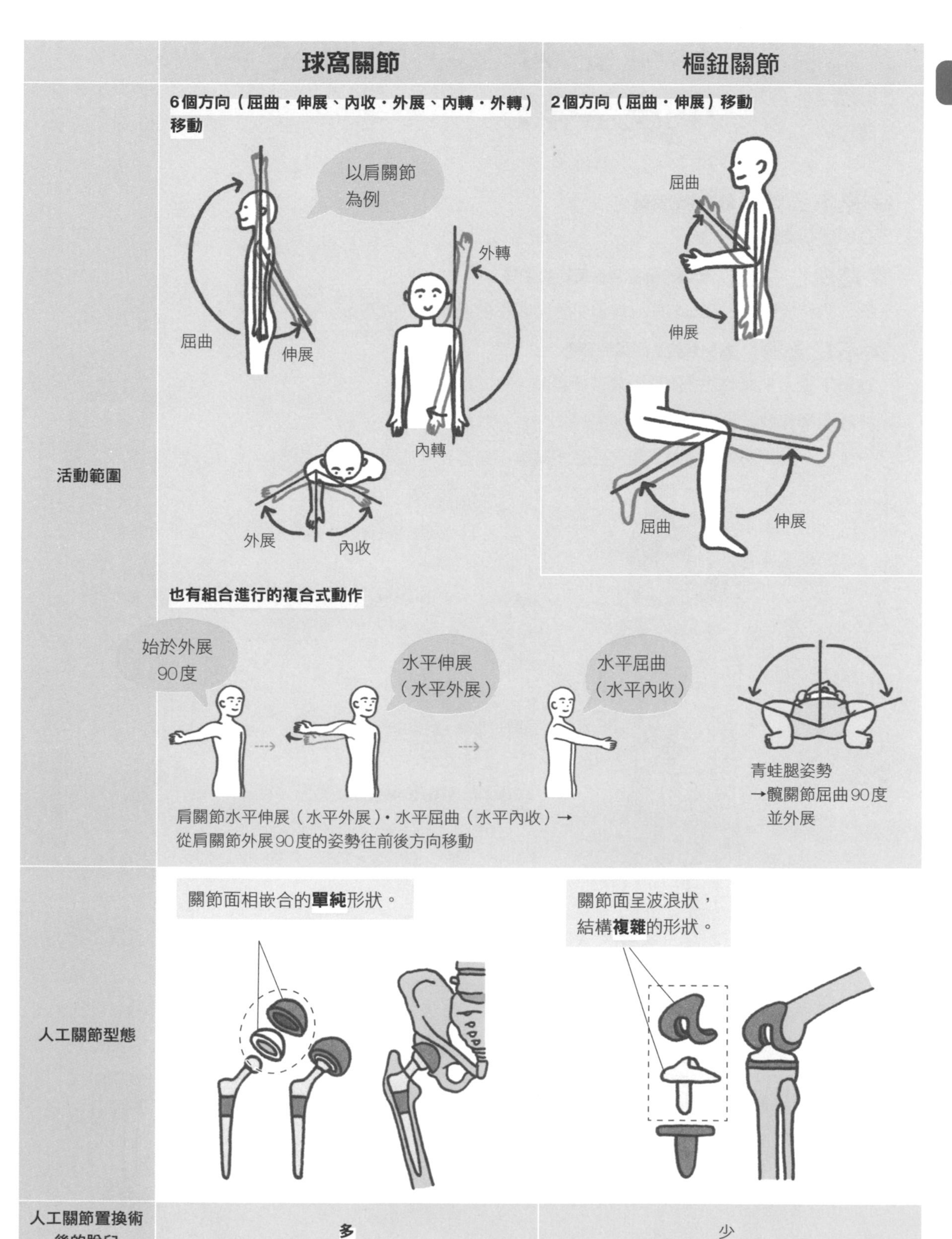

	球窩關節	樞鈕關節
活動範圍	6個方向（屈曲・伸展、內收・外展、內轉・外轉）移動	2個方向（屈曲・伸展）移動
人工關節型態	關節面相嵌合的**單純**形狀。	關節面呈波浪狀，結構**複雜**的形狀。
人工關節置換術後的脫臼	多	少

4 基本姿勢、功能性姿勢與不良姿勢

● 基本姿勢　**最標準的姿勢**

・各關節都處於0度狀態。

● 功能性姿勢　**骨科醫師認為最適宜的姿勢**

・關節動作變差時，在日常生活中最不會造成不便與痛苦的姿勢。

● 不良姿勢　**會引起諸多麻煩的姿勢**

・在日常生活中造成諸多不便與痛苦的姿勢。

・神經麻痺時容易出現不良姿勢。

→進行活動範圍訓練，並且隨時注意不要讓不良姿勢變成習慣。

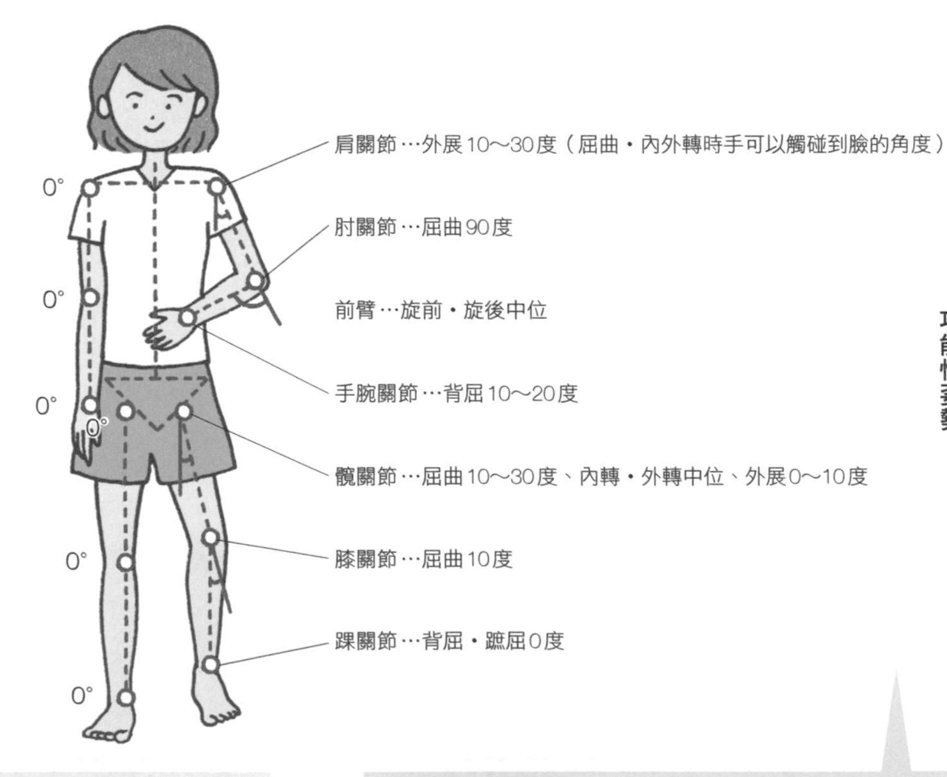

軍隊或警官列隊時，我們所看到的整齊標準姿勢都屬於基本姿勢。

・骨折等進行石膏治療、進行關節固定術時，基本上都以功能性姿勢為基準。
・「讓人慵懶臥躺的懶人沙發」坐在上面時的姿勢比較接近功能性姿勢。

column

學習理想求婚姿勢中的關節活動範圍！

這就是理想求婚姿勢的關節角度！

對女性而言，求婚是人生中的一件大事。對男性而言，求婚則是決定人生的重要場景。風靡海外的驚喜求婚方式，不僅準備過程費時費力，還隱藏種種問題，像是造成周遭人的困擾與麻煩，以及若不幸遭到拒絕，恐對男性造成難以平復的心理創傷。因此我試著基於骨科的觀點，思考最不會造成他人困擾且又能成功讓女方點頭的關節角度。**對照男女理想求婚姿勢的關節角度，發現兩者幾乎完全相反**。試將兩者擺在一起觀察，整個畫面真的非常匀稱。雖然夫婦第一次共同作業的婚禮上切蛋糕極為經典，但試著基於骨科觀點為夫婦計畫求婚時的共同作業，不也是一個絕佳的創意嗎？

透過關節技可以學習關節活動範圍!?

正常活動範圍的定義是「關節在特定面上能夠移動的範圍」，超過這個範圍會感到疼痛。關節技便是運用這個原理。

以最具代表性的關節技為例，解說哪些關節承受不合理的施力。

十字壓肘⇒肘關節過度伸展

UDE
HISHIGI
GYAKUJUJI

格鬥術中極為有名的關節技。同時也是世界各國軍隊必備的技術之一，實用性相當高。

直腳踝鎖⇒踝關節過度蹠屈

ACHILLES-KEN
GATAME

將手腕關節頂在對方的阿基里斯腱上，不斷給予壓迫刺激的技術，**嚴格說來不算是關節技**。這種技術極可能弄斷阿基里斯腱，而且疼痛程度非同小可。

雙腕鎖⇒肩關節過度伸展與過度內轉

CHICKEN WING
ARMLOCK

肘關節看似很痛，但其實力道沒掌握好會造成肩關節脫臼，**以骨科角度來看，這是相當危險的關節技**。

四字腿固定⇒膝關節過度伸展

ASHIYONNOJI
GATAME

將對方的腳固定成4字形狀，因此取名為四字腿。這是毀滅者（Dick Beyer）將力道山逼到絕境的必殺技，在當時格鬥界頗負盛名。據說**50歲以上的男性約80%都曾經體驗過**。

波士頓蟹式固定⇒胸椎・腰椎過度伸展

GYAKU
EBI GATAME

超過骨科領域，對整個軀幹都會造成傷害的危險關節技。隨意模仿格鬥選手操作這個動作，恐發生窒息死亡憾事。

衝浪板式固定⇒????

ROMERO SPECIAL

日本名稱為吊頂固定。是一種沒有對方的協助，難以獨自完成的技巧。

X光攝影檢查

骨科的必要檢查項目

・門診中最常使用X光攝影檢查的是骨科。這也是骨科不受女性醫師青睞的原因之一。

・X光片中，放射線穿透力最高的部位呈「黑色」，穿透力最差的部位呈「白色」。

・**肌肉顯示為黑色，骨骼顯示為白色**。感覺像是黑白對比的剪影圖。

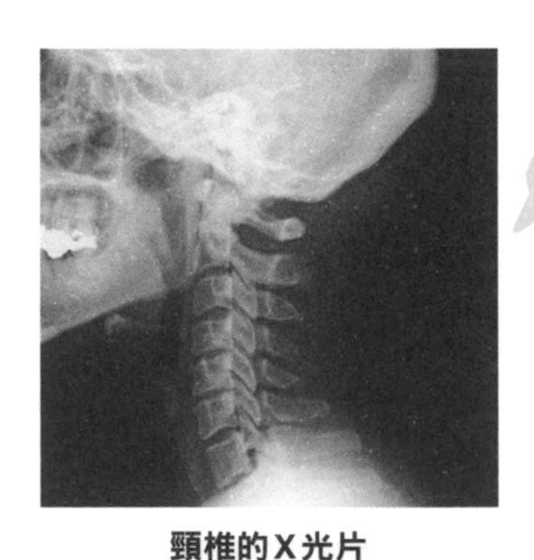

白色部分是骨骼

頸椎的X光片

先來個X光攝影檢查吧！

X光攝影檢查
在骨科是家常便飯

一般X光常規攝影稱為**X光素片攝影**。

透過顯影劑抓出更細小異常現象的X光檢查則稱為**X光顯影攝影**。

非常重…

沉甸甸

・X射線無法穿透鉛。
・防輻射的防護衣之所以如此沉重的原因。

為什麼是"X"？

X射線是德國物理學家威廉・倫琴於1895年發現的高穿透力電磁波。在當時這是一種不為人知的新射線，因此倫琴為其命名為代表「未知數」的「X」。發現當天11月8日則為X光發現紀念日。

有幫助的先備知識

● X光攝影心得

①從2個方向進行攝影

- 唯有從側面觀看，才能知道吐司的厚度。
- 要從各個角度掌握骨折部位的情況，至少需要從2個方向進行拍攝。

②難以判讀時，以同樣條件從對側進行拍攝，再加以對照比較

- 即便以前從未見過，只要並列一起進行比較，自然能從中看出差異。
- 不同於心臟，手腳呈左右對稱，真的要心存感謝。
- 另外，兒童通常還留有骨骺線，難以判別究竟是骨折線或骨骺線時，骨科醫師會針對患部正反兩側都進行X光攝影。

③骨折部位的鄰近關節也要一併拍攝進去

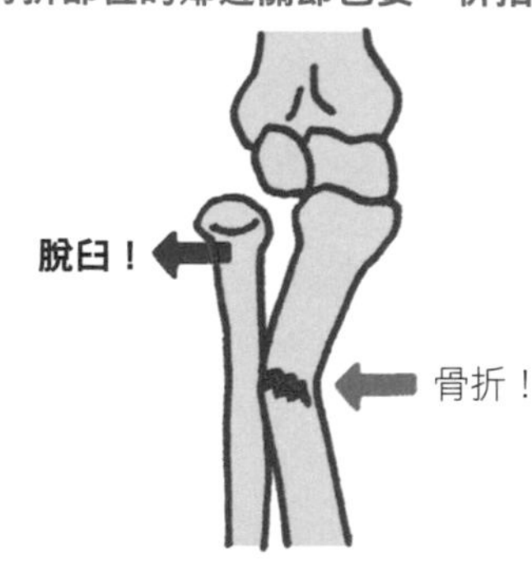

脫臼！
骨折！

- 骨折部位的鄰近關節也可能出現脫臼情況。

④疑似骨折卻沒有明顯骨折線時，隔幾天再次進行X光攝影檢查

咦？
移位了！

- 雖然骨折，卻因為沒有移位而難以察覺。

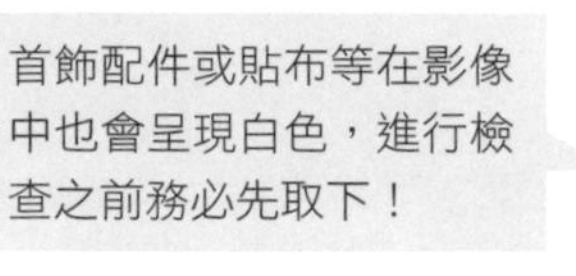

首飾配件或貼布等在影像中也會呈現白色，進行檢查之前務必先取下！

影像檢查彙整

檢查有利有弊

● 骨折 ⇒X光素片攝影、CT檢查

- 骨折移位的情況下，透過X光素片攝影就能一目了然。
- 透過不同時間點的X光攝影檢查，可以了解骨痂形成和整體癒合情況。
- 疲勞性骨折或脆弱性骨折等比較特殊的骨折必須透過CT、MRI檢查才能清楚判定。
- 兒童關節處的軟骨比較多，無法清楚拍攝的範圍相對較大。必須透過正反兩側的X光片進行比較，才能清楚判定是否骨折。

檢查項目	方便性	輻射線曝曬量	檢查時間	訊息量	
				骨骼	軟組織
超音波	◎	沒有	△	×	○
X光素片攝影	◎	有	短	○	×
CT	△	多	△	◎	×
MRI	×	沒有	長	○	◎

● 骨骼血流障礙（骨壞死） ⇒MRI檢查

- 初期病變只能透過MRI才檢查得出來。
- 骨骼隨病症進展逐漸塌陷時，透過X光攝影檢查也能清楚看出來。

● 半月板、韌帶、關節盂唇、關節軟骨損傷 ⇒MRI檢查

- 只有MRI檢查才能發現構成關節的韌帶等軟組織病變。

● 發炎 ⇒超音波、MRI檢查

- 軟組織腫脹、關節炎造成積水狀態，多半只能透過超音波或MRI才檢查得出來。

骨科用於檢查嬰幼兒的髖關節脱臼、學齡期兒童的投手肘、類風濕性關節炎的滑膜增生情況，但並非人人需要。

- 先使用X光攝影檢查初步掌握骨骼形狀。
- 想進一步詳細從各個角度觀察，則使用輻射曝曬量較多的CT檢查。

若要確認骨骼以外的組織情況，使用MRI檢查。檢查時間長，所以不適合無法一直維持相同姿勢的兒童。

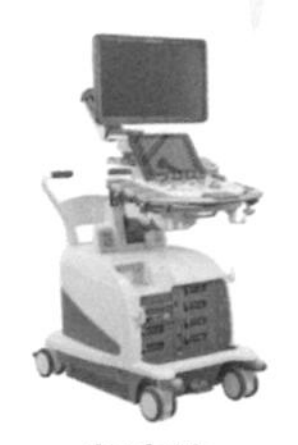

超音波

X光素片攝影

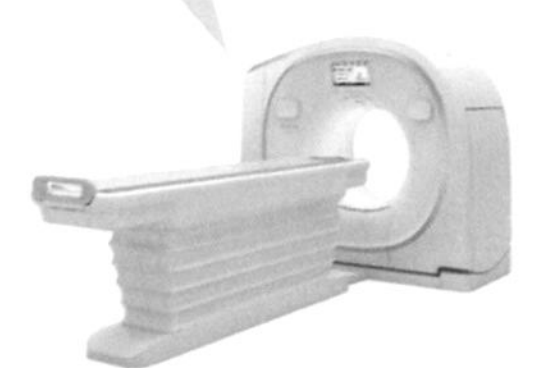

CT
Computed Tomography

MRI
Magnetic Resonance Imaging

- 由左至右，價格以多1個0的價差逐漸遞增，體積也逐漸巨大化。
- MRI設備要價不菲，而且必須施作不讓強烈磁氣外洩的外牆工程。對醫院經營者來說，添購MRI設備根本是在挑戰荷包。

徒手肌力測試

MMT：Manual Muscle Test

- 徒手肌力測試（MMT）是醫師進行診察時常用的肌力檢測法。
- 雖然徒手肌力測試分成6級，但只要**確實掌握MMT 3定義，其餘可以透過推測加以評估**。
- 由於MMT 2需要移除地心引力條件，診察時的身體姿勢不同於MMT 3～5。

分級	定義
5（Normal）	正常肌力
4（Good）	介於3和5之間
3（Fair）	**可以抵抗地心引力，完成所有關節活動度**
2（Poor）	除去地心引力後，可以完成所有關節活動度
1（Trace）	確認肌力收縮，但關節卻無法活動
0（Zero）	肌肉完全沒有收縮

重要！

● 膝關節伸展肌的MMT評估實際操作

MMT5～4

壓力判斷

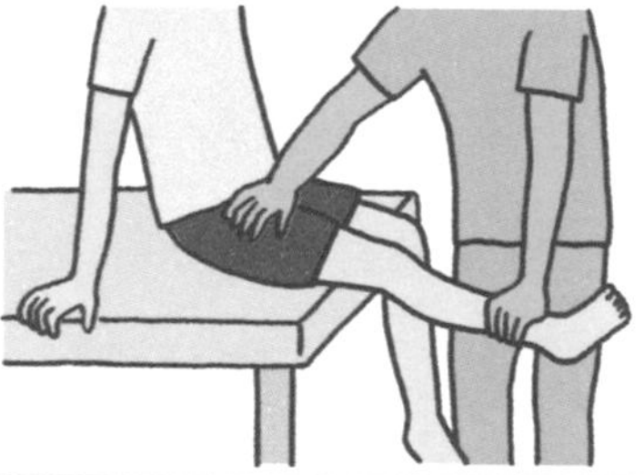

- 判斷肌肉力量。
- 一手握住並固定關節近端的股骨，另一隻手置於遠端的小腿骨並施以抵抗力，**透過壓力進行判斷**。

MMT3

觀察判斷

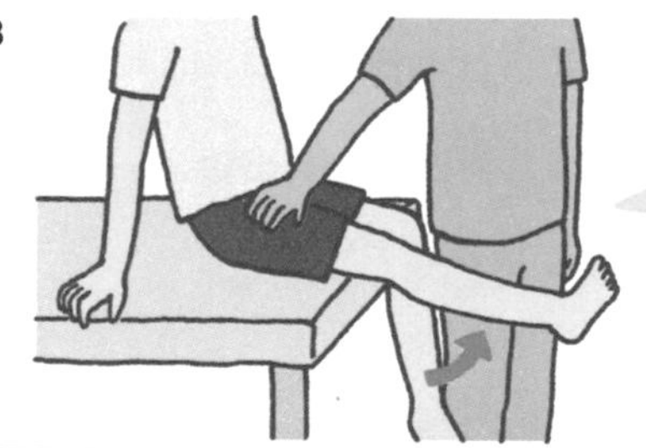

- 判斷能否抵抗地心引力。
- 握住並固定關節近端的股骨，以**視覺判斷**膝關節能否完全伸展。

MMT2

觀察判斷

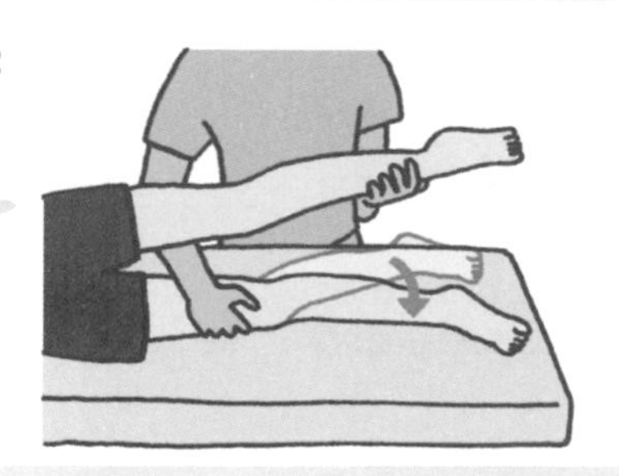

- 請患者平躺，於無地心引力作用的平面上，以**視覺判斷**膝關節能否完全伸展。

MMT1～0

觸診判斷

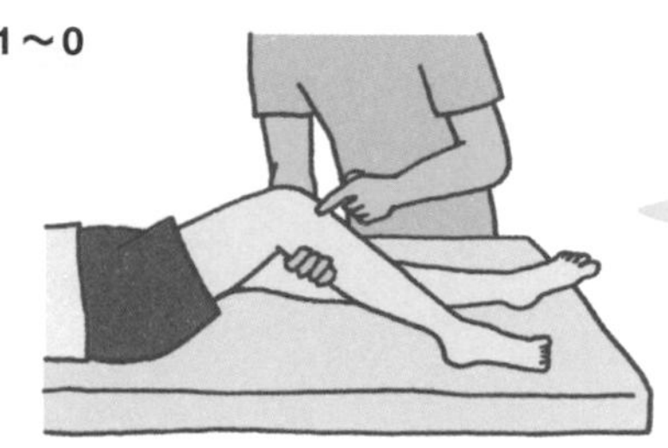

- 支撐關節屈曲姿勢，以**指尖感覺**肌肉是否收縮，有收縮為MMT 1，沒有收縮為MMT 0。

以 MMT3 為例

麻痺性疾病的裝具治療法

- 小兒腦性麻痺的情況下，股四頭肌為MMT 3以上，使用短下肢裝具；未滿MMT 3，使用長下肢裝具。
- MMT 3以上的話，站起身時比較不會出現膝關節不穩的軟腳現象。

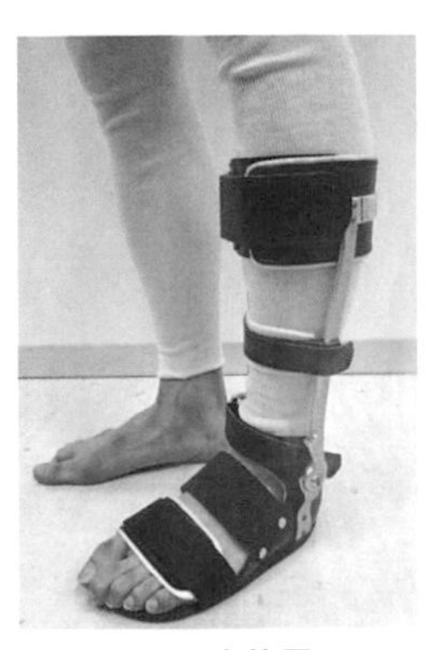

短下肢裝具

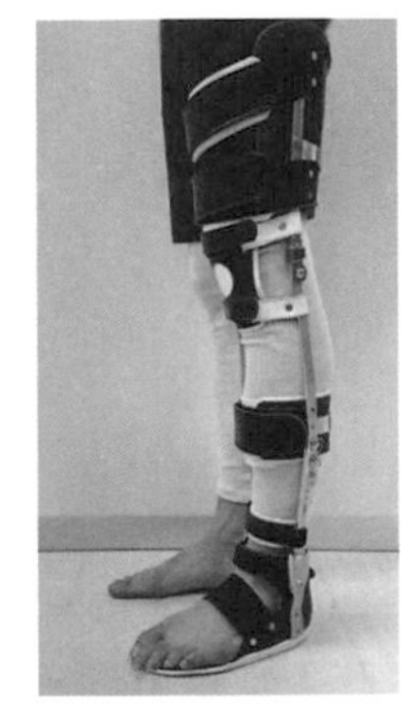

長下肢裝具

脊髓損傷評估

- 1969年提出的Frankel分類和後來美國脊髓損傷協會提倡的ASIA分類，兩者的內容幾乎相同。
- 但ASIA中的C和D會明確依據是否有MMT 3來進行分類。
- 因此**MMT 3經常作為分類麻痺程度的客觀依據**。

Frankel分類

A.	Complete（完全麻痺）	高位損傷以下的運動感覺完全麻痺。
B.	Sensory only（只有感覺）	完全運動麻痺，只有某些程度的感覺殘存。
C.	Motor useless（運動功能不完全）	高位損傷以下的肌力衰退，肌肉沒有實際功用。
D.	Motor useful（有運動功能）	高位損傷以下的肌肉有實際功用，沒有輔具也能行走。
E.	Recovery（恢復）	肌力無衰退、沒有感覺障礙、括約肌功能正常、稍有反射異常，但無大礙。

ASIA分類

A＝完全	S4～S5感覺・運動功能完全麻痺。
B＝不完全	包含S4～S5在內，損傷區以下的神經節仍殘存感覺功能。
C＝不完全	損傷區以下的神經節殘存運動功能，但半數以上的主要肌群**肌力級數小於3**。
D＝不完全	損傷區以下的神經節殘存運動功能，至少半數以上的主要肌群**肌力級數大於3**。
E＝正常	運動・感覺功能皆正常。

MMT3

思考MMT 1和0

MMT 1的定義是「確認肌肉收縮，但關節不能動」。由於關節無法活動，必須強化五感以確認收縮。也就是說，只能透過眼睛觀察皮膚上的肌肉動作，藉由手指感覺細微動作。

看診時我總會想起李小龍在《龍爭虎鬥》中常講的一句經典台詞「Don’t think, feel（別思考，去感受）」。《星際大戰二部曲：複製人全面進攻》中的絕地武士尤達也曾說過類似的話。這兩句都是電影中，師父經常對才華洋溢卻老是陷入思考死胡同中的弟子所說的話。

但在骨科裡，若老是指導年輕醫師要「用心感受MMT 1」，百分之百會遭到嫌棄。再說我自己本身也**幾乎不曾感受過MMT 1**。修行不足啊。不過老實說，通常只要透過肌電圖檢查便能進行精準的判定。

Don’t think, feel
(別思考，去感受)

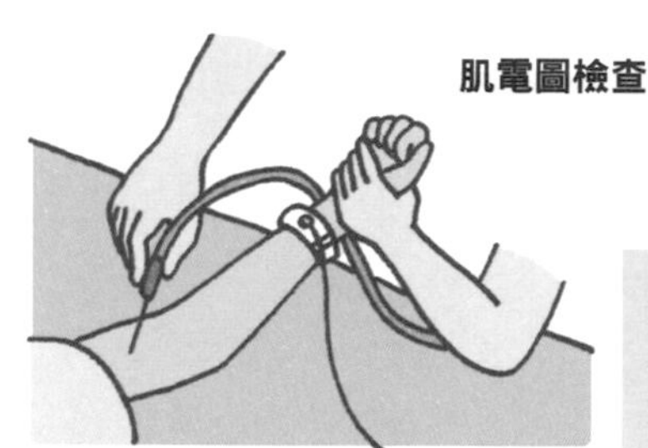

利用針極扎入不同部位的肌肉，記錄肌肉收縮情況。類似心電圖的概念。

初次在書上看到MMT時，我想起國小學期末收到的成績單。沒有MMT中的0，但同樣有1～5的5級分類。很慶幸沒有0，因為一旦被標示為0，代表無學力可言，那我肯定深受打擊而一蹶不振。0和1之間可是有著很大的差距。

以前的成績單有5個等級……。MMT有6個等級。

MMT 4和5的英語表記

英語表記中，MMT 5為「normal」，MMT 4為「good」。在徒手肌力的世界裡，normal比good好。順帶一提，字典裡「normal」和「good」的解釋各自如下。

normal：標準、普通、正常、通常、常態、準平均 good：好的、良好的、優質的、高雅的

從翻譯的角度來看，good好像比較優秀，但「**普通才是最好的**」。以外國人的角度來看，這是一種謙虛的表現。

記得以前住在美國的時候，同事曾經稱讚我「Kuni, good job!」，搞不好那其實是「雖然比普通差一些，但你以你的方式努力完成了」的意思。對於不需要額外說些什麼就能確實完成工作的「normal」人，或許根本不需要稱讚他「good」。

曾聽說「教育寬鬆世代的方式就是多給予讚美」，所以或許我們應該多加注意老是喜歡把「good」掛在嘴上的美國人。

骨折分類 各式各樣的骨折型式

依骨折型式分類 主要透過X光攝影檢查確認

如字面所示

注意這2種不稱為複雜性骨折！

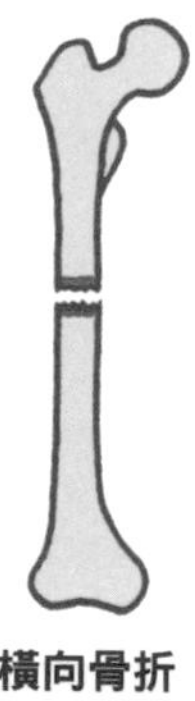

橫向骨折

斜向骨折

螺旋骨折

經常發生在比腕力的時候。

粉碎性骨折

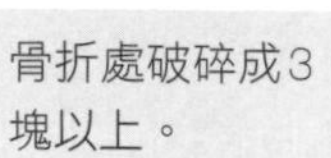
骨折處破碎成3塊以上。

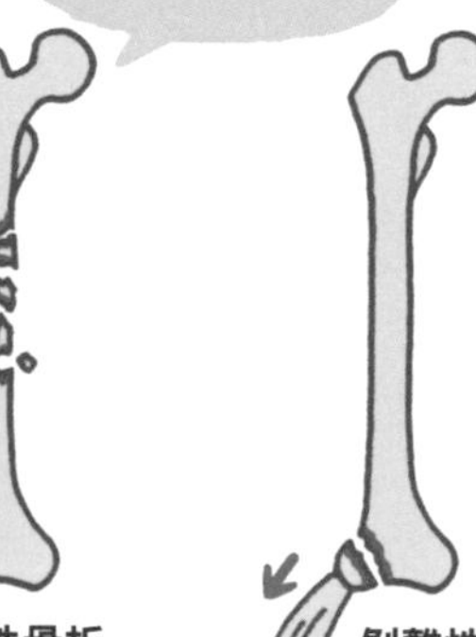

剝離性骨折

骨碎片從骨骼主體被拉開（剝離）。

隱匿性骨折

- 處於受傷狀態，但X光攝影照不出骨折跡象。
- MRI檢查發現有骨髓水腫現象。
- 挫傷後疼痛遲遲未能緩解的情況，有必要進行精密檢查以確認是否為隱匿性骨折。

依皮膚狀況分類

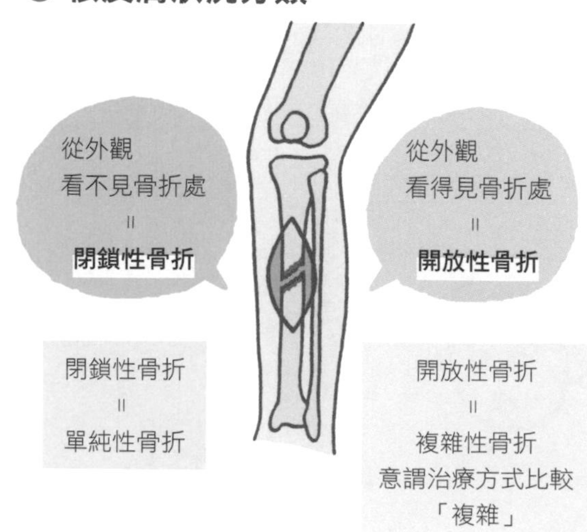

閉鎖性骨折
=
單純性骨折

開放性骨折
=
複雜性骨折
意謂治療方式比較「複雜」

開放性骨折的初期治療

- 有引發脊髓炎的風險，必須進行緊急手術（清創）。

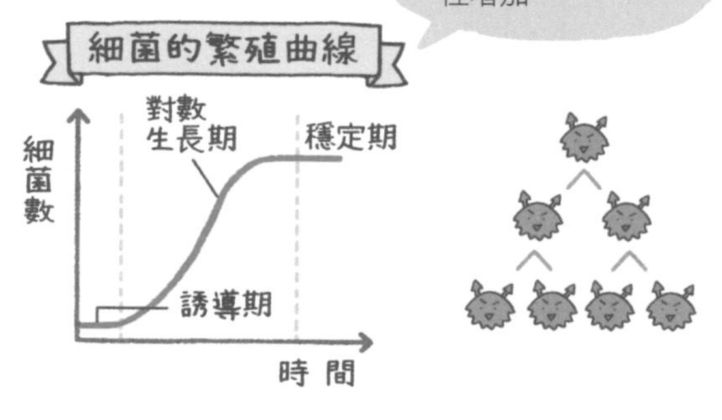

重要的是於黃金救援時間（受傷後6～8小時）內進行清創，在對數生長期的初期盡快減少細菌數量！

搜集彙整熟記！

● 特殊骨折的比較

	疲勞性骨折	脆弱性骨折	病理性骨折
發生機轉	啊！ 啪！ ・持續反覆承載負荷 ・道理同金屬疲勞	・骨質密度下降導致容易發生骨折	咳咳！ ・因腫瘤造成容易骨折
誘因	・運動	・跌倒	・惡性腫瘤轉移至骨骼系統（肺癌、乳癌、前列腺癌）
好發部位	・蹠骨、脛骨、肋骨	・脊椎、腕關節、股骨近端部位	・脊椎（血流豐富的部位）

黃金救援時間

黃金救援時間是指自發病時間點算起，能夠提升成功搶救機會的緊急救援時間。

心臟停止**3分鐘以內**，呼吸停止**10分鐘以內**：黃金急救時間

腦中風發病**3小時以內**：腦神經外科的中風黃金救援時間（血栓溶解治療）

心肌梗塞發病**6小時以內**：心臟內科的治療黃金6小時

發生開放性骨折的6～8小時以內：骨科的黃金救援時間

黃金72小時：超過這個時限，災民的存活率會急遽下降

2 骨折併發症

阻礙治療的難敵

● 骨折不癒合（假關節）

定義

- 經過3個月還未見骨痂的狀態稱為**延遲性骨癒合**。
- 經過6個月還是癒合不完全，稱為**骨折不癒合**（假關節）。
- 像假的關節一樣，一動就產生疼痛。
- 嚴格說來，骨折不癒合並不是併發症，而是尚未完全達到治療目的。這向來是骨科醫師感到最頭痛的問題。
- 低侵入性且紮實的復位與固定，有助於降低骨折不癒合的發生機率。

延遲性骨癒合

經過3個月，
骨骼依舊沒有癒合。

骨折不癒合

經過6個月，
骨骼依舊沒有癒合。

容易發生骨折不癒合的情況

① 血流容易供應不良的部位骨折

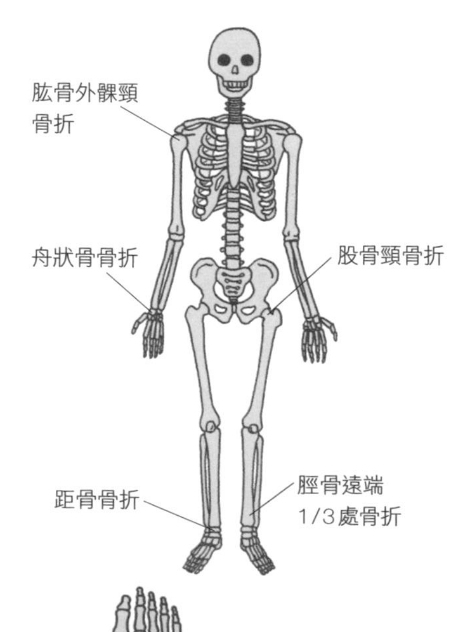

肱骨頭、股骨頭、舟狀骨、距骨的軟骨面比較寬，而且沒有肌肉附著。

通往別墅的唯一通道吊橋被人破壞而遭到孤立。推理劇裡常見的場景

- 由於營養血管是單向通行，一旦發生骨折而切斷血管，容易導致前方血流供應不良。
- 雖然骨折部位癒合了，但可能因為血流阻塞造成壞死。

- 脛骨遠端1/3處非常細，而且沒有肌肉附著，因此容易發生開放性骨折。
- 脛骨位於皮膚正下方，撞到硬物會痛不欲生。

② 病理骨折

・骨折部位發生轉移性骨癌等異常組織病變。

③ 高齡

・相較於兒童，高齡者一旦骨折，骨骼需要更長的時間才會愈合。
・因經常伴隨骨質疏鬆症，多半無法使用強度高的內固定器。
・由於麻醉和手術的風險較高，可能無法使用內固定器。

④ 開放性骨折

・容易伴隨肌肉等周圍的軟組織損傷，導致周邊血流不順暢。

治療

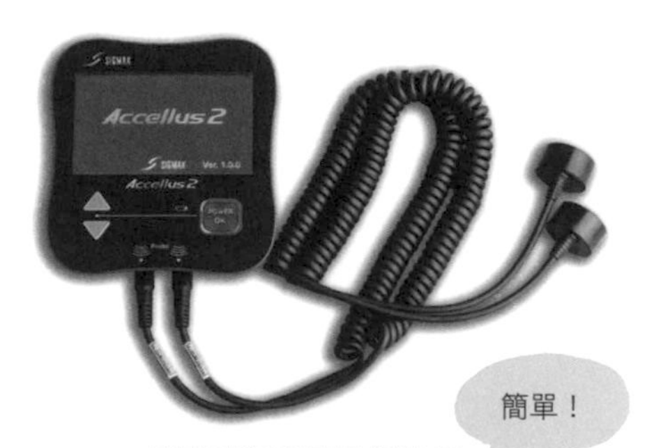

Accellus2
簡單！

低能量超音波骨折治療

・向醫療院所租借設備，1天只需要置於患部皮膚上15分鐘。
・足球選手大衛・貝克漢和棒球選手松井秀喜曾經接受這項治療而倍受矚目。

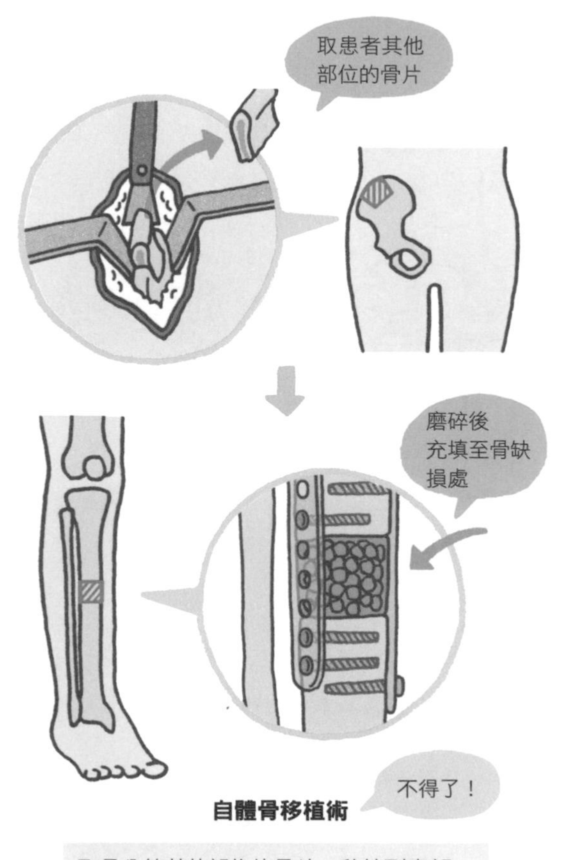

取患者其他部位的骨片
磨碎後充填至骨缺損處
不得了！

自體骨移植術

取骨盆等其他部位的骨片，移植到患部。

● 骨折癒合不良

・變形骨骼直接癒合會造成功能障礙，所以首要之務是盡可能將骨骼恢復原狀。

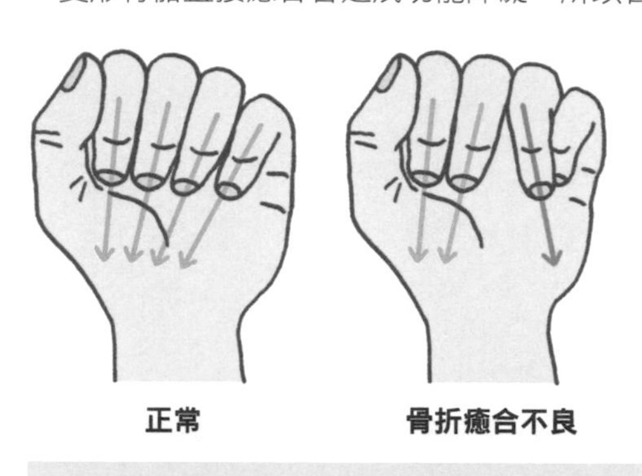

正常　　骨折癒合不良

指骨骨折後產生旋轉變形，彎曲後指尖與鄰近手指交疊在一起。

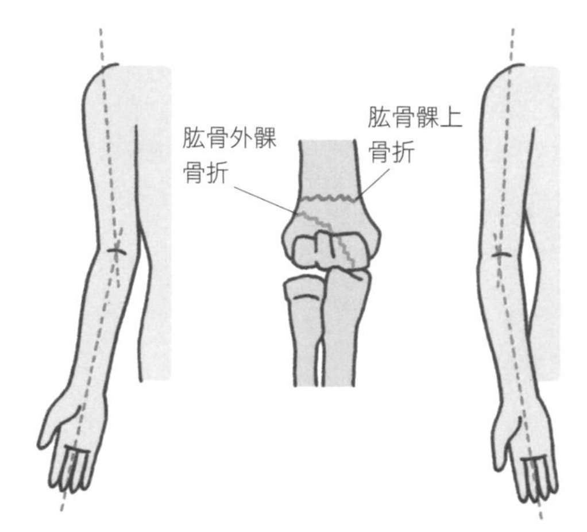

肱骨外髁骨折⇒肘外翻　　肱骨髁上骨折⇒肘內翻

幼兒期發生的肘關節周邊骨折，長大後可能會發生變形，務必特別留意！

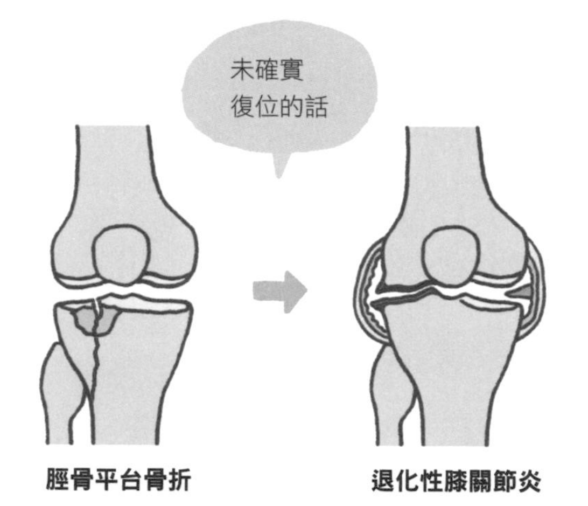

脛骨平台骨折　　退化性膝關節炎

脛骨平台骨折等骨折線深及關節內的關節內骨折，由於容易出現落差和退化性關節炎，所以正確復位是非常重要的環節。

● 異位性骨化

・術後或脊髓損傷患者的大關節周邊軟組織出現成熟的骨小樑堆積，造成活動範圍受到限制。

・雖然發生原因不明，但也可能是活動範圍訓練等造成出血，進而在肌肉內骨化。

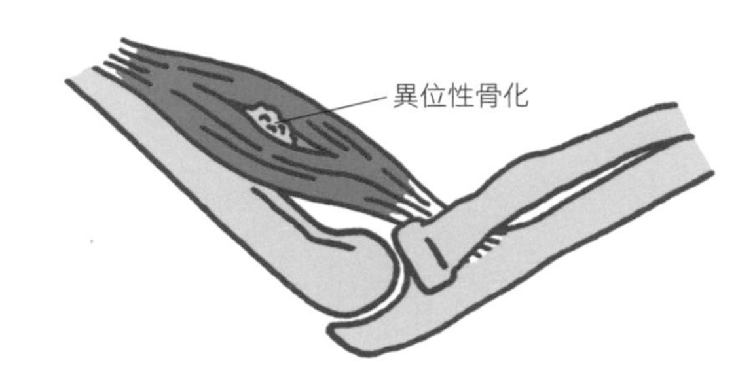

● 骨萎縮

・骨組織局部流失的狀態。從X光片上看來，骨骼有許多空隙。

・有以下3個主要發生原因。

① 術後長時間處於無負重狀態或使用骨外固定器

・在機械性壓力減少的狀態下，骨量急遽減少（**廢用性骨萎縮**）。

・經手術確實固定後，盡早開始進行活動範圍的訓練。

② 長期靜養、臥床

・長期靜養不活動，不僅會出現骨萎縮現象，還會發生維持日常生活活動的肌力、知覺・感覺功能、心肺功能、咀嚼・吞嚥能力、排便・排尿功能變差的**廢用症候群**。

・若患者為高齡者，可能還會出現即便骨骼癒合了，依舊無法恢復正常生活的情況。

・為了維持肌力，必須每天在國際太空站進行2小時左右的體能訓練。
・但在無重力狀態下，仍舊會發生肌力低下和骨量減少的情況。
・我們在地心引力作用下，透過站立和步行維持肌力和骨量。

③ 複雜性局部疼痛症候群

CRPS：Complex Regional Pain Syndrome

・骨折等外傷或神經損傷引起的疼痛持續未能緩解的疼痛症候群，經常會伴隨骨萎縮。

・自律神經的異常反應可能是誘因之一，早期診斷才能有效治療。

・持續出現①疼痛、②腫脹、③關節攣縮、④皮膚變色等現象，疑似罹患CRPS，建議及早開始進行減輕疼痛的治療。

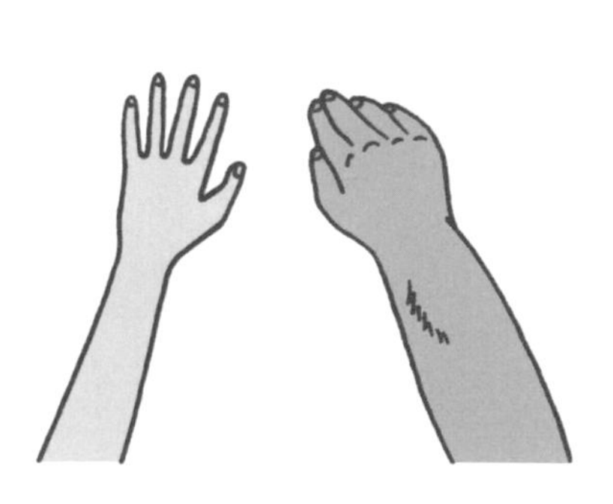

● 腔室症候群

- 四肢的肌肉、血管、神經被筋膜和骨間膜包圍在不同的封閉空間裡，這個空間稱為**腔室**。
- 骨折等外傷造成腔室內的壓力上升，進而壓迫神經和血管，當壓力未能及時疏解且達到危險值時，組織會逐漸壞死。
- 腔室症候群**好發於小腿、手肘周圍部位**。發生骨折時，務必做好固定以預防腔室內壓上升。
- 經常確認是否出現疼痛、腫脹、發紺、無脈搏、運動麻痺、感覺異常的血管阻塞症狀。
- 情況緊急時，必須切開筋膜以降低壓力。

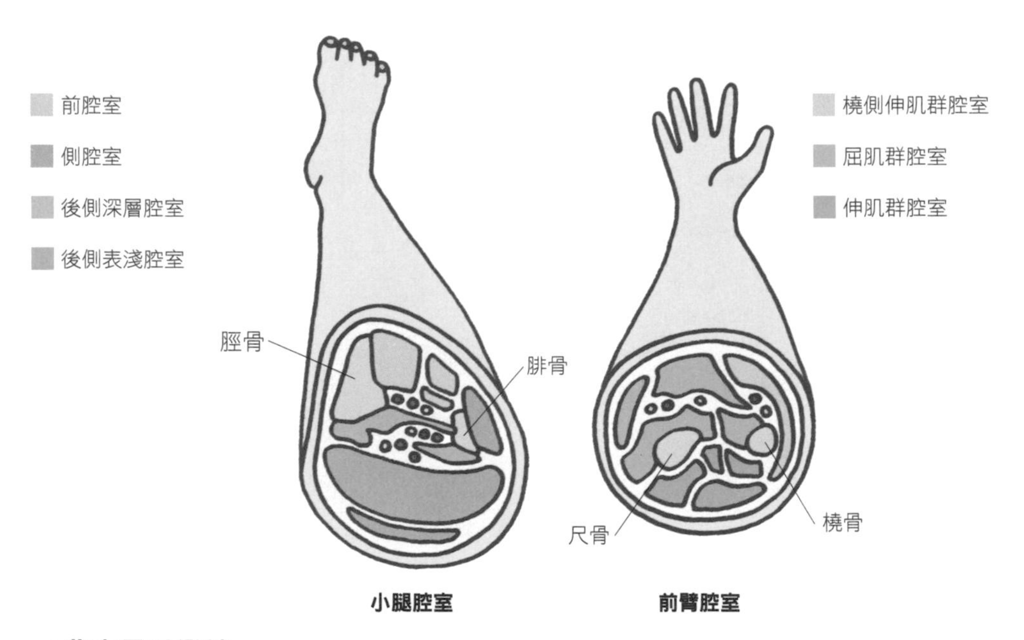

小腿腔室　　**前臂腔室**

弗克曼氏攣縮

- 若不及時治療腔室症候群，恐發生弗克曼氏攣縮。

弗克曼氏攣縮

肱骨髁上骨折→腫脹→
腔室內壓上升→壓迫肱動脈→血液循環不良→
前臂肌群缺血性壞死、因壓迫造成神經麻痺

搜集彙整熟記！
3

骨折與牽引

骨折後的治療首重牽引

- 一般來說，骨骼和關節都仰賴周圍肌肉的拉伸。
- 發生骨折時，患部因肌肉拉伸而產生短縮或變形現象。
- **藉由牽引恢復原狀，才能預防併發症，以利後續的治療。**

● 皮膚牽引和骨骼牽引

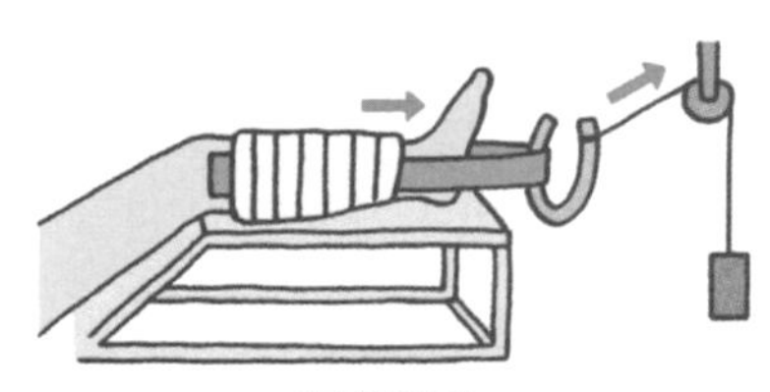

皮膚牽引

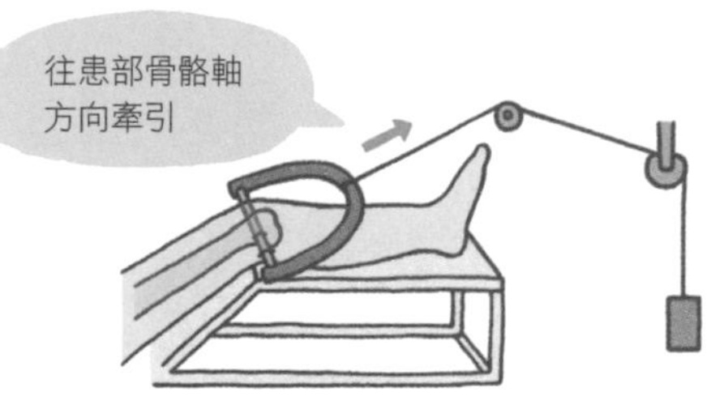
往患部骨骼軸
方向牽引

骨骼牽引

	效果（重量）	皮膚傷害	目的	骨髓炎風險
皮膚牽引	弱（輕）	多	靜養、維持	沒有
骨骼牽引	強（重）	少	復位	有

- 骨骼牽引是指以鋼釘固定於骨骼上進行牽引，雖然費時費力，但由於效果佳且對皮膚的傷害較少，因此使用率高。
- 因為有併發骨髓炎的風險，鋼釘多半固定於骨折遠端部位。

頸椎骨折治療

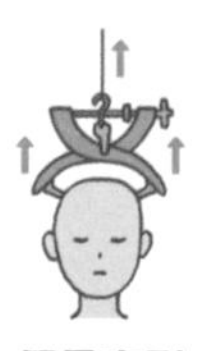

顱骨牽引

頸椎外固定器

- 頸椎骨折時，直接針對顱骨進行牽引（顱骨牽引術）。但鋼釘若固定得太深，潛在危險性隨之增加。
- 頸椎外固定器適用於維持頸椎穩定性。

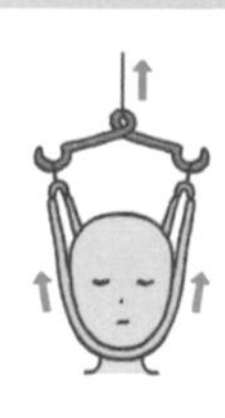

頸椎與腰椎的皮膚牽引

用於放鬆肌肉和韌帶的保守性牽引治療。

股骨內固定術

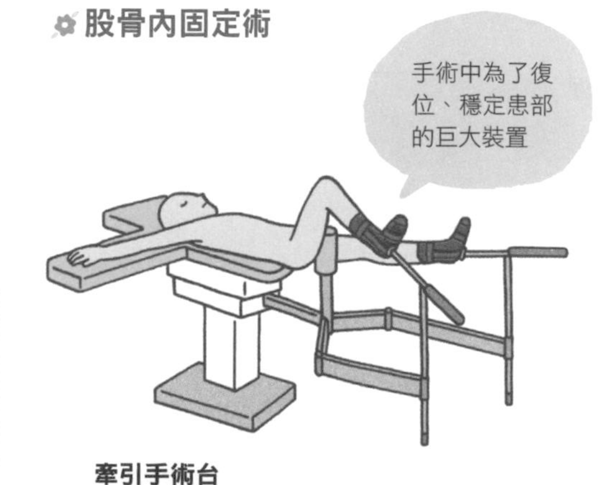
手術中為了復
位、穩定患部
的巨大裝置

牽引手術台

開放性復位內固定術的種類

ORIF：Open Reduction and Internal Fixation

- 切開皮膚（**開放**），將斷裂脫位的骨骼移回原位（**復位**），使用金屬器具固定斷骨（**固定術**）以協助癒合。
- 英文名稱為Open（開放）reduction（復位）internal（內）fixation（固定），簡稱ORIF。

● 骨釘固定

Pin＋ing＝
pinning。
將骨釘刺進去的
意思

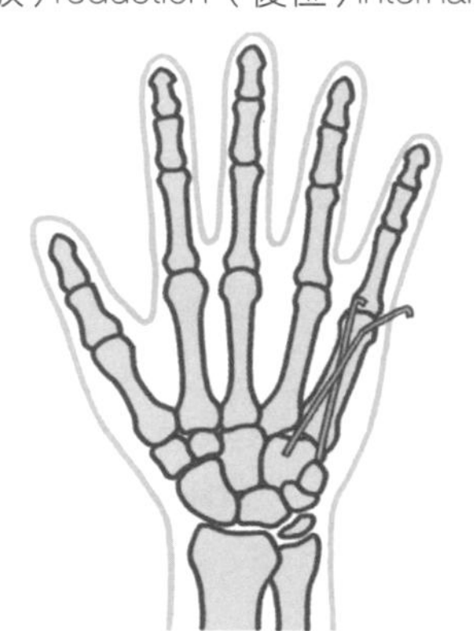

- 插入骨釘，將斷骨固定在一起的方法。
- 適用於「骨折造成傾斜」的單純骨折。
- 可以不切開皮膚，以經皮骨針固定。

● 骨螺絲固定

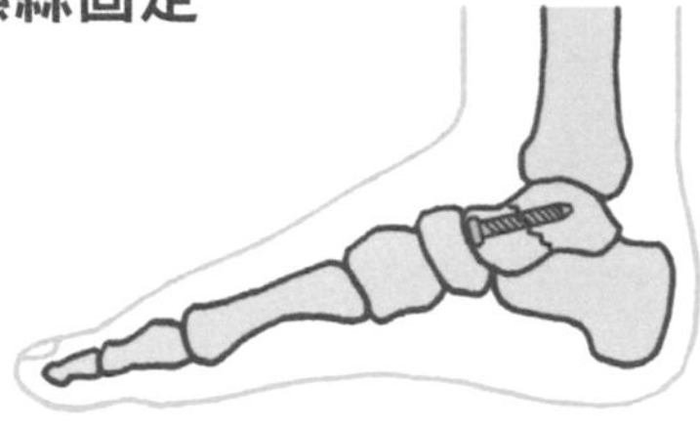

- 只用骨螺絲固定骨折部位，比較簡單的處理方式。
- 同骨釘固定，適用於單純骨折。
- 固定性高，骨折部位受到壓迫也沒有問題。

● 骨板固定

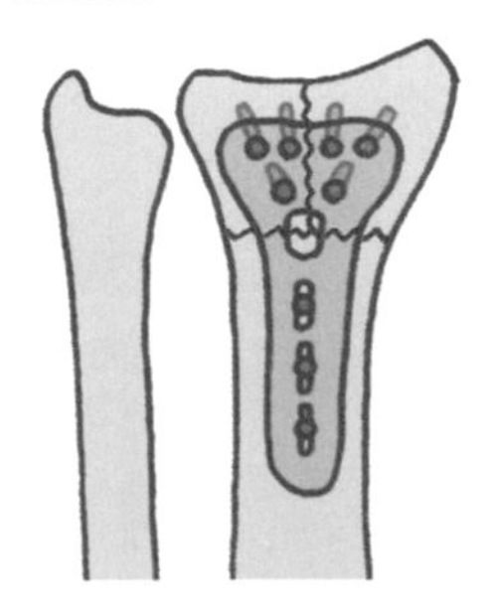

- 使用骨板和骨螺絲固定骨折部位的方法。
- 多半用於接近關節面且需要較大支撐力的骨折。

● 髓內釘骨折

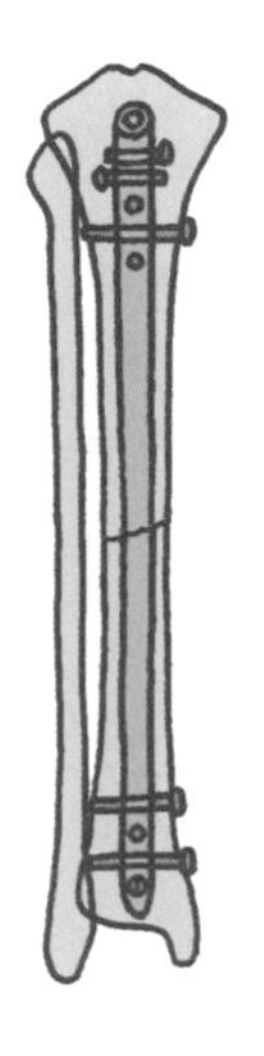

- 股骨、脛骨、肱骨等長骨有相對較長的**骨髓腔**。
- 能夠在骨髓腔裡置入長釘子加以固定。
- 髓內釘的構造為光滑的釘桿搭配防止旋轉的橫向螺絲釘（釘桿近端設有鎖定用螺絲孔）。
- 若骨骼本身較細，則以克氏鋼針插入骨髓腔，使用方法同髓內釘。

● 骨外固定器

以下情況改用內固定。
①骨骼重度粉碎。
②開放性骨折而有感染風險。
③肌肉等周圍組織遭到強烈撞擊擠壓。

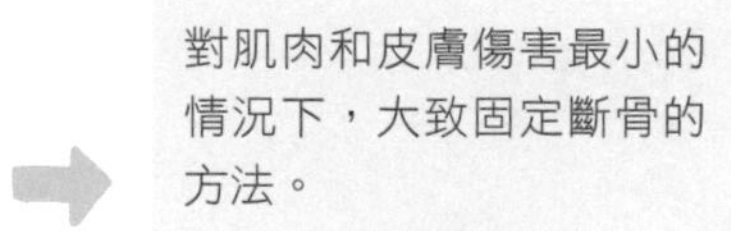

對肌肉和皮膚傷害最小的情況下，大致固定斷骨的方法。
↓
骨外固定

在骨折部位的近端和遠端處放置骨釘或骨針，再從皮膚外將針端連接、固定起來。

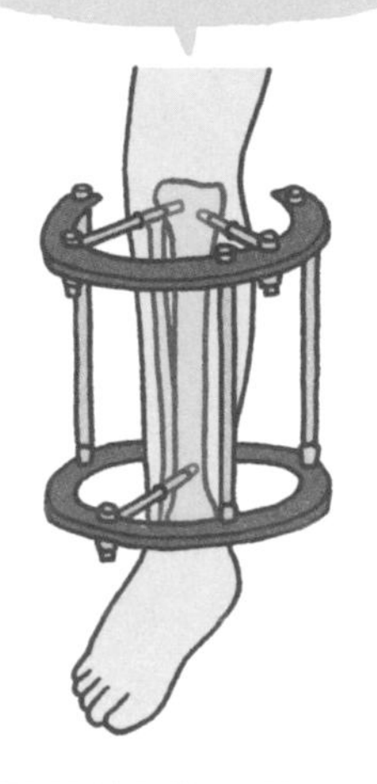

column

● 開放性骨折使用骨外固定器的理由

發生地震等災害時，維生管線的緊急修復中，能夠最快完成的是電力。因為電線桿設置於地面上，能夠一眼確認損害斷裂部位（東日本大地震中發電廠本身遭到破壞的情況例外）。另一方面，天然氣、自來水管都埋設於地底下，不挖掘就無法得知斷裂部位，需要花較多時間才能找到損害部位。

將這個概念套用到體外固定裝置接骨術，骨外固定器的骨釘好比電線桿裸露皮膚外，一旦受到感染，可以即時發現並視情況移除骨針。換句話說，可以隨機應變採取因應對策。開放性骨折容易產生併發症，因此多半採用骨外固定治療。

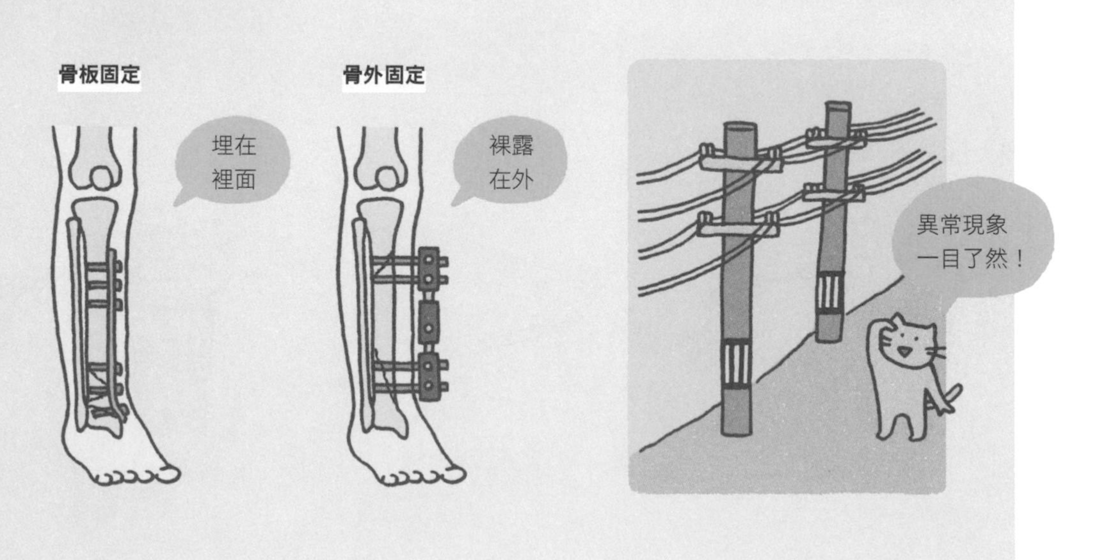

開放性復位內固定術的實際操作

以骨板固定為例，試著描繪實際操作步驟

❶ 復位

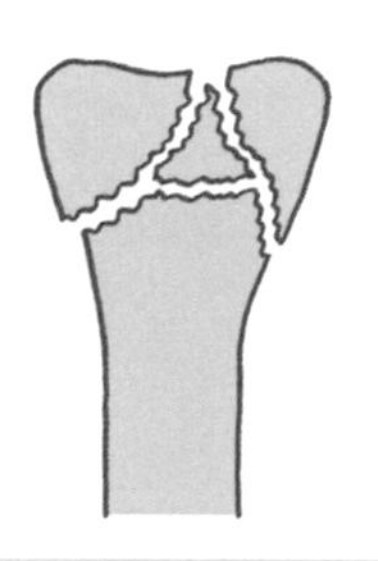

將斷裂骨骼移回原位。

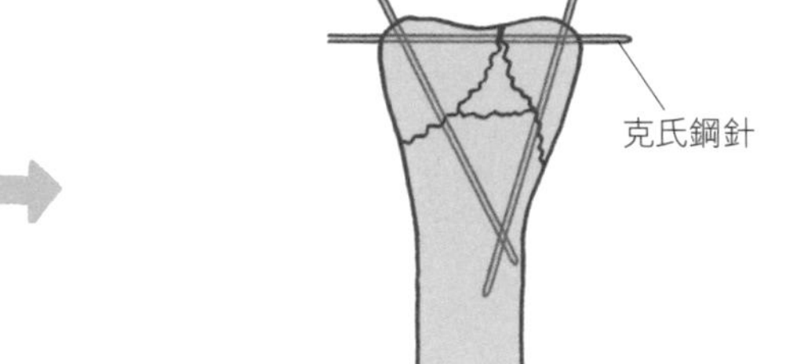

使用克氏鋼針暫時固定以避免移位。

❷ 骨板的選用、調整、設置

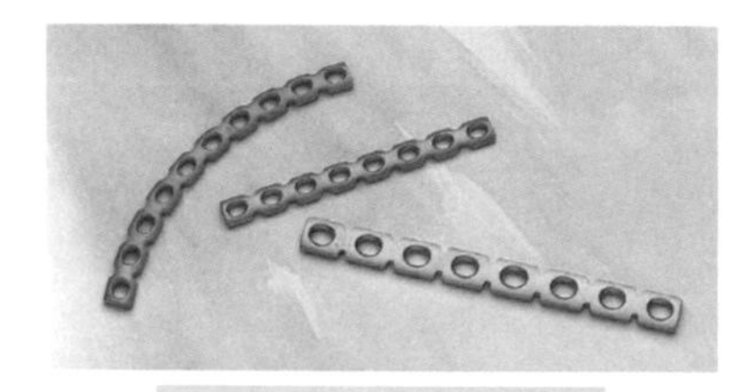

選用適合長度的骨板。

以彎管器彎曲骨板。

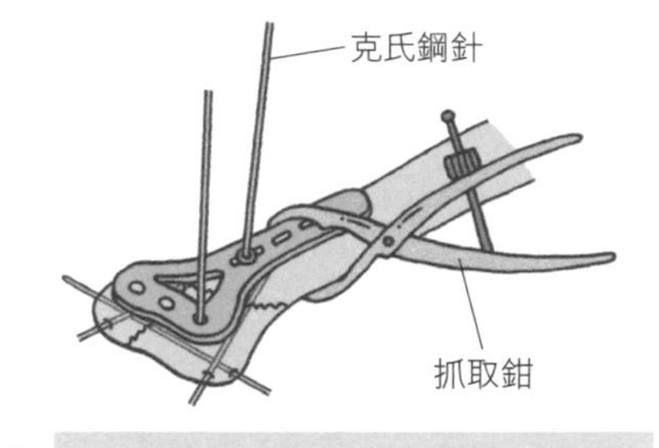

使用克氏鋼針和抓取鉗固定骨骼和骨板。

❸ 插入骨螺絲

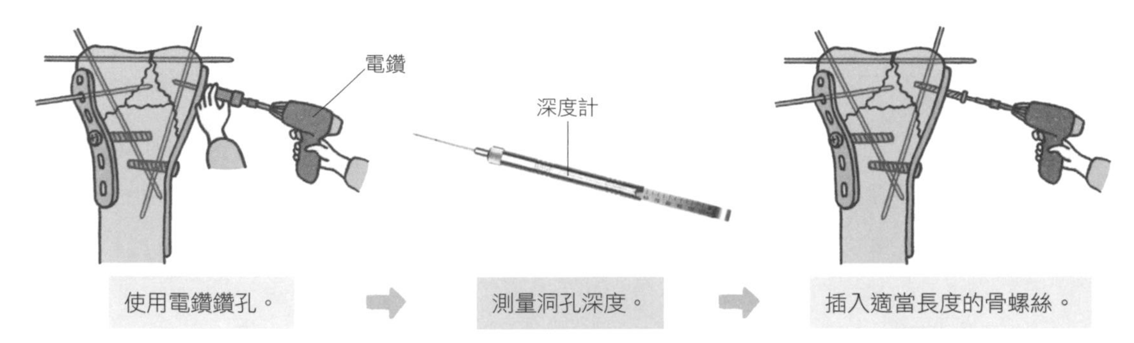

使用電鑽鑽孔。

測量洞孔深度。

插入適當長度的骨螺絲。

克氏鋼針

接骨職人

● 克氏鋼針（Kirschner wire）

・英文為wire，雖然翻譯成鋼針，但跟鐵絲一樣容易彎曲。

構造單純

好彎曲，但不容易折斷

尖端很銳利

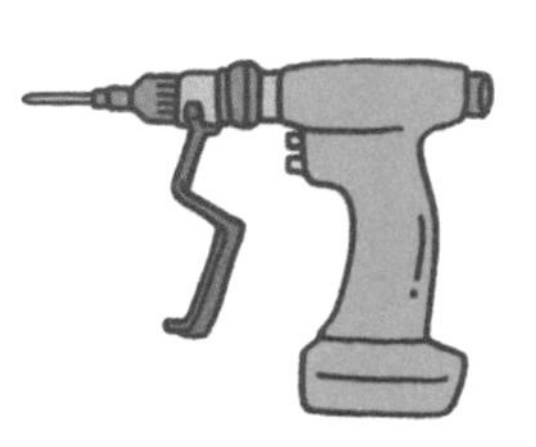

醫療用老虎鉗

・有直徑1、1.5、2、2.5、3mm的規格供選擇。
・也有用於手指手術，直徑1mm以下的規格。

使用電動螺絲起子插入骨骼內部。

使用醫療用器械簡單切斷鋼針。

用途無限大

暫時固定

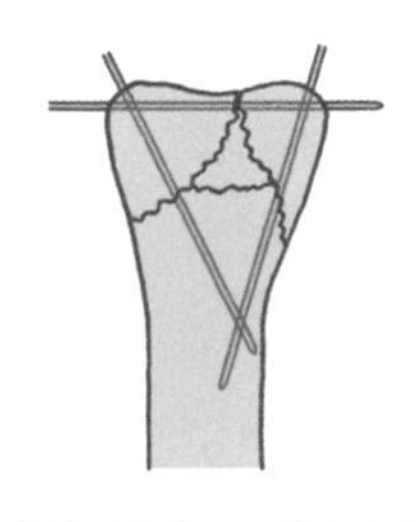

復位後暫時固定。

張力帶鋼絲固定

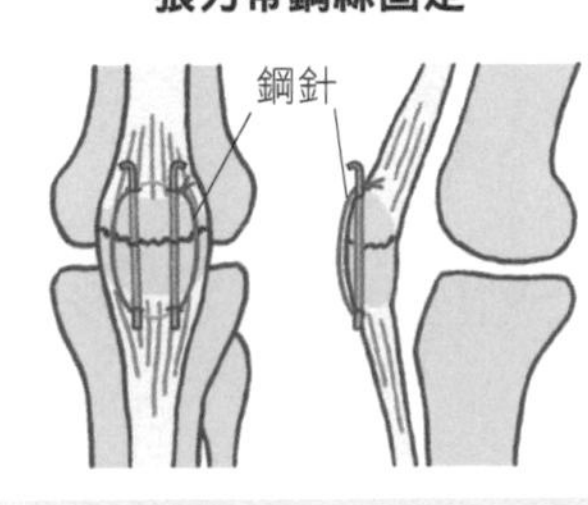

使用2支鋼釘加上8字型鋼絲環加強固定。

髓內釘

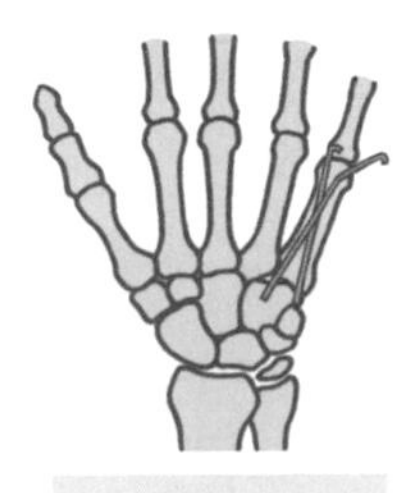

用於比較細的骨骼。

經皮膚插入，前端裸露在外。
↓
骨癒合後再經門診手術取出。

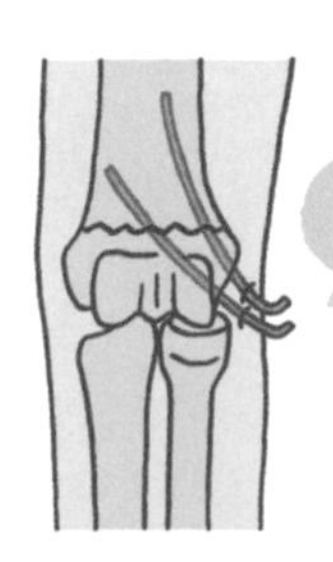

保留前端裸露在外

經皮鋼針固定

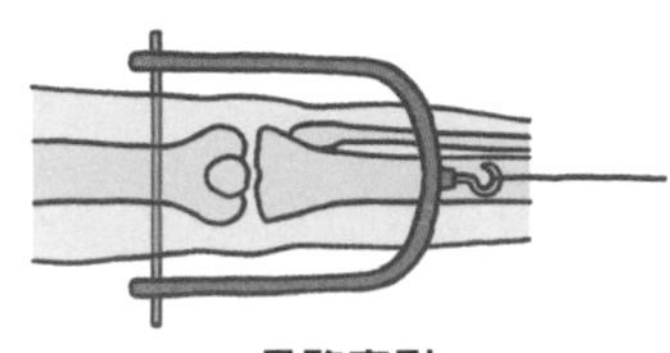

骨骼牽引

透過施加張力於克氏鋼針上以防止變形。

骨螺絲種類

骨螺絲＝螺絲釘

● 比較螺紋形狀

牢牢固定堅硬的皮質骨

提高海綿骨的穩定度

皮質骨螺絲釘

海綿骨螺絲釘

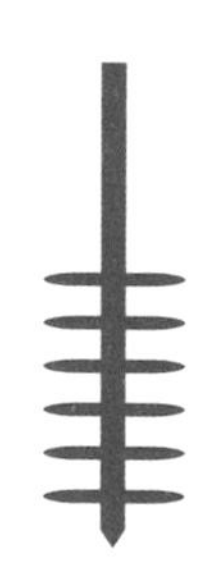

中文品名	英文品名	螺紋高度	螺距	插入深度
皮質骨螺絲釘	cortical bone screw	低	窄	可至對側的皮質骨
海綿骨螺絲釘	cancellous bone screw	高	寬	至皮質骨前方

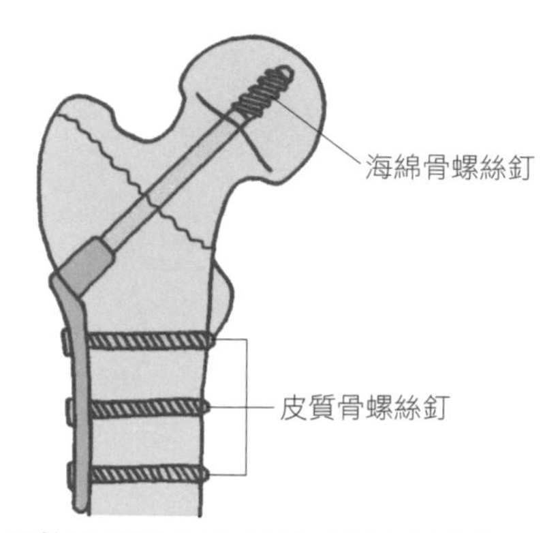

用於治療股骨轉子部位骨折的骨螺絲

- CHS系統 ➔ p.47 使用2種類型的骨螺絲。
- 骨幹部位使用皮質骨螺絲釘，可以貫穿皮質骨並加以固定。
- 股骨頭部位則使用海綿骨螺絲釘提高海綿骨的穩定性。

● 前端形狀

自攻牙

- **前端有切口**構造的自攻牙螺絲，可以邊鑽孔邊鎖附。
- 另一方面，沒有這種構造設計的螺絲釘則需要另外準備螺絲攻，先鑽孔製造螺牙以利螺絲釘的插入。

● 本體構造

一般螺絲釘。**不易折斷**

體內固定用螺絲釘

中空設計，可以**插入導引線輔助固定**於患部。但強度較差

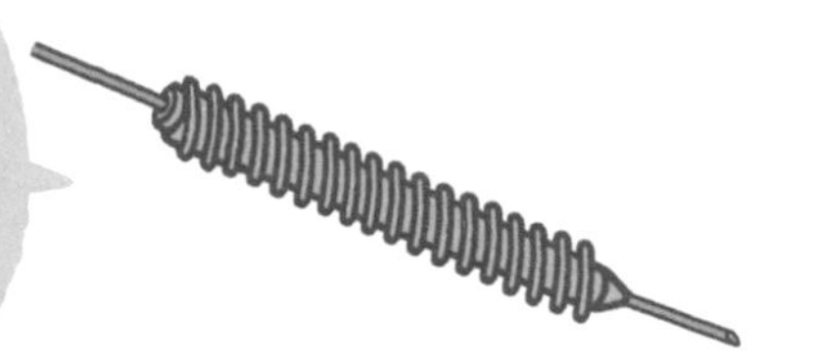

中空骨螺絲

● 螺紋長度

咬合力佳，但無法施力壓迫，只能以這個狀態固定

全螺紋骨螺絲

只有前端有螺紋設計，沒有螺紋的螺身可以貼近骨骼並施力**壓迫**

半螺紋骨螺絲

● 固定於骨板的方式

鎖固螺絲的螺絲頭上也有螺紋設計，能夠讓骨板和螺絲釘結合成一體。**有極佳固定性**

鎖固螺絲

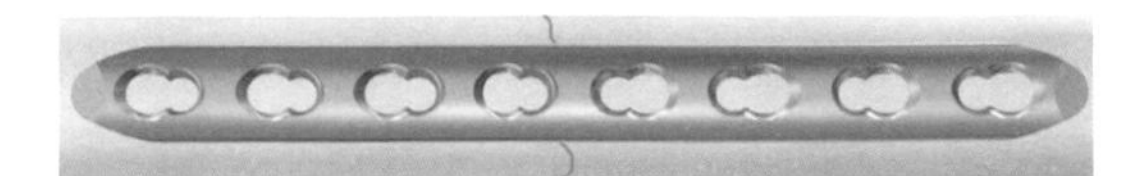

骨板上的螺絲釘孔呈橢圓形，也可以使用一般的骨螺絲

螺絲起子的端頭形狀

螺絲起子中最常見的是一字型和十字型螺絲起子，但這兩種幾乎不會出現在骨科。我想喜歡DIY的人應該都有螺牙磨壞，拔也不是轉也不是，只能豎白旗投降的經歷。

骨科手術中也會發生同樣的危險，骨癒合了卻無法移除骨螺絲。為了減少這種危險情況，目前骨科多半使用內六角螺牙設計的螺絲釘。

由於螺絲起子和螺絲頭的接觸面積大，可以大幅減少崩牙的情況發生。

若痊癒後必須移除手術中插入的骨螺絲，**首要之務是先確認病歷中記錄的骨螺絲種類和規格**。特別是骨螺絲的插入與移除分別在兩家不同醫院施作時，更需要再三確認。為了不增添其他後進醫師的困擾，針對我在手術中插入的骨螺絲，我會在患者骨癒合後盡快移除。

去除骨螺絲等骨內異物時，骨科稱為拔釘，而雖然只是拔釘，也算是手術，千萬不可以大意。

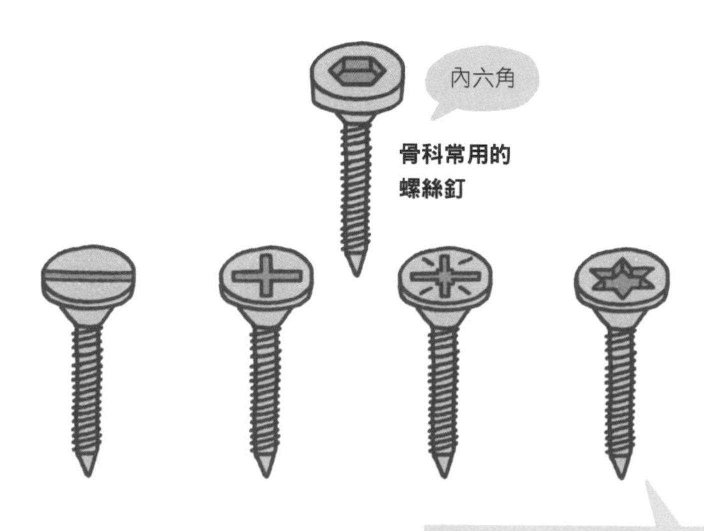

近年來也有星型螺絲頭的螺絲釘。螺絲起子和螺絲頭的接觸面積大，比較不容易崩牙。螺絲釘的形狀也是日新月異。

股骨近端骨折

手術件數最多的骨折

股骨近端（髖部）解剖構造

外觀

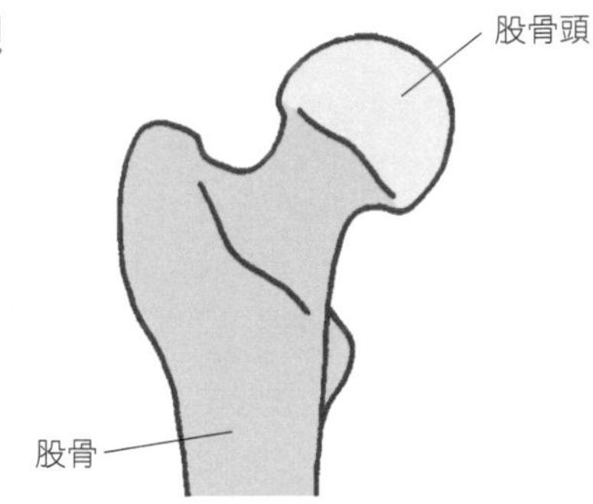

剖面

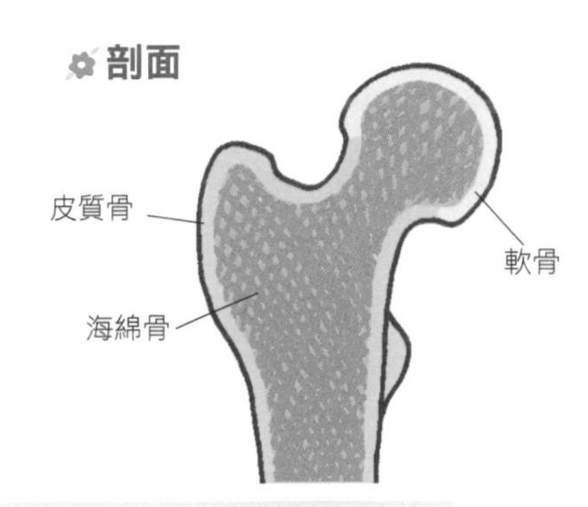

・海綿骨含量豐富，呈彎曲狀。
・骨質疏鬆症等骨質密度減少時，容易因為跌倒等輕微外傷造成骨折。

名稱

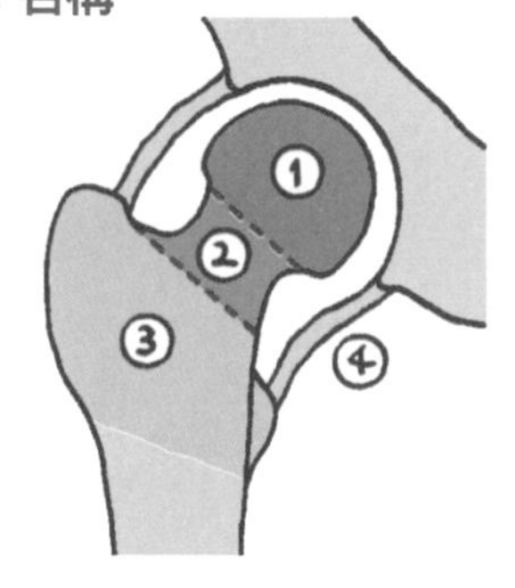

①股骨頭
②股骨頸
③股骨轉子部
④關節囊

通往股骨頭的血管

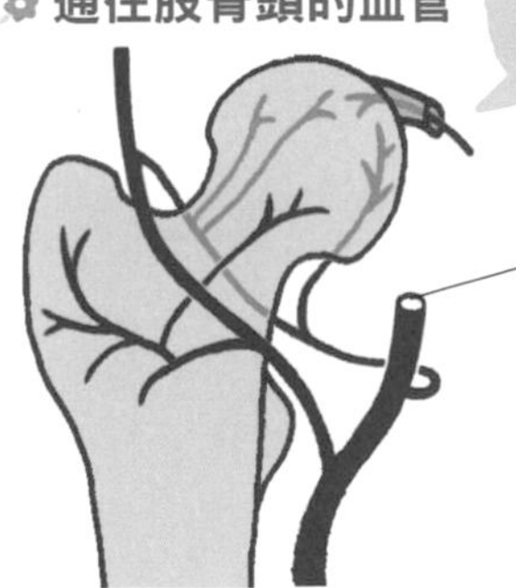

供應股骨頸和股骨頭營養的血流若因為骨折遭截斷，恐導致股骨頭細胞失養壞死 ➔ p.120

近端股骨骨折的分類

依骨折發生位置分成2類的理由

- 關節囊內骨折因為血管斷裂造成血流阻塞，進而產生**骨折不癒合（假關節）**或**股骨頭缺血性壞死**。
- 一旦股骨頭壞死，就算骨癒合也容易因為股骨頭塌陷而引起**退化性關節炎**。
- 股骨頭是否壞死會大幅影響治療結果，所以才會根據骨折位置給予不同名稱以示區別。

股骨近端骨折
- 關節囊內骨折：**股骨頸骨折** ➡ **Garden分類**（根據股骨頭壞死發生率進行評估）
- 關節囊外骨折：**股骨轉子部骨折** ➡ **Evans分類**（根據骨折部位的穩定性進行評估）

股骨頸骨折的分類 Garden分類

不完全骨折（僅局部骨折）

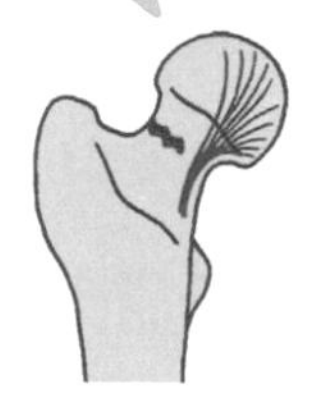

第一型

完全骨折但不移位

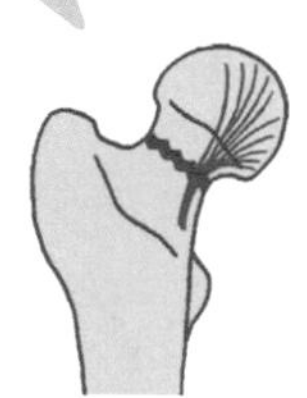

第二型

完全骨折，股骨頭傾斜移位並產生裂縫

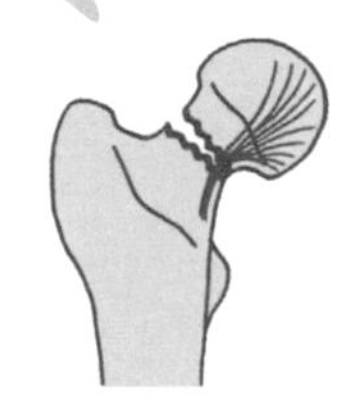

第三型

完全移位

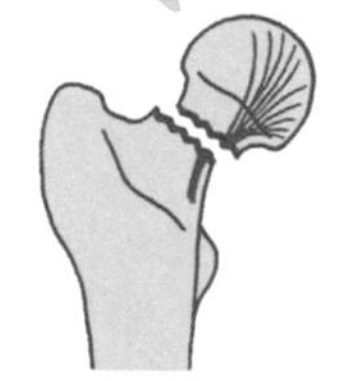

第四型

- 數字愈大，股骨頭壞死的發生率愈高。
- 針對第三、四型的高齡者，可能會以人工半髖關節置換手術取代復位內固定手術。

● 股骨轉子部骨折的分類　Evans分類

・加入①骨折線的方向和②復位狀態2個要素的分類。

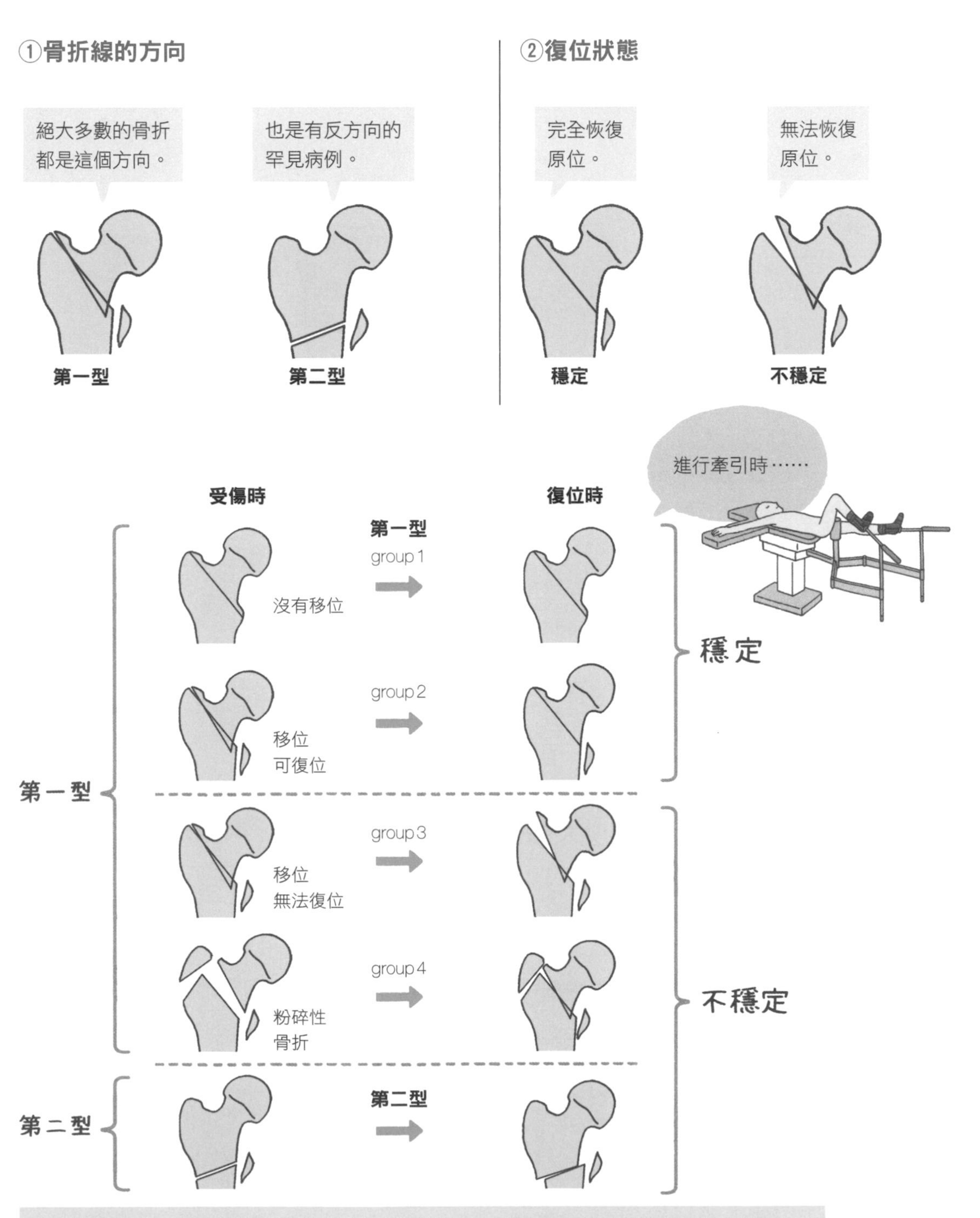

相較於穩定型，不穩定型的手術難度更高，術後也更容易發生再次移位或骨折不癒合的情況。

● 股骨頸的復位內固定術

・**單純**的骨折線靠近股骨頭前端，**以骨螺絲或骨釘固定**。

・為避免骨折部位旋轉，最少固定**2支**。

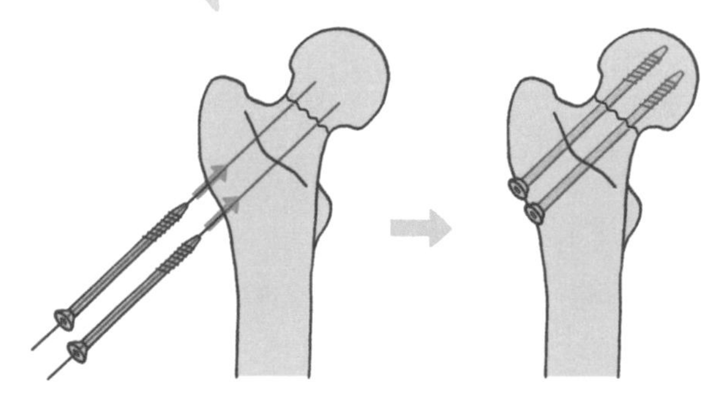

CCS：Cannulated Cancellous Screw（中空海綿骨螺絲）➔ p.41

・由於螺絲釘是中空的，可以插入導引線輔助定位。
・屬於半螺紋骨螺絲，可以對骨折部位施力壓迫。

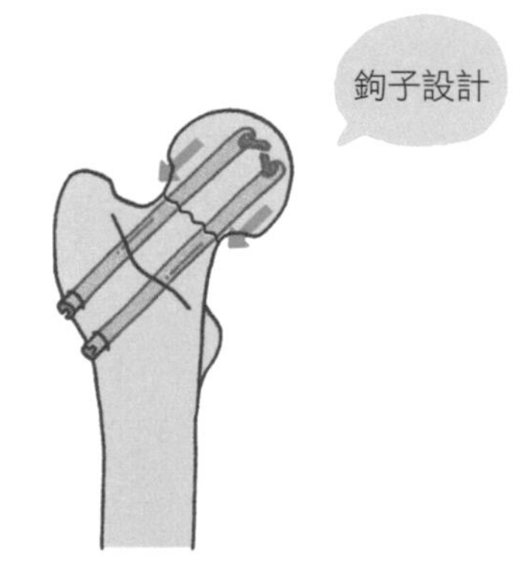

Hansonn骨釘（Hansonn PIN）

・插入骨釘後，再伸出前端鉤子牢牢固定，在構造設計上稍微複雜些。
・表面很光滑，平行插入2支骨釘後，術後持續對骨折部位施力壓迫。

● 股骨轉子部的復位內固定術

・骨折線**複雜**且距離股骨頭根部比較近，**固定時需要輔助支撐**。

・同時使用**骨板**和**髓內釘**。

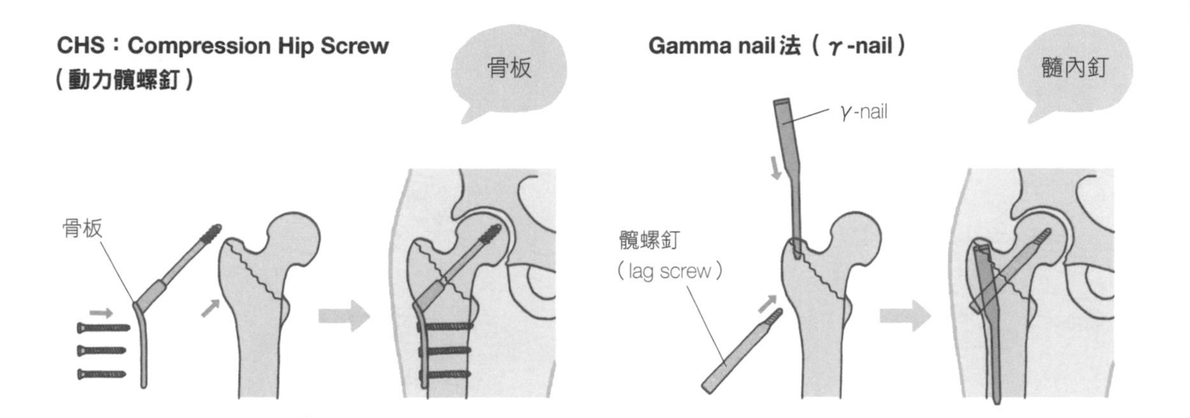

・兩種用於固定骨骼的骨螺絲都具有滑動結構。
・由於術後可能出現骨折處縮短的情況，如果沒有滑動結構，骨螺絲可能穿透股骨頭。

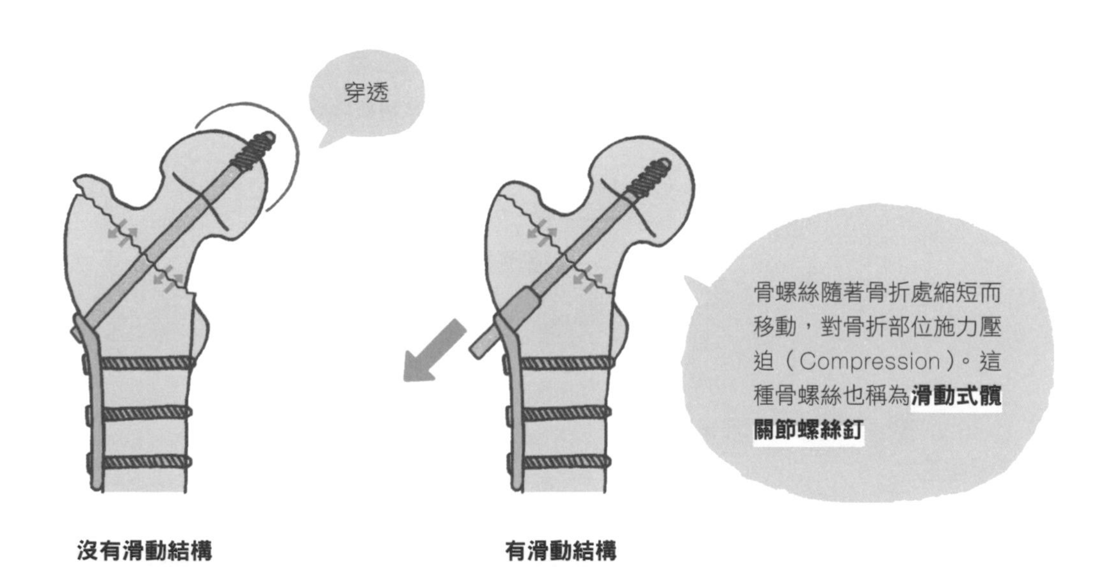

遠端橈骨骨折　手撐地很危險

● 受傷機轉

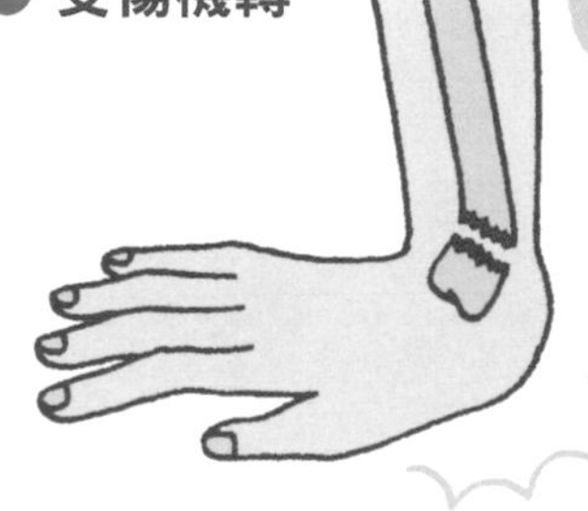
手掌撐地時若造成傷害，
最常見的就是科雷氏骨折
（Colles' fracture）

● 症狀

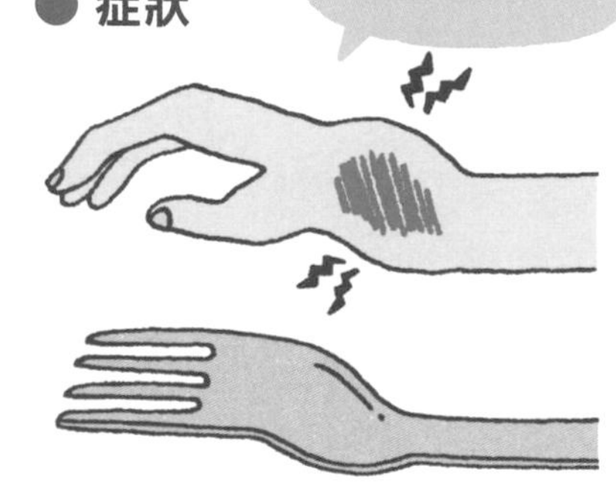
銀叉式變形

發生科雷氏骨折時，手腕變形宛如叉子。

● 分類

最常見

科雷氏骨折

手腕關節於伸展姿勢下受傷。

反科雷氏骨折

手腕關節於屈曲姿勢下受傷。

巴頓骨折

骨折線位於關節內。

● 保守治療　徒手復位→外固定

徒手復位

助手確實協助支撐

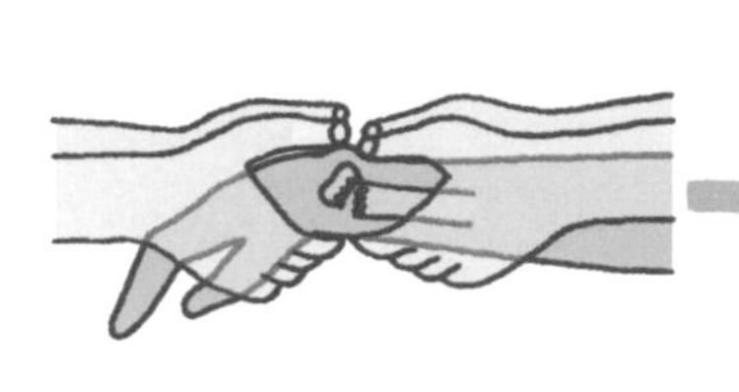

仔細找出骨折部位，將拇指貼於患部上。

往手指方向拉，拉開骨折處咬合部位。

讓手腕呈屈曲姿勢，進行復位治療。

骨外固定

石膏

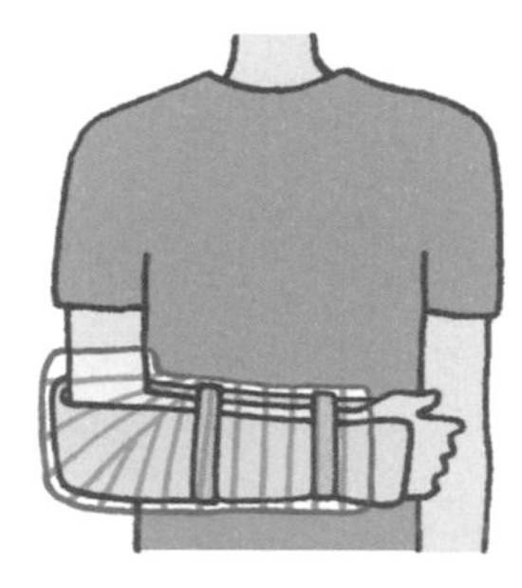

副木

為了保持手指的活動性，遠端固定只到MP關節（掌指關節）處

- 藉由固定肘關節以限制旋前・旋後動作。
- 以石膏固定後，可能發生手腕關節腫脹、血流不順暢、神經麻痺等情況，相較之下，使用副木固定比較安全。
- 多採用讓手肘彎曲，並以長條副木從骨折處兩側固定的方法。
- 如果覺得保守治療的成效不彰，可以改用手術治療。

手術治療

閉鎖復位內固定術

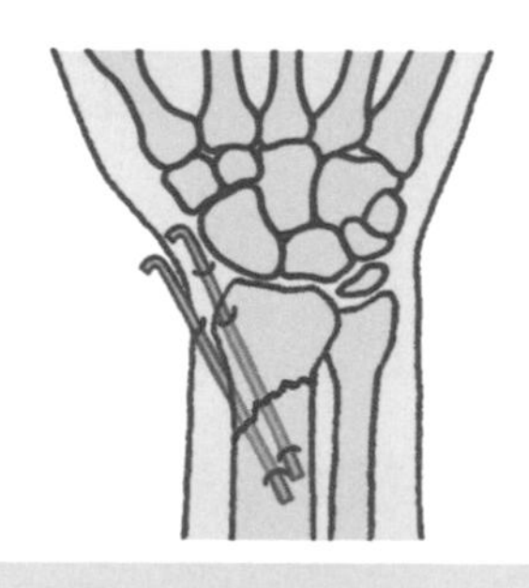

麻醉後先進行徒手復位，然後由外經皮膚打入骨釘做內固定處理。

開放性復位內固定術

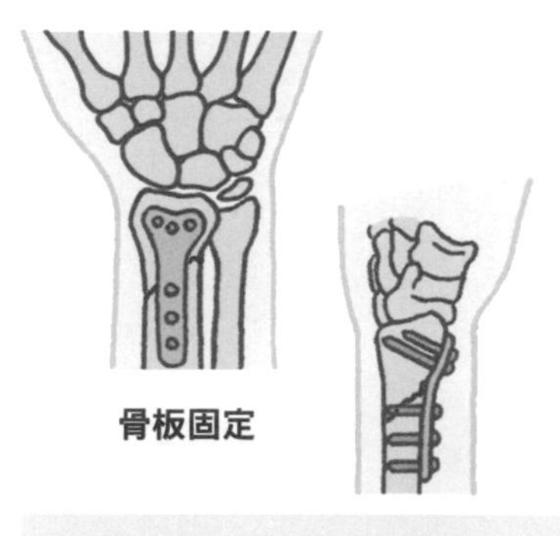

骨板固定

切開皮膚，直接抓骨進行復位，然後以骨板固定。

骨外固定

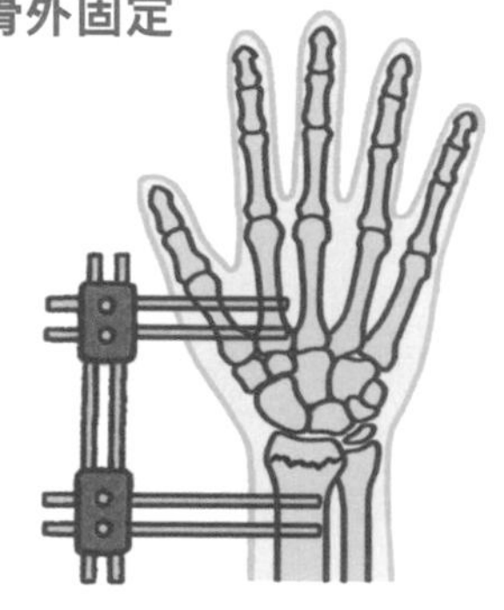

用於開放性骨折等特殊情況，首要之務是進行固定。

舟狀骨骨折　注意不要忽視

受傷機轉

年輕運動員的運動傷害中，舟狀骨骨折約占半數。

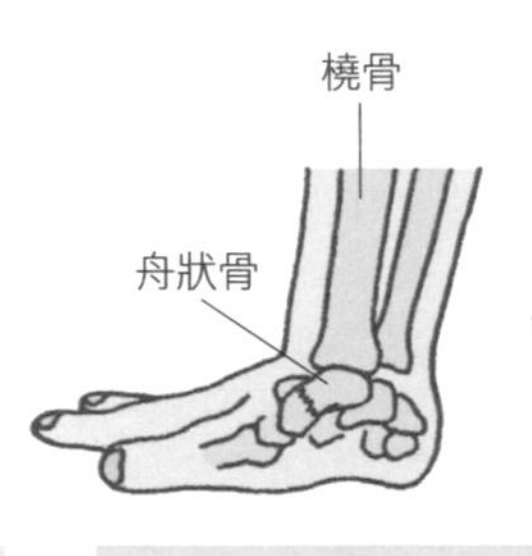

腕關節於過度伸展姿勢下猛力撐地，導致舟狀骨受到遠端橈骨壓迫而骨折。

掌擊可以帶給對手強大傷害，但也會對當事人的舟狀骨造成極大負擔。

症狀

可能是舟狀骨骨折了…

- 不如遠端橈骨骨折有明顯腫脹症狀。
- 疼痛症狀不顯著（輕微骨折移位的情況）。

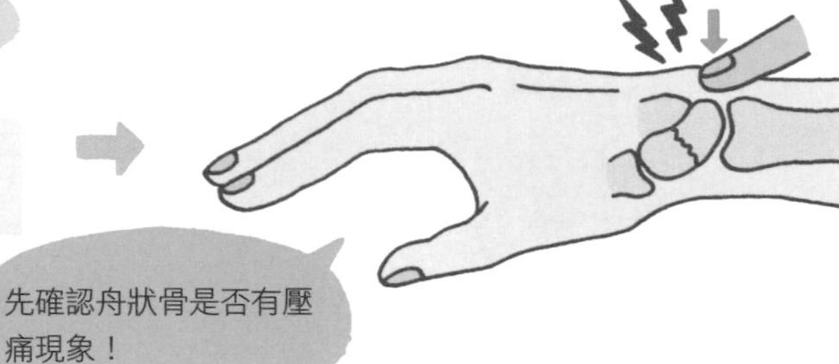

先確認舟狀骨是否有壓痛現象！

舟狀骨的位置？

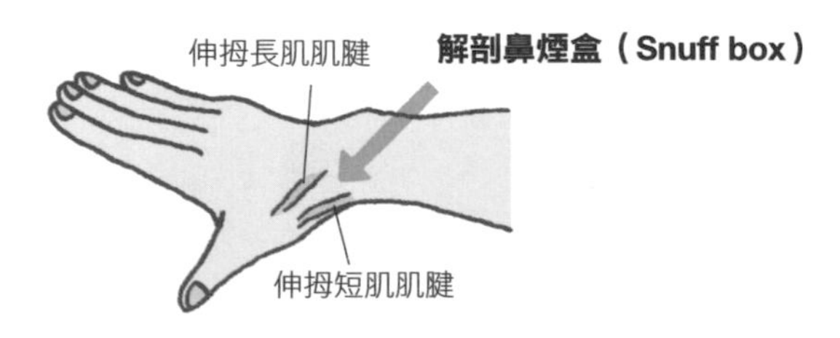

- 猜拳出「布」的時候，伸拇長肌肌腱和伸拇短肌肌腱之間形成凹窩**（解剖鼻煙盒），凹窩正下方即舟狀骨**。
- 鼻煙是一種無需點火的煙草，流行於文藝復興時期（14～16世紀），人們將煙草放在這個凹窩裡並嗅入鼻中，因此得名為解剖鼻煙盒。

診斷

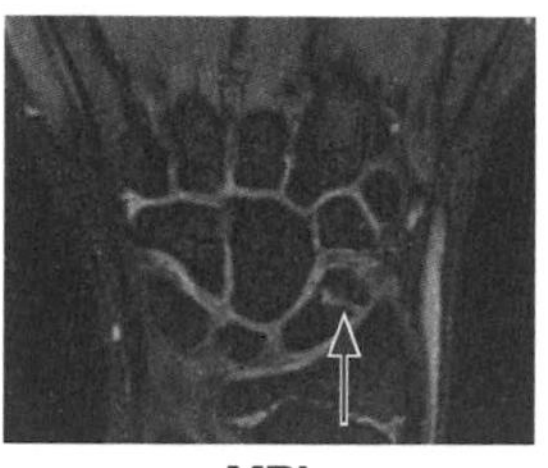
MRI

- 遭忽略的骨折部位形成**假關節（骨折不癒合）**，留下疼痛後遺症。
- 進行X光攝影檢查時，由於舟狀骨常與腕骨重疊，造成判定不易，必須也得斜向從側面進行拍攝。
- 無法單從X光片判定的話，建議接受MRI檢查以確認是否骨折。

治療

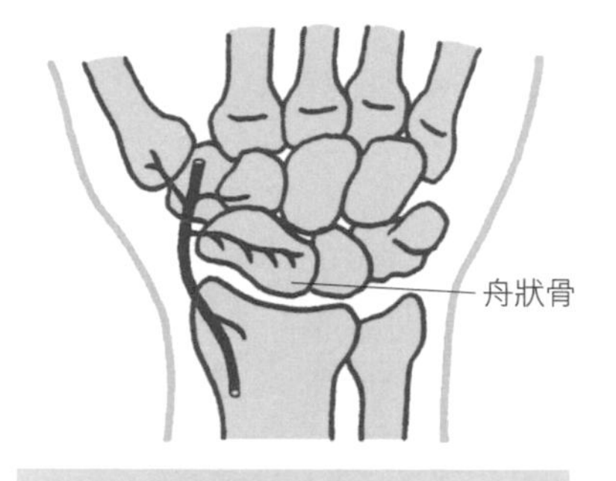

主要血管的末梢如繞路般延伸至舟狀骨的中樞側以提供骨骼所需血液⇒一旦發生舟狀骨中段骨折，容易因為中段血流不順造成壞死，進而導致**斷骨難以癒合**。

骨折部位與血流

容易發生骨折不癒合和骨骼壞死

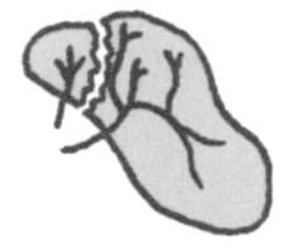
結節部骨折

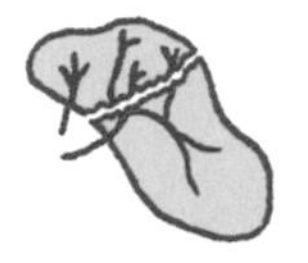
遠端1/3處骨折

中段（腰部）骨折

近端骨折

- 中段骨折容易發生骨折不癒合和骨骼壞死現象。
- 需要含拇指在內的長期石膏固定，因此多半使用骨螺絲牢牢固定。

赫伯特骨螺絲（Herbert bone screw）

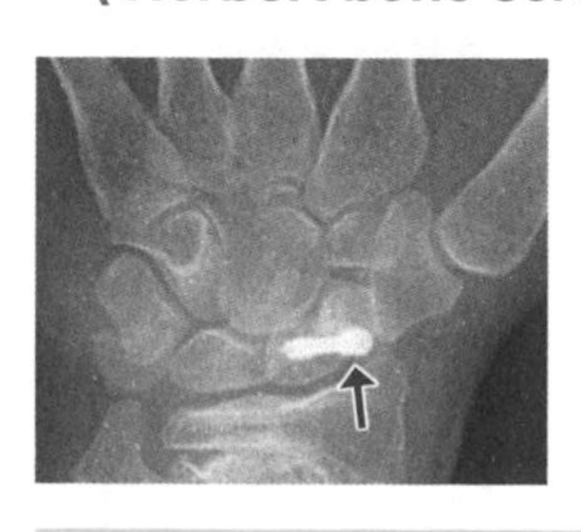

中空構造，可以插入導引線輔助固定於骨折部位

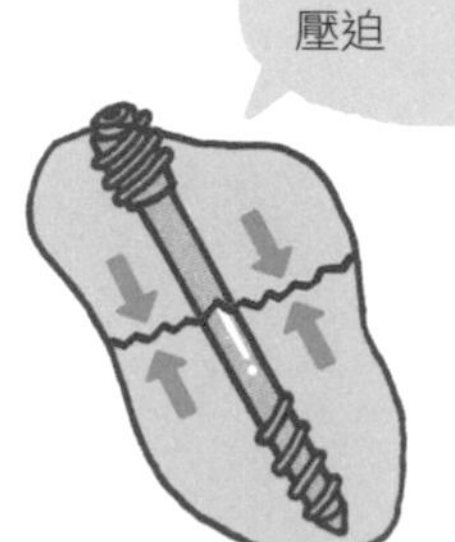

對骨折部位施力壓迫

- 赫伯特骨螺絲的上下螺紋寬度不一樣，隨著骨螺絲向內推進，逐漸施力壓迫骨折部位。
- 在小塊骨骼裡可以同時達到固定和壓迫的雙重效果。

脊椎骨折 各種因素造成

	壓迫性骨折	爆裂性骨折	病理性骨折（轉移性骨瘤）
示意圖	壓迫	爆裂	侵蝕
模式圖	椎體壓迫性骨折 **穩定**	壓迫脊髓 爆裂性骨折 **不穩定**	惡性腫瘤 **惡性腫瘤轉移至骨骼**
受傷機轉	骨質疏鬆症＋跌倒等 **輕度外傷**	墜落等**強大外力**	沒有明顯外傷 **原因不明的疼痛**
神經麻痺	幾乎不會發生	**有發生的危險性**	**有發生的危險性**
治療	安靜休養、穿戴護具等保守治療	固定 固定術等手術治療	化學治療等針對原發病灶腫瘤進行治療

特殊名稱骨折

● 拳擊手骨折　第4‧第5掌骨頸部骨折

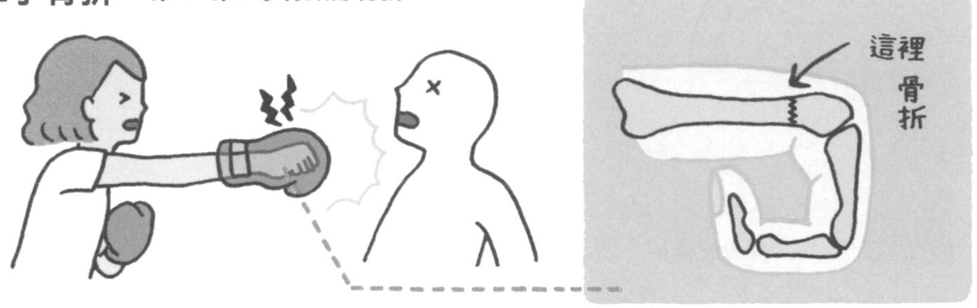

● 投球骨折、比腕力骨折　肱骨骨幹螺旋骨折

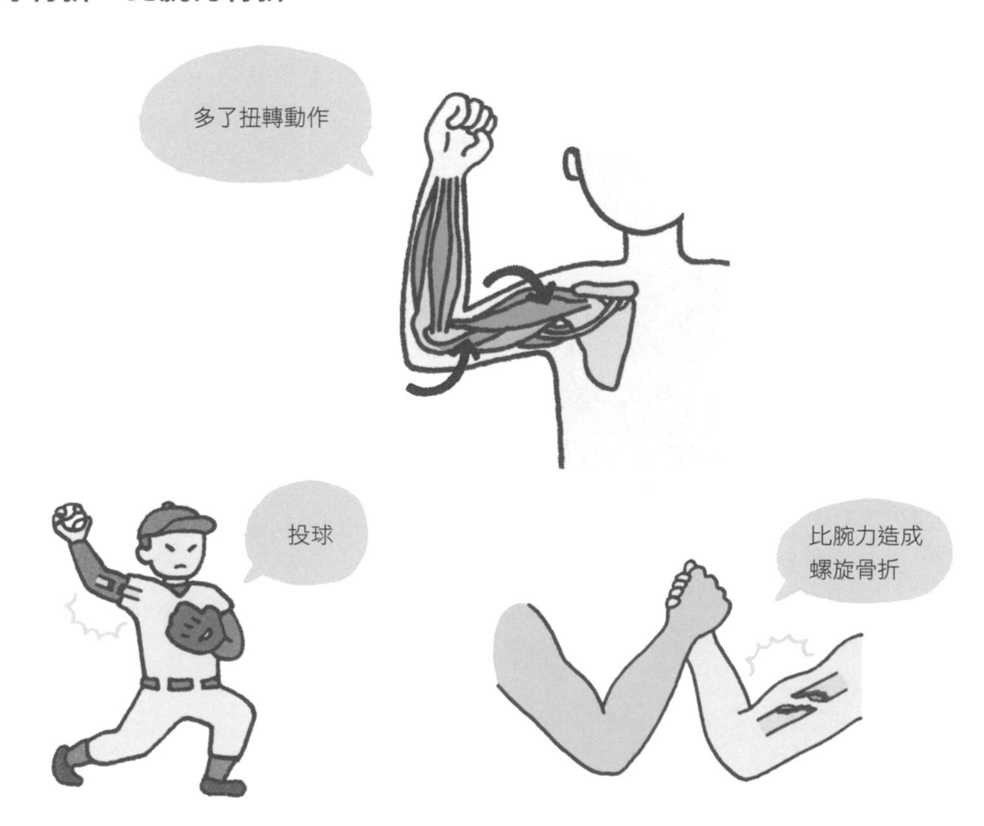

● 衝撞儀表板損傷　**髖關節後脫臼骨折**

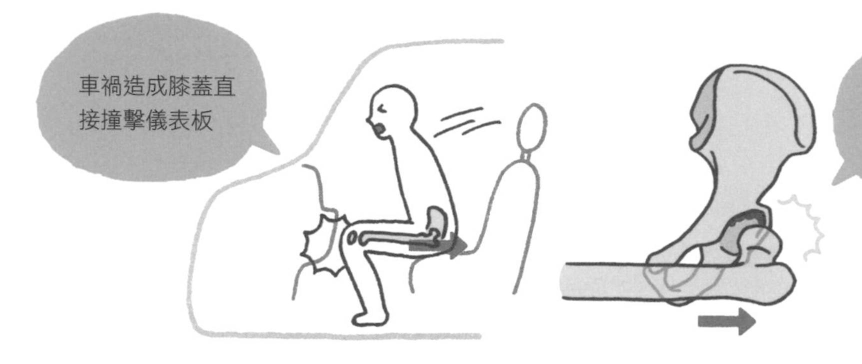
車禍造成膝蓋直
接撞擊儀表板
過大衝擊造成股骨頭
向後方脫臼。通常也
會伴隨髖臼窩骨折

● 行軍性骨折　**蹠骨疲勞性骨折**（多發生在第2、3蹠骨骨幹部位）

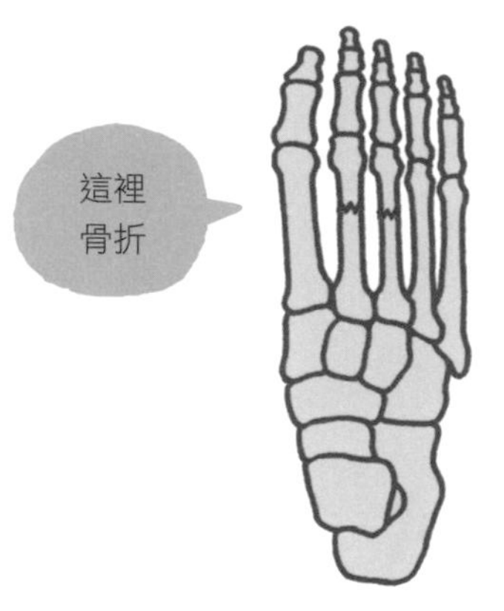
這裡
骨折

行軍指的是軍人列隊進行長距
離徒步移動

勉強提重物進行長距離徒步移
動恐造成骨折。

脊椎解剖位置

脊椎＝骨骼、脊髓＝神經

脊＝背、椎＝骨、髓＝神經

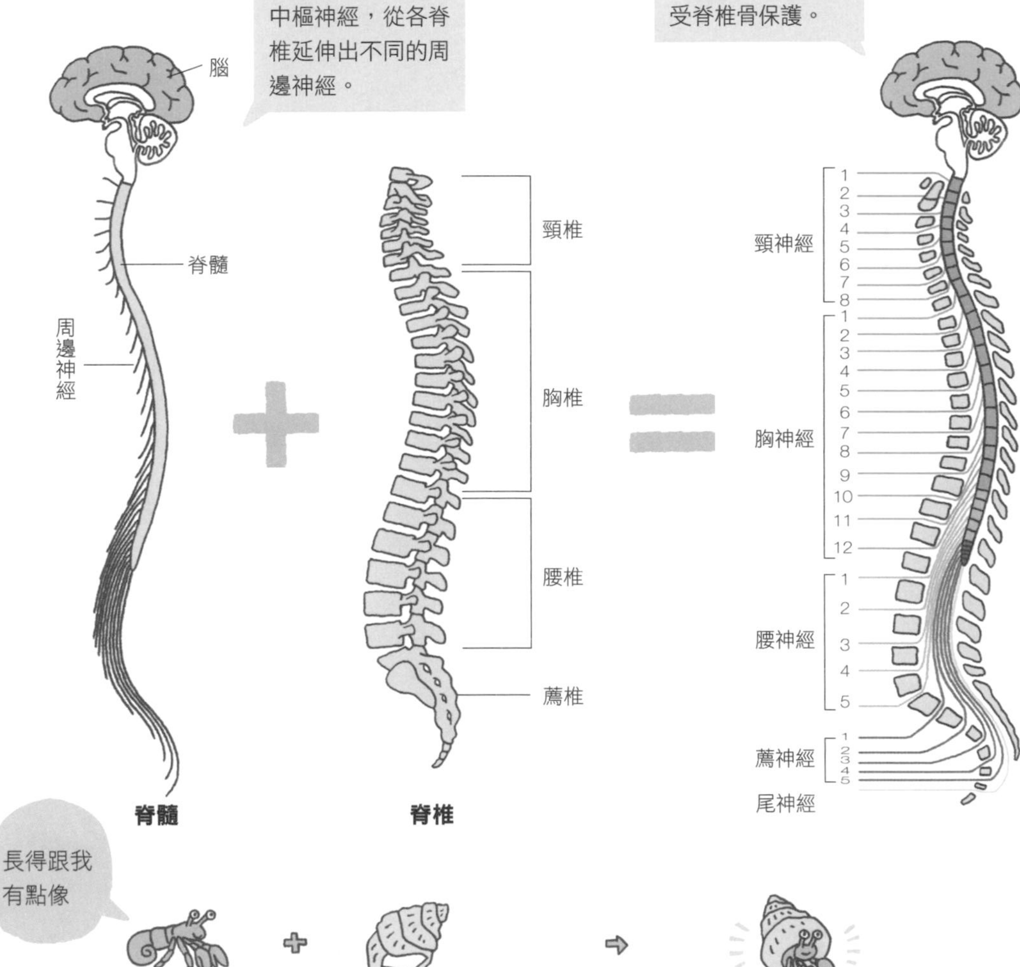

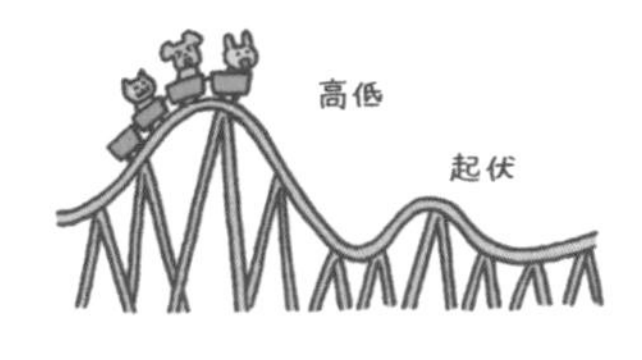

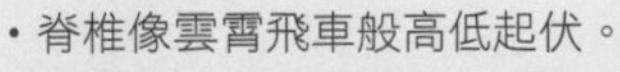

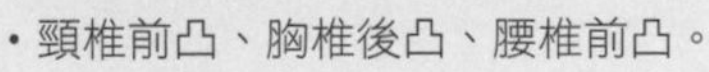

- 脊椎像雲霄飛車般高低起伏。
- 頸椎前凸、胸椎後凸、腰椎前凸。

懷孕期間、穿高跟鞋時，腰椎也呈前凸姿勢。

脊椎骨

頸椎（C）Cervical	7塊
胸椎（T）Thoracic	12塊
腰椎（L）Lumbar	5塊
薦骨（S）Sacrum和尾骨	

稱呼方式

第4節頸椎（頸神經）	C4
第7節胸椎（胸神經）	T7
第5節腰椎（腰神經）	L5

延伸自脊髓的神經（神經根）

頸神經（C）	8對
胸神經（T）	12對
腰神經（L）	5對
薦神經（S）	5對

- 延伸自第1節頸椎和顱骨之間（第1節頸椎頭側）的神經根為第1頸神經。
- 頸椎雖然只有7節，但脊椎骨（7塊）+1＝8對神經根。

神經根延伸自骨骼縫隙

- 椎間盤向外膨出而壓迫脊髓和神經根→**椎間盤突出**p.61。
- 骨骼變形而壓迫脊髓和神經根→**椎管狹窄症**p.66。

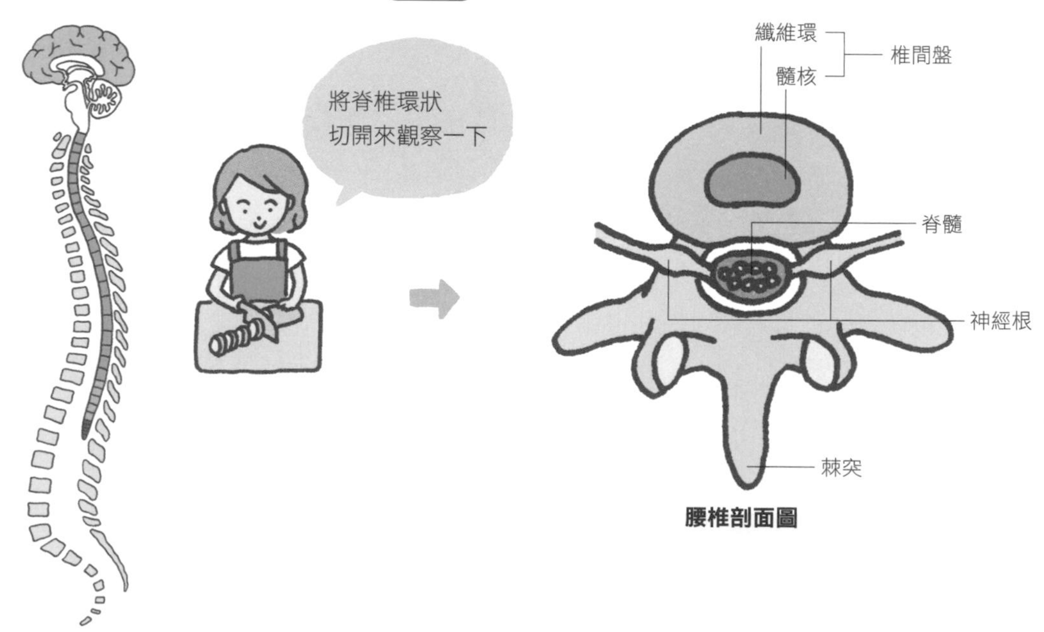

腰椎剖面圖

● 寰・樞椎（第1～2節頸椎）的構造

- 寰椎和樞椎的構造特殊，能使頭部進行旋轉運動。
- 屬於車軸關節。
- 寰椎和樞椎僅由韌帶固定。

第1節頸椎＝寰椎，第2節頸椎＝樞椎

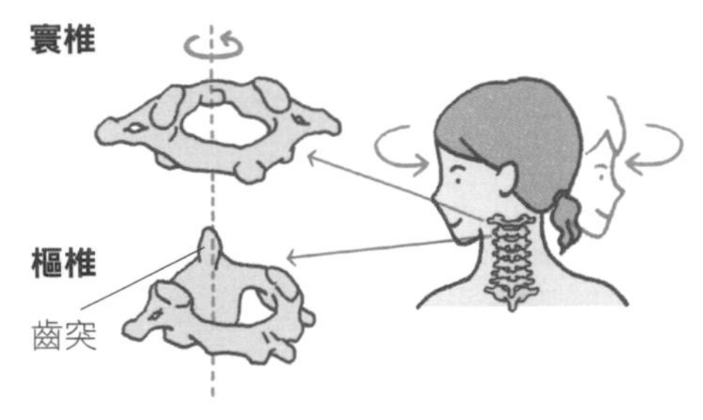

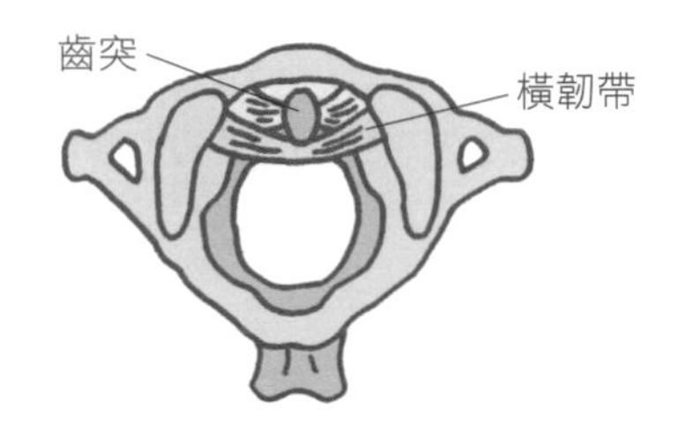

在寰椎橫韌帶的支撐下，樞椎的齒突能進行旋轉運動

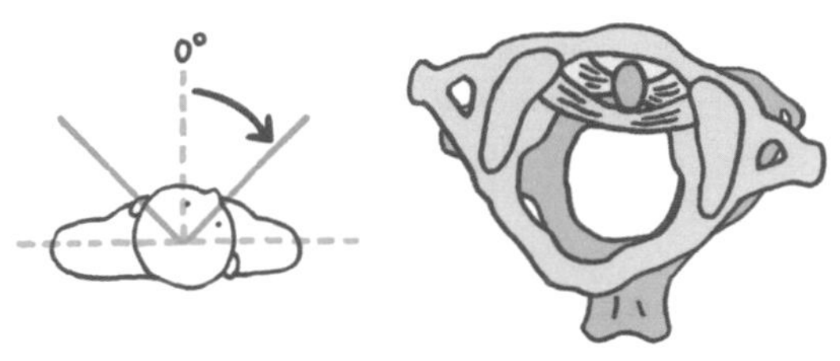

頭部向右擺動的寰椎動作

● 發生在寰・樞椎的疾病

寰・樞椎半脫位（病狀不穩定）

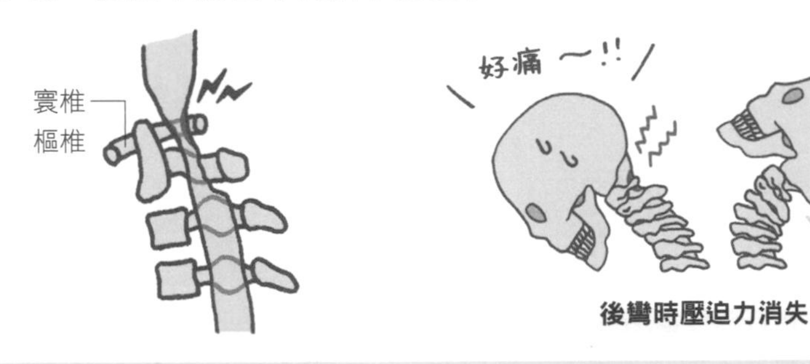

後彎時壓迫力消失

- 類風濕性關節炎等造成固定寰、樞椎的橫韌帶斷裂或鬆弛，作用於頸部前彎的寰椎向前移位導致椎管變狹窄。
- 從X光片可以看出寰椎和齒突之間的距離變大。

寰椎樞椎旋轉固定（半脫位狀態）

- 寰椎樞椎於旋轉位時半脫位，無法恢復原位的狀態。
- 常發生在齒突尚小且周圍軟組織很柔軟的兒童身上。

● 透過腰椎穿刺來了解腰椎和脊椎的關係

- 脊髓終止於第 1 節腰椎（L1）。
- 從這個部位延伸出來的周邊神經分支呈一條條線狀，看似馬的尾巴，所以稱為**馬尾神經**。

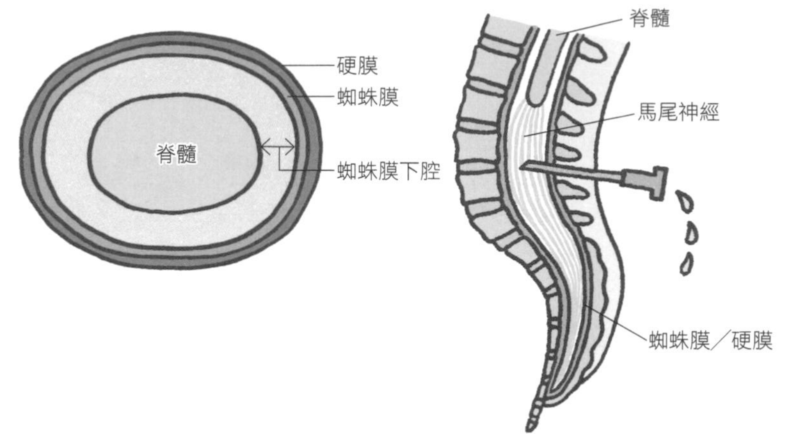

- 腦脊髓液流動於軟膜和硬膜之間的空間（蜘蛛膜下腔），而脊髓就位在脊髓液裡。
- 進行腰椎麻醉或脊椎攝影時，都是從這個部位進針。

腰椎穿刺的英文名為Lumbar puncture，源自腰椎＝Lumbar

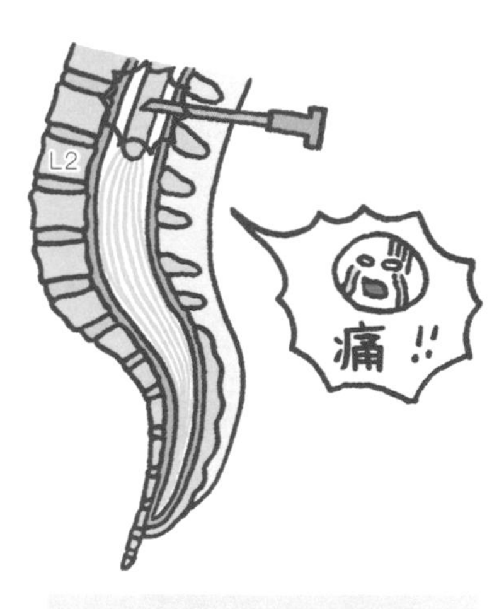

若沒有從第2節腰椎下方進針，會提高刺傷脊髓的風險。

✿ 髂嵴連線（Jacoby line） 腰椎穿刺時進針的定位基準

- 骨盆和腰椎的相對位置關係是固定的。
- 能從體表判別的髂嵴連線（髂嵴間的水平連線），大約穿過第4～5節腰椎之間。

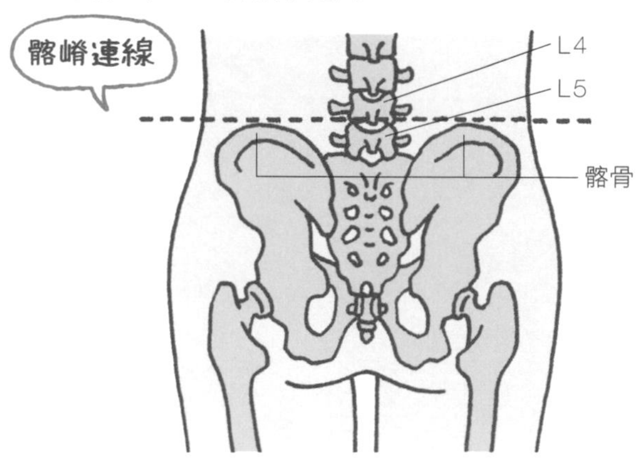

皮節 dermatome有「皮膚的」意思

・來自脊髓的神經根到達皮膚表面。

・將各對神經支配範圍清楚標示在人體表面的分布圖，稱為**皮節**。

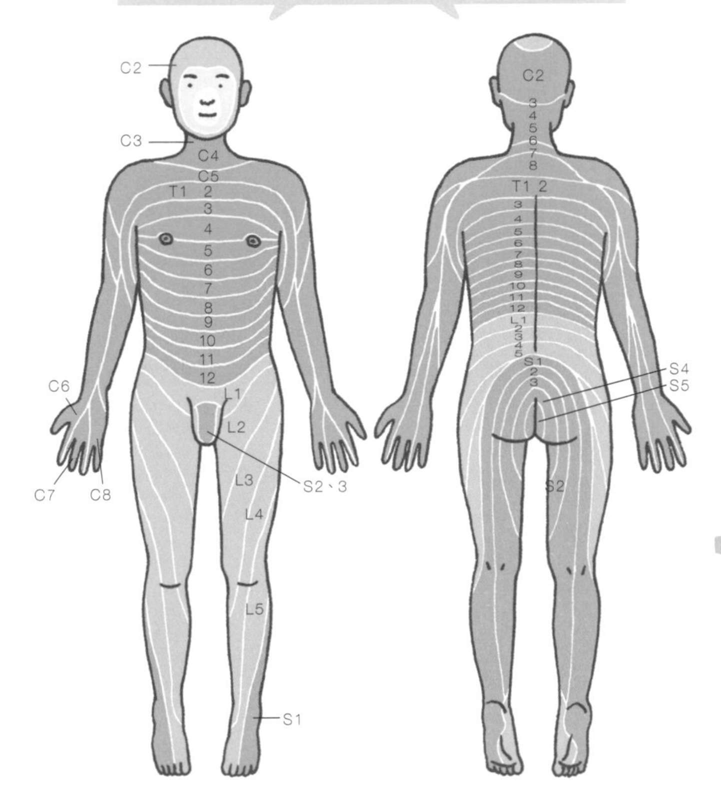

> 站立狀態下，從頭部至腳尖依序來看，支配臀部的是S（薦神經：■），支配雙腳的是L（腰神經：■），這有點不容易理解。

> 前彎狀態下，從側面來看，可以發現按照脊髓順序（C→T→L→S）排列。

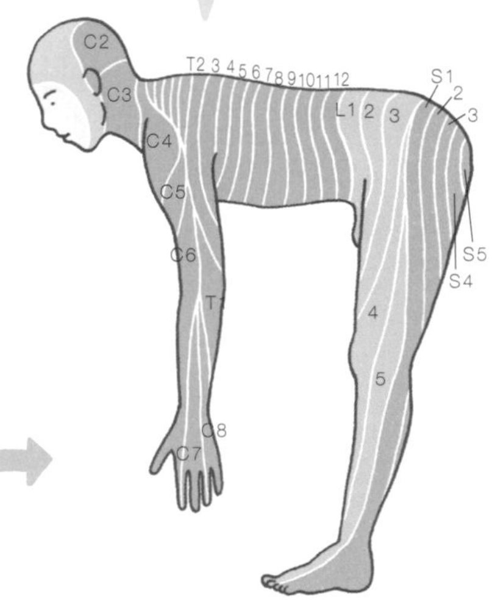

脊髓最下端的神經分布於肛門！

希望大家記住這些神經及其支配範圍

C6	…拇指
T4	…胸
T6	…劍突
T10	…肚臍
L1	…鼠蹊部
L4	…小腿內側
L5	…小腿外側
S	…臀部

OK手勢看起來像是6（拇指與食指一帶）受到C6支配

試著做出前彎動作，用自己的身體來體驗思考一下

● 骨科領域的神經其實沒那麼困難

試著以這種想法去學習

- **不少人認為骨科的神經領域非常困難，但從整個神經系統來看，其實這個部分最單純！**
- 自律神經和腦神經極為複雜，而且還有許多機制至今仍未闡明，真的很困難⋯⋯。
- 而在骨科領域中，只要了解中樞神經的脊髓，以及延伸自脊髓的體神經（周邊神經系統）所支配的動作與疼痛就OK了！

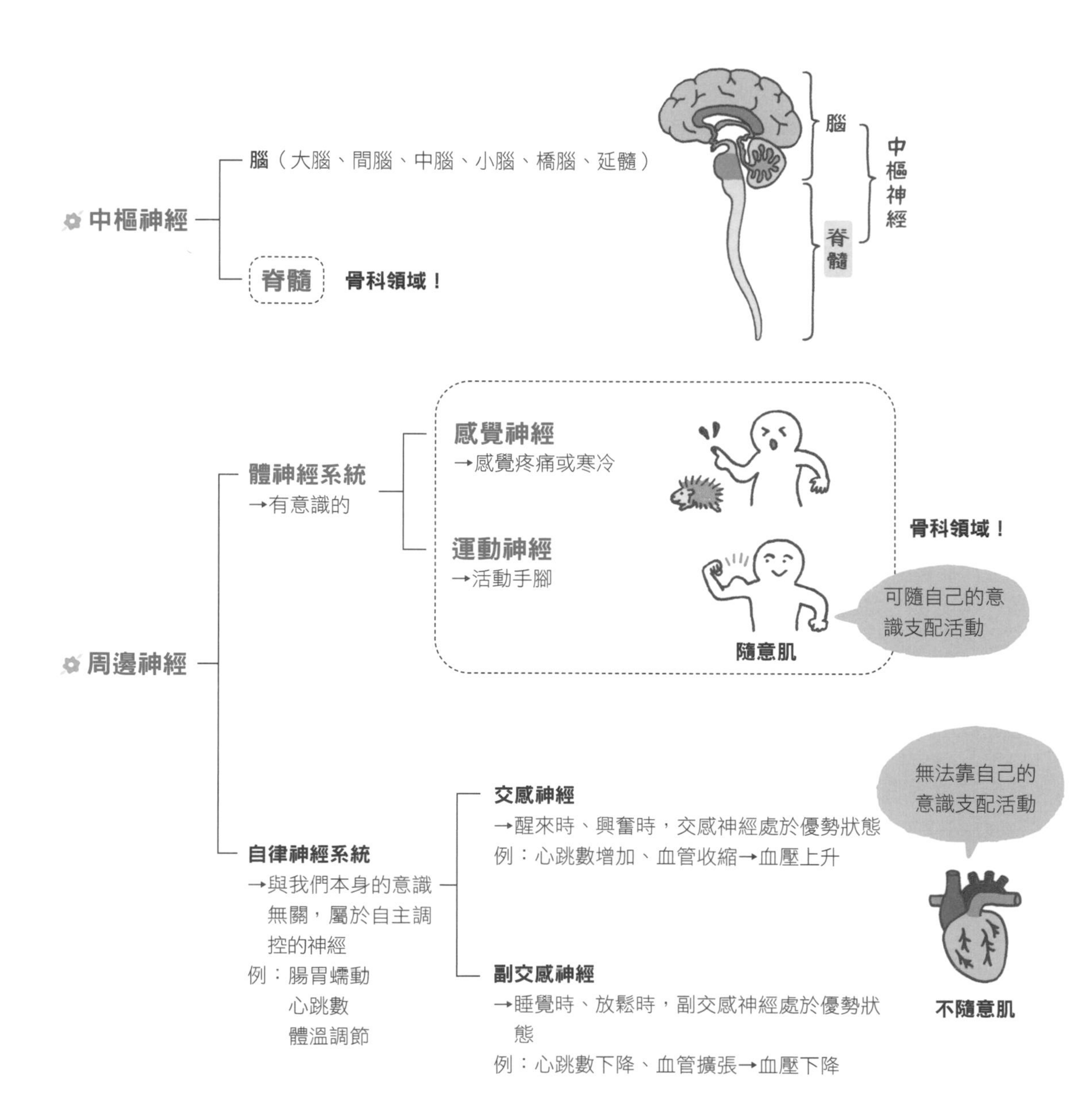

椎間盤突出

肚臍突出

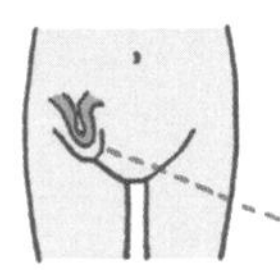

突出的定義

・臟器或組織從原本的位置**向外露出的狀態**。

日本有句罵人的話叫「你媽媽凸肚臍」，意思是「你媽媽的腸子跑出來了」，當上醫生後仔細想想這情況還挺嚴重的。

椎間盤構造　**椎間盤＝纖維環＋髓核**

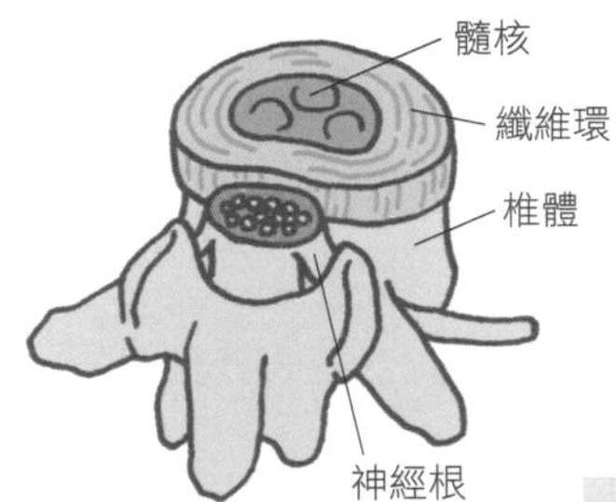

髓核呈果凍狀。

大福的皮是纖維環，
內餡則相當於髓核。

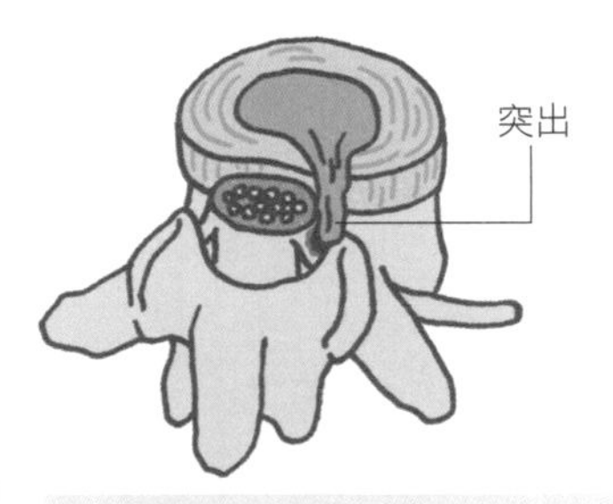

・髓核被擠壓到外面（突出）。
・突出的髓核壓迫到神經。

內餡掉出來了！

椎間盤的功能　**軟墊功能**

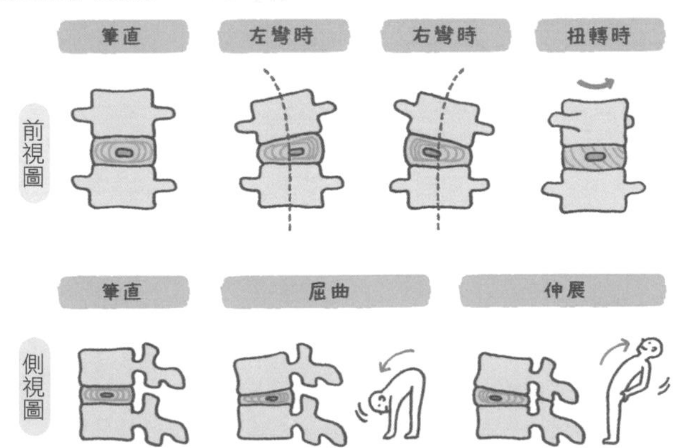

・椎間盤位於椎體之間，具吸收衝擊力量的軟墊功能。
・可以做出屈曲（向前彎曲）、伸展（反折）、扭轉等動作。

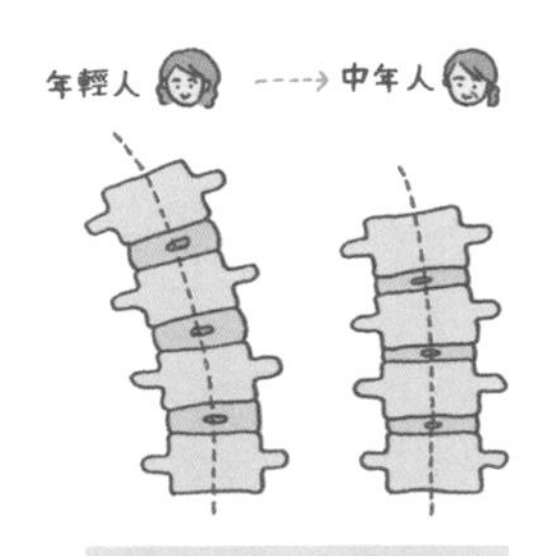

椎間盤隨年齡增長逐漸變薄變硬，因此動作也慢慢受到限制。

● 容易誘發椎間盤突出的姿勢　椎間盤變形＋負荷→髓核向外露出＝椎間盤突出

×

彎腰增加負荷。

○

搬起重物時，採蹲踞姿勢且均勻施加壓力於椎間盤，這樣比較不容易造成椎間盤突出。

從事久站或搬運重物工作的人要格外注意！

假設站立姿勢為100，比較各種姿勢對腰部造成的負擔（單位%）

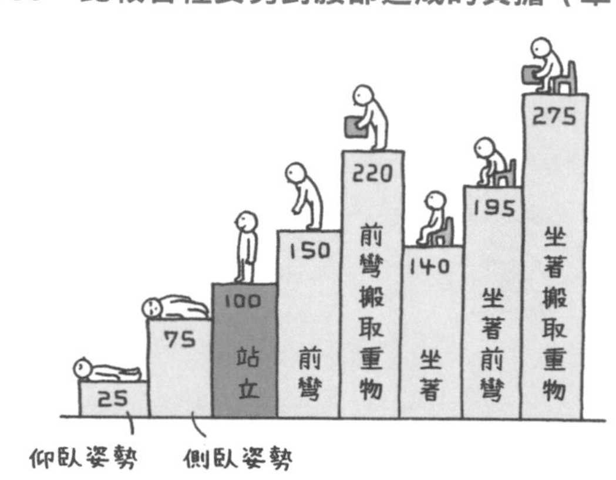

和睡覺姿勢相比較的話，
站立姿勢增加**4倍**負荷、
前彎姿勢增加**6倍**負荷、
搬運重物則增加將近**9倍**負荷於椎間盤上。

資料出處：NACHEMSON. The Lumbar Spine An Orthopaedic Challenge. Spine. 1 (1). 1976, 59-71.

● 好發部位　容易發生在動作幅度大的部位

- 腰椎區段好發於**L4/5**。
- 頸椎區段好發於**C5/6**。
- 胸椎較少。

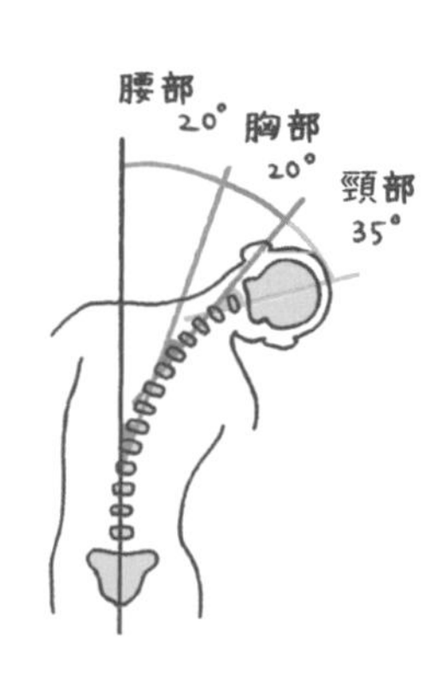

- 頸椎和腰椎的活動範圍比較大。
- 頸椎7塊、胸椎12塊、腰椎5塊，即便傾斜角度相同，單一椎間盤承受的負荷也不一樣，通常頸椎和腰椎會比胸椎大上許多。

因椎間盤突出而被壓迫的神經根　神經與椎間盤之間的位置關係

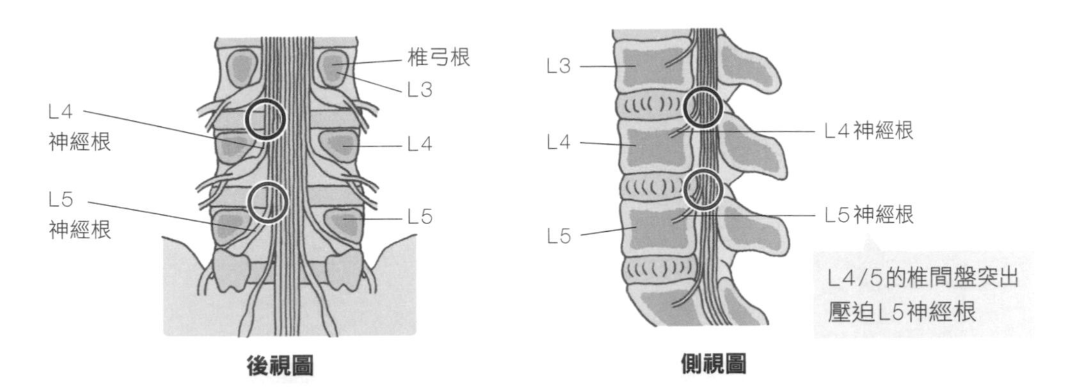

後視圖　　側視圖

- **神經根走行於椎弓根底下**，附近的神經活動性差。
- 容易受到椎間盤突出的壓迫。
- L4/5的椎間盤突出（〇）致使L5神經根受到壓迫。
- L3/4的椎間盤突出（〇）致使L4神經根受到壓迫。

神經壓迫位置與症狀

受損神經根	L4	L5	S1
高位椎間盤突出	L3/4	L4/5	L5/S1
肌腱反射	膝腱反射		跟腱反射
感覺領域			
支配肌肉 **（實際動作）**	・股四頭肌 **（膝關節伸展）**	・伸拇長肌 ・伸趾長肌 **（腳趾伸展）**	・小腿三頭肌 ・屈拇長肌 ・屈趾長肌 **（踝關節蹠屈、腳趾屈曲）**
評估方式 ➔ p.127	股神經牽拉試驗 （FNS試驗）	直膝抬腿（SLR）測試	

保守治療

- 安靜休養、服用消炎止痛藥、穿戴護具、進行神經阻斷術等。
- 突出的髓核游離愈遠，愈可能**發生自然吸收的情況**。

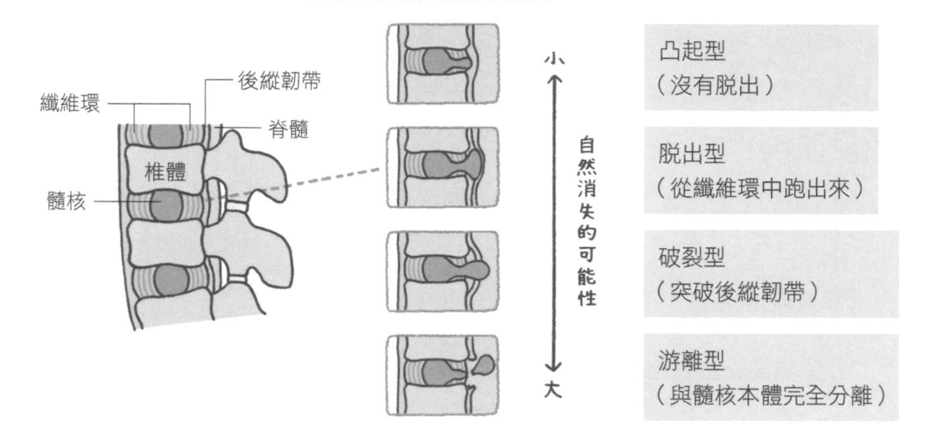

手術治療

- 發生肌肉無力、膀胱或直腸功能障礙等情況，需要進行**緊急手術**。
- 一旦時間拖延過久，就算進行手術也無法恢復原狀。
- 手術治療中，削掉局部脊椎骨，切除突出的椎間盤。

椎板切除術

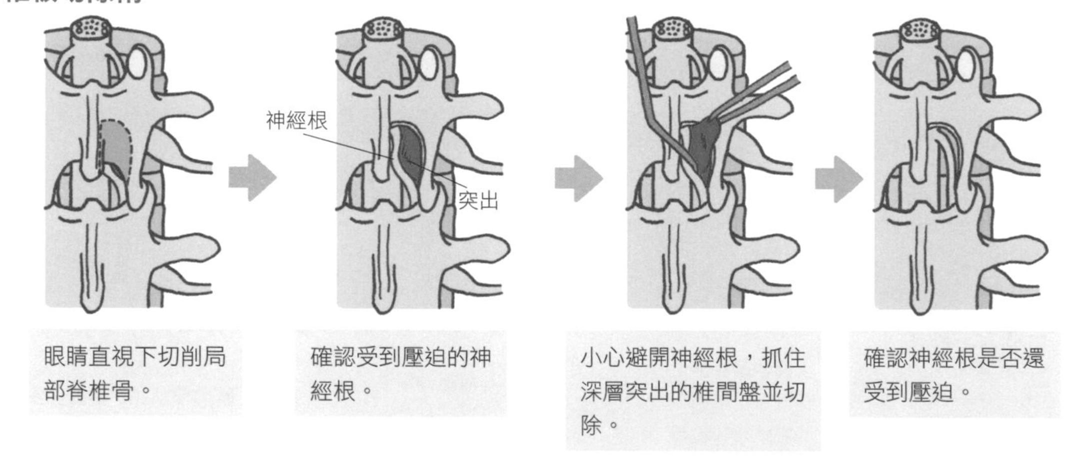

眼睛直視下切削局部脊椎骨。

確認受到壓迫的神經根。

小心避開神經根，抓住深層突出的椎間盤並切除。

確認神經根是否還受到壓迫。

內視鏡手術

- 利用直徑不到20mm的內視鏡操作椎板切除術。
- 傷口很小，但難度很高的術式。

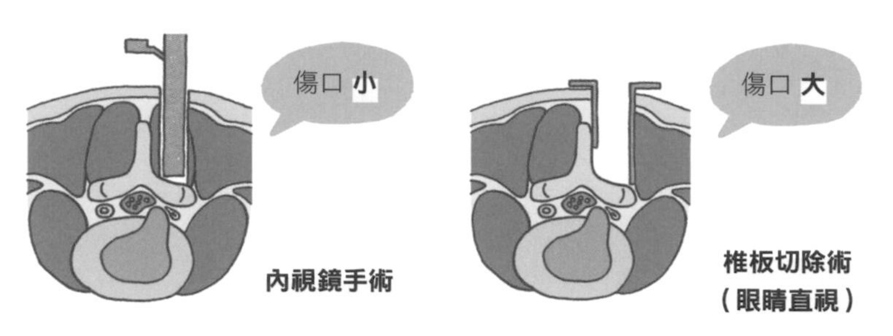

骨科醫護最常出現腰痛問題？

骨科護理師和骨科醫師最常發生的身體小毛病是腰痛。因為他們經常扶抱患者、幾乎每天進開刀房施行大小手術，腰痛問題在所難免。

現實生活中也不乏護理師穿戴護具上班、下班後勤跑瑜伽教室舒緩身體疲勞。而且據我所知，有好幾位前輩醫師，白天為腰痛患者看診，下診後則勤找熟識的按摩師按摩全身。

護理師親自體驗腰痛體操，醫師則是在理解西方醫學有其極限的情況下進行治療。我想既然都投身骨科這個領域，就好好把握機會廣泛學習裝具和物理治療，將其融入自己的生活中，搞不好可以讓自己的人生更加寬廣。

基本上，4足行走的動物少有腰痛現象。

迷你臘腸犬的軀幹很長，雖然是4足行走動物，但因為脊椎負擔大，容易有椎間盤突出問題。

雙腳站立而容易受腰痛所苦的人類，可以透過模仿貓伸懶腰的姿勢加以預防。

椎管狹窄症

名稱的由來

・**狹窄⋯愈來愈細窄的意思**（例：二尖瓣狹窄、頸動脈狹窄症）。

椎管的構造　**椎管＝骨骼、關節、韌帶、椎間盤圍繞的中空通道**

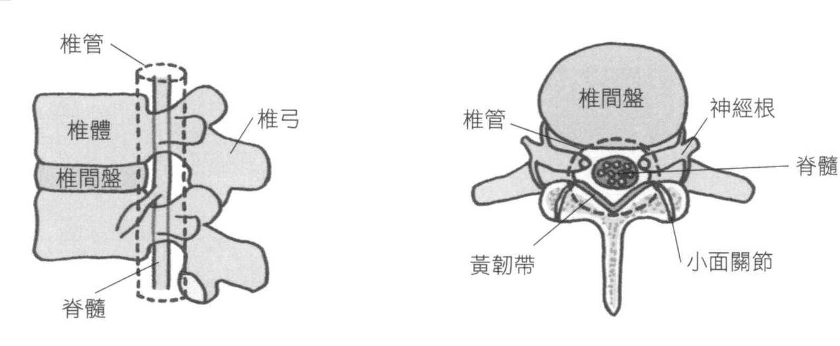

病狀　**椎管逐漸變細窄（狹窄）、壓迫神經的狀態**

・椎管變狹窄的原因很多，像是黃韌帶肥厚、椎間盤膨脹、小面關節肥厚等。

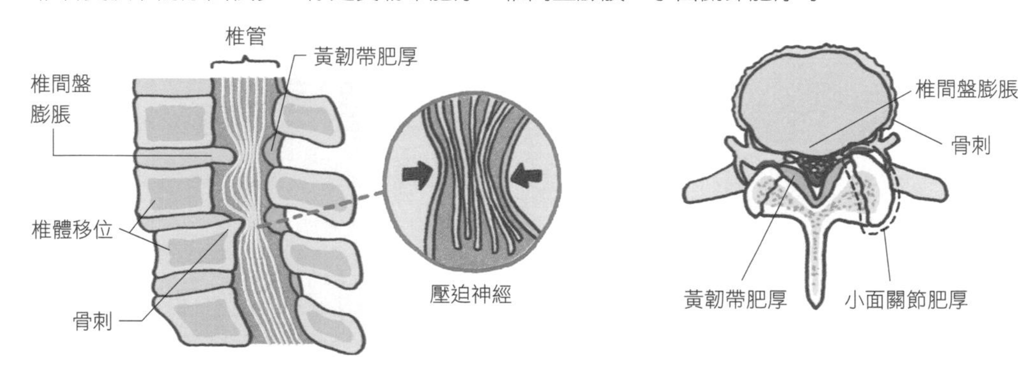

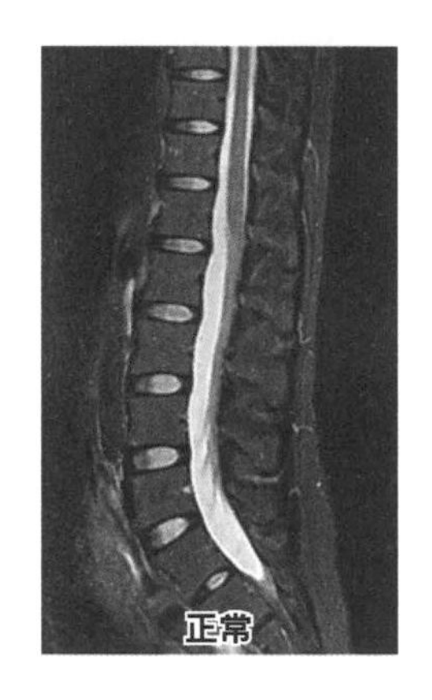

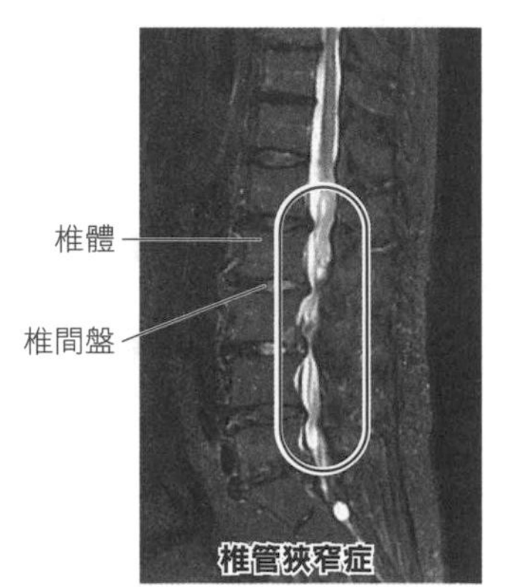

MRI影像中的神經

椎管狹窄症的症狀

間歇性跛行

長距離行走時，下肢逐漸發麻，稍微向前彎曲休息一下，症狀很快會獲得緩解

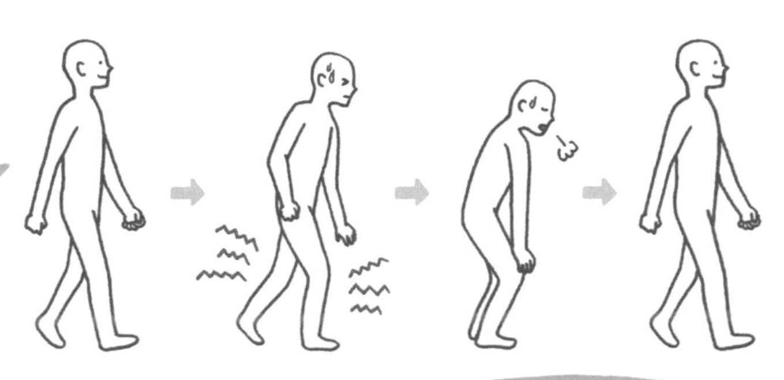

不同姿勢下的椎管狀態

騎腳踏車或推著推車走可以維持較長時間，這是因為身體採前彎姿勢

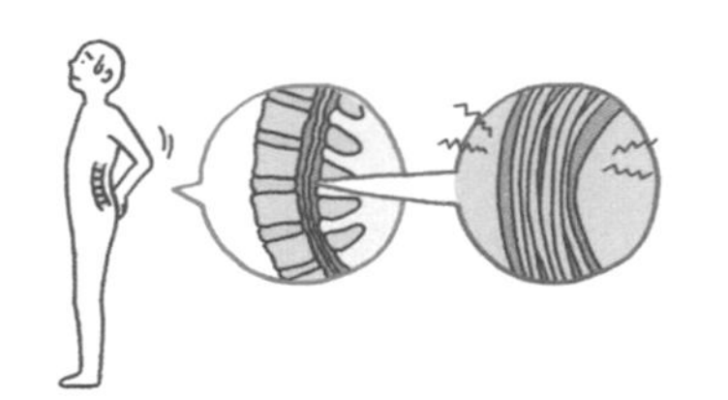

站立時（腰椎前凸）椎管變狹窄，不舒服！

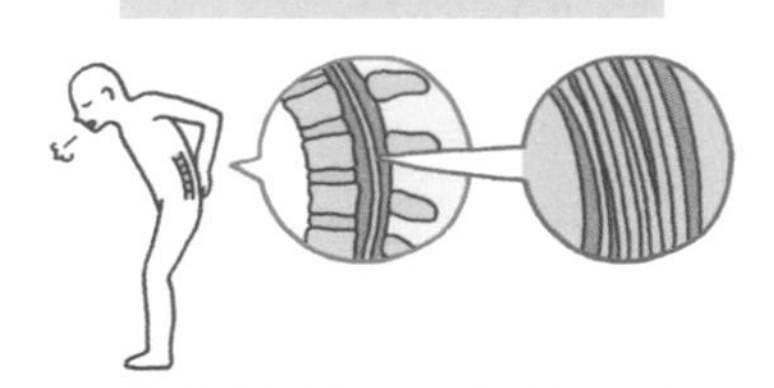

向前彎曲時（腰椎後凸）椎管變寬，舒服多了！

動脈硬化阻塞症造成的間歇性跛行，無法透過改變姿勢獲得緩解與改善！

保守性治療

- 採取安靜休養、服用消炎止痛藥、穿戴護具、進行神經阻斷術等治療。
- 威廉式裝具（Williams brace）（限制腰椎的後彎、側彎動作，但不限制前彎）。
- 威廉式運動（Williams exercise）（以腰椎前彎為中心，進行增強柔軟度與肌力的訓練）。

威廉氏運動

從仰臥姿勢起身

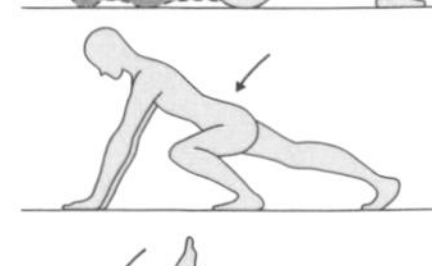

雙手撐地，穩定腰部姿勢

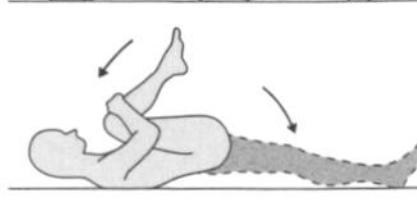

仰臥狀態下抱膝

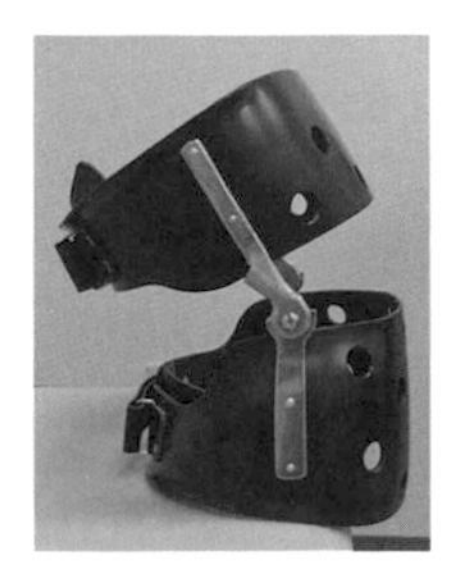

威廉式裝具（前彎）

手術治療請參照 ➔ p.74

椎弓解離症／脊椎滑脫症

● 脊椎構造　脊椎＝椎體＋椎弓＋棘突

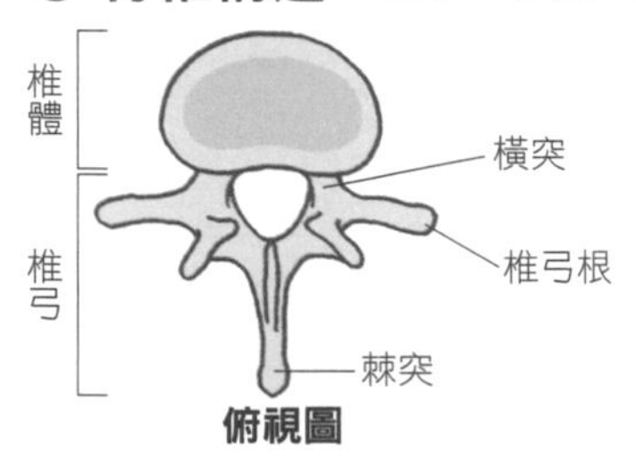

俯視圖

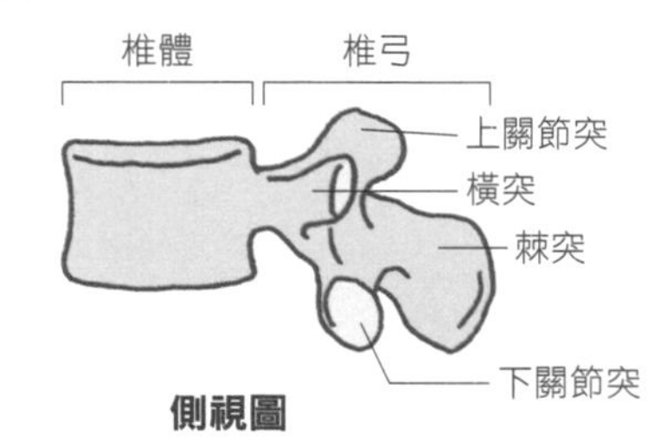

側視圖

● 椎弓解離症　尋找小狗！

- 椎弓產生裂縫的疾病。
- 多半只有腰痛症狀。

側視圖

後視圖

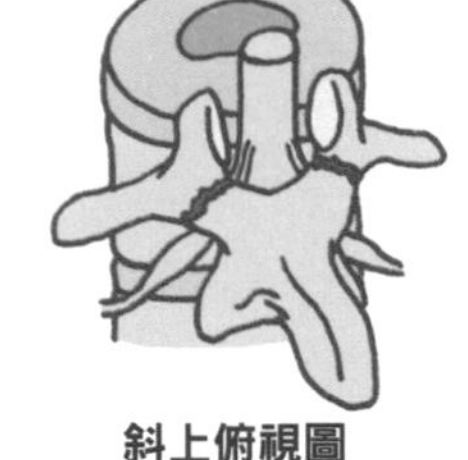

斜上俯視圖

蘇格蘭狗

斜後圖

從X光片上可以看到狗脖子項圈
（**蘇格蘭狗脖子徵象 Scotty dog sign**）

從斜後方觀察時，經常可以看到一隻蘇格蘭狗！

● 脊椎滑脫症

椎弓解離症惡化所致

- 發生椎弓解離症後，椎體往前方移動（滑脫），造成裂縫愈來愈大的狀態。
- 脊髓和神經根受到壓迫，經常伴隨下肢神經症狀。

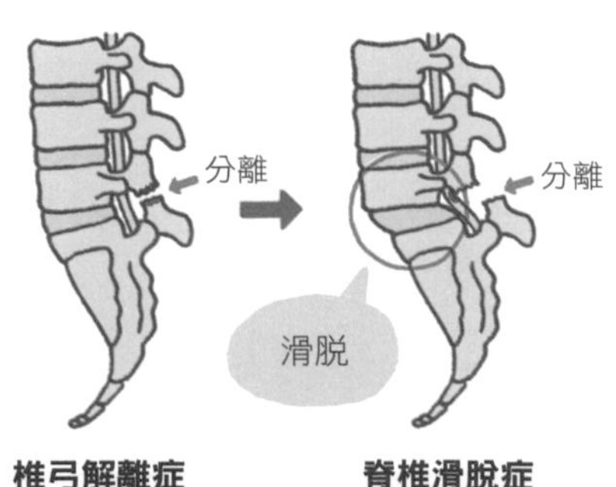

椎弓解離症

脊椎滑脫症

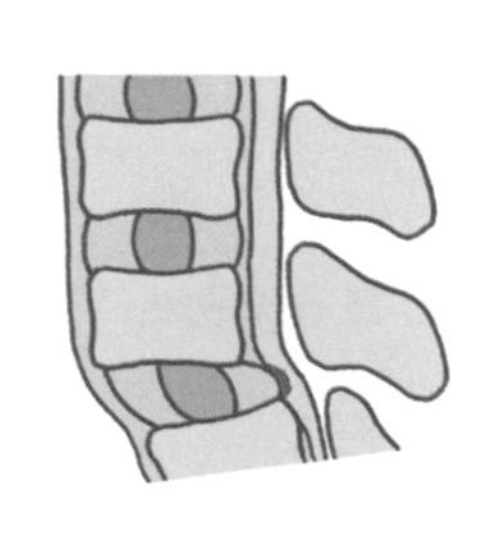

退化性脊椎滑脫症

另外還有骨折分離情況不明顯的退化性脊椎滑脫症。椎間盤和小面關節隨年齡增長而退化，進一步產生異常的向前位移（滑脫）現象。

後縱韌帶鈣化症與黃韌帶鈣化症 總整理

● 韌帶鈣化

・脊椎經各個小面關節連結而成，另外再透過韌帶加以補強穩定性。

・脊髓周圍有縱向位於椎體後緣的**後縱韌帶**，以及縱向連接椎弓的**黃韌帶**。

・這些韌帶鈣化變粗，可能會壓迫神經，需要進一步接受治療。

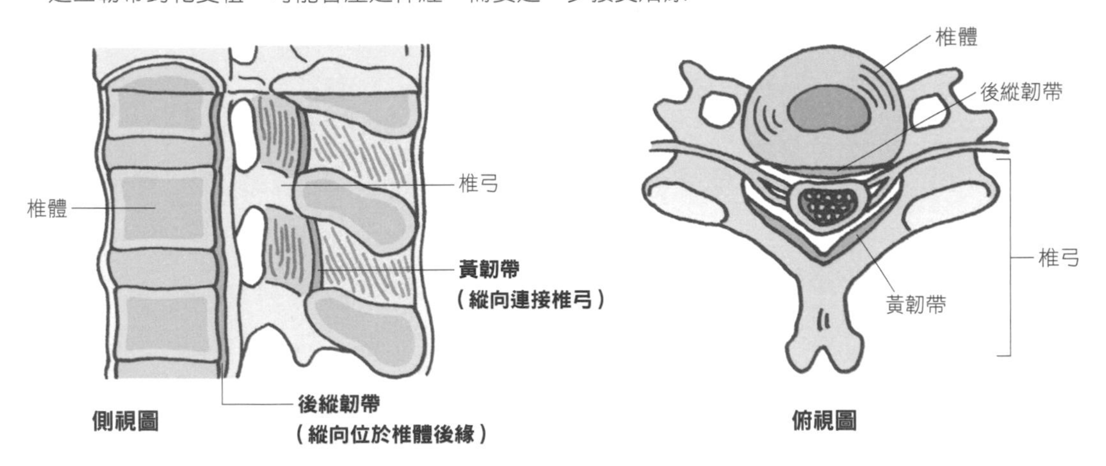

● 病症

・**後縱韌帶鈣化症**→好發於頸椎～胸椎一帶。由於頸髓受到壓迫，容易出現和頸椎病變相同的症狀。

・**黃韌帶鈣化症**→好發於胸椎～腰椎一帶。容易出現和胸腰椎病變相同的症狀。

・治療方法同各部位脊椎病變 → p.74。

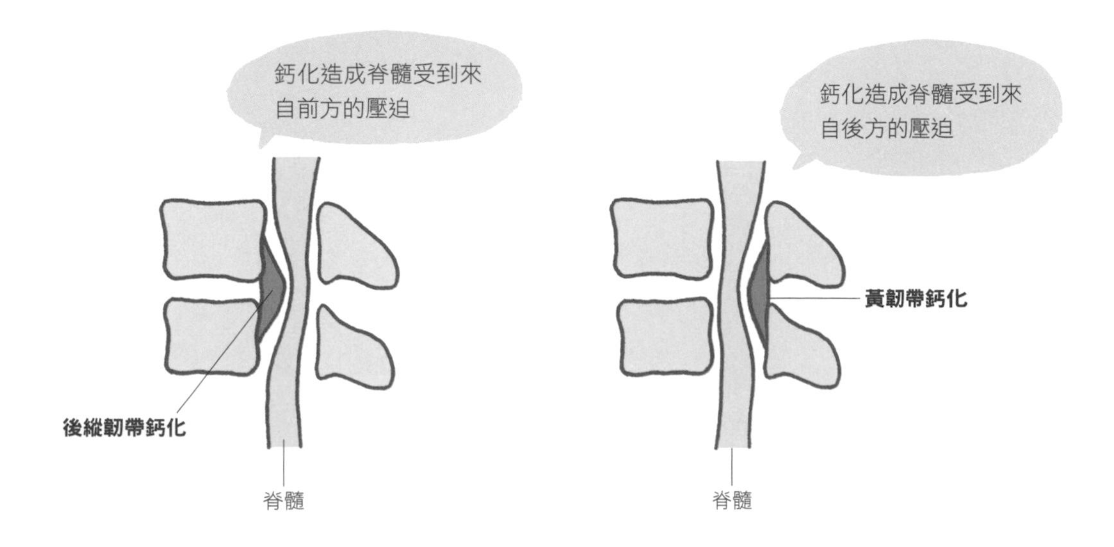

6 脊髓的運動神經支配

● 脊髓損傷的情況下，運動麻痺現象會發生在損傷脊髓節段以下的部位！

・**熟記每個脊髓節段的運動神經支配是非常重要的關鍵！**

⇒熟記在腦中，有助於透過徒手肌力測試（MMT）**推測脊髓損傷節段**。

・高位癱瘓是指損傷病變發生在脊髓較高節段。

⇒腕關節能夠背屈（C6），但肘關節無法彎曲（C5）＝C6節段的脊髓損傷。

・在骨科神經領域中，感覺和運動都是成雙成對，但本章節主要介紹運動神經支配。

・關於感覺支配，請參照皮節說明➔ p.59。

脊髓節段的運動神經支配

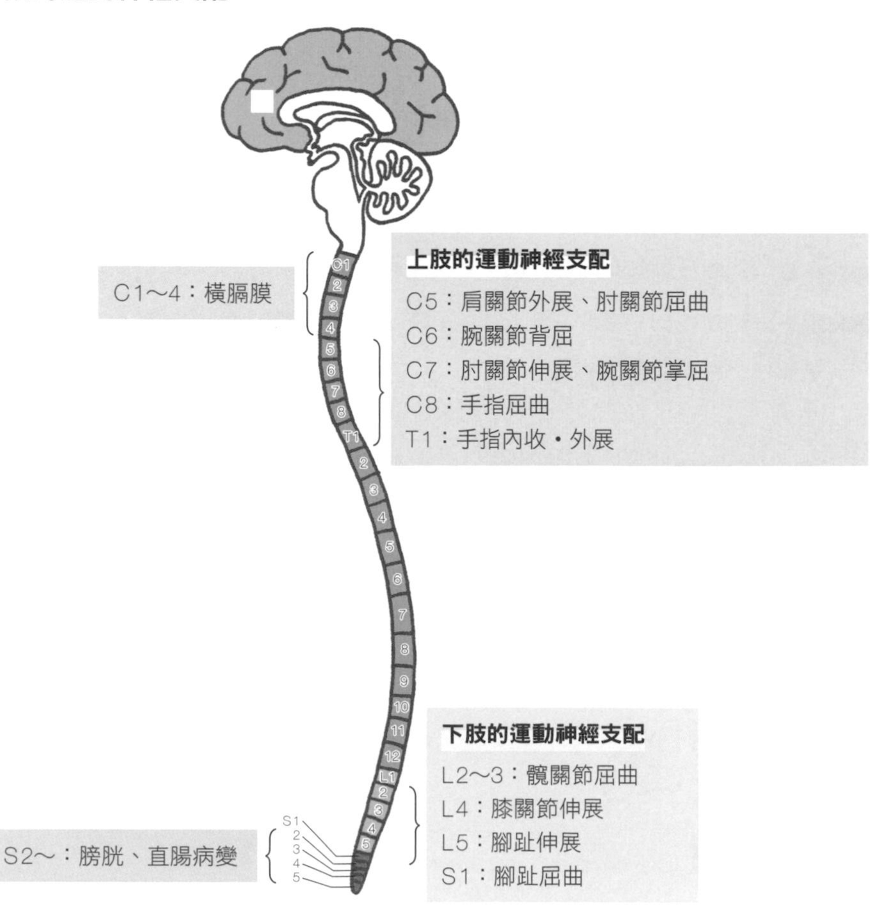

上肢運動神經支配

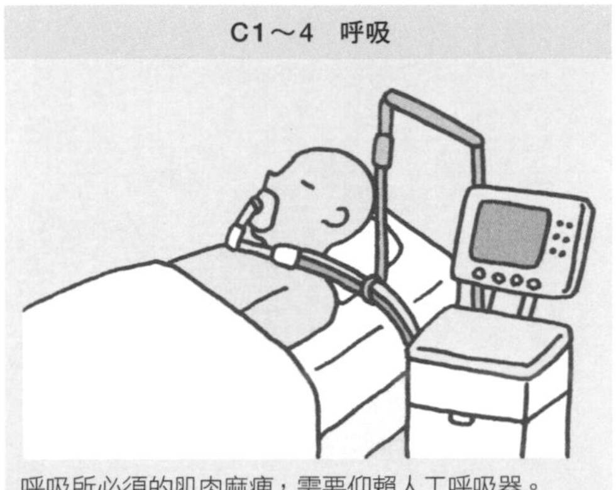

呼吸所必須的肌肉麻痺，需要仰賴人工呼吸器。

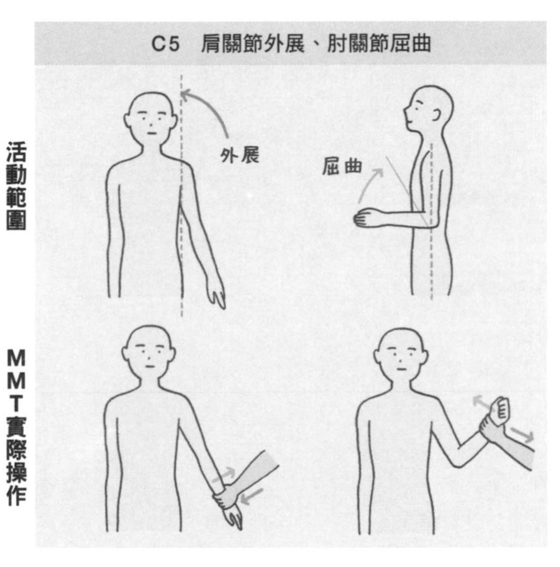

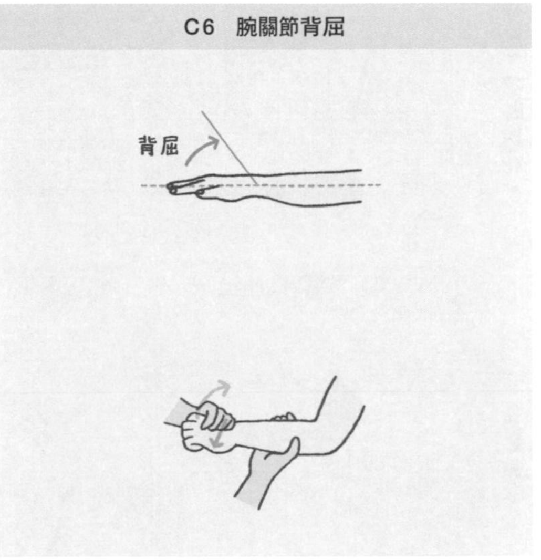

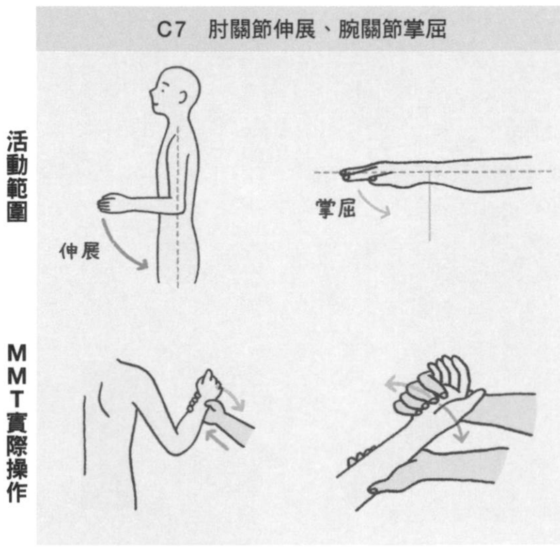

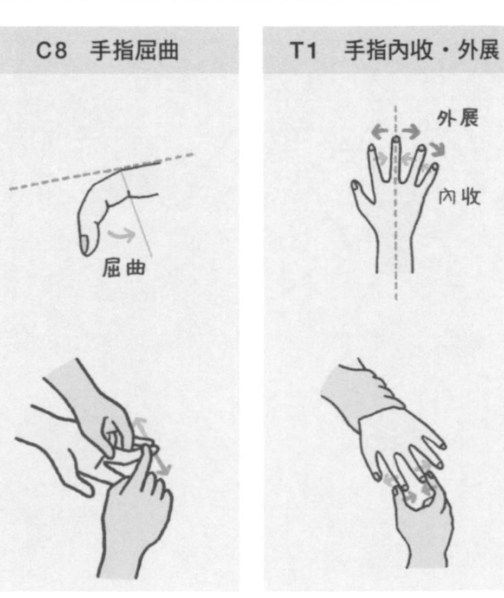

→：測試者施力方向
→：患者運動方向

下肢運動神經支配

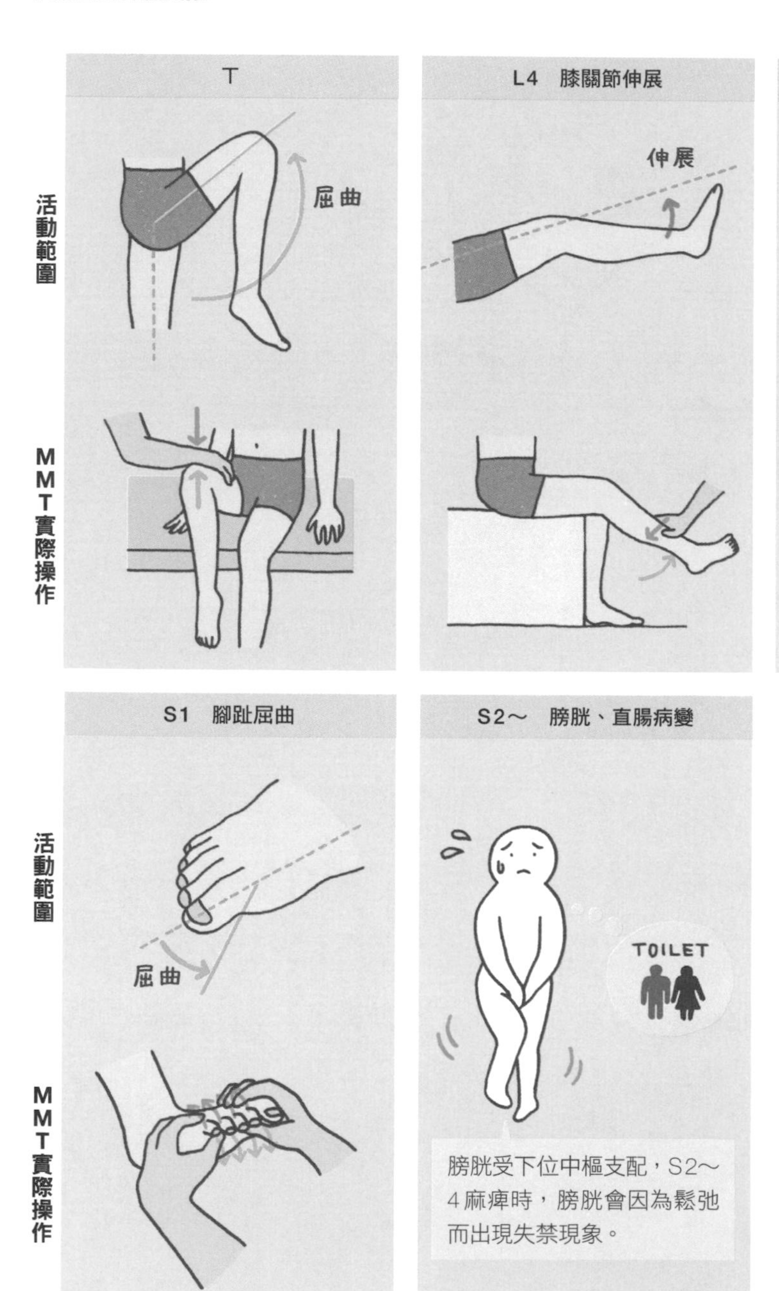
T
L4　膝關節伸展
L5　腳趾伸展
活動範圍
屈曲
伸展
伸展
MMT實際操作
S1　腳趾屈曲
S2～　膀胱、直腸病變
活動範圍
屈曲
TOILET
MMT實際操作
膀胱受下位中樞支配，S2～4麻痺時，膀胱會因為鬆弛而出現失禁現象。

試著一起唱！

● 熟記頸髓運動神經支配的方法　偶遇森林裡的猩猩

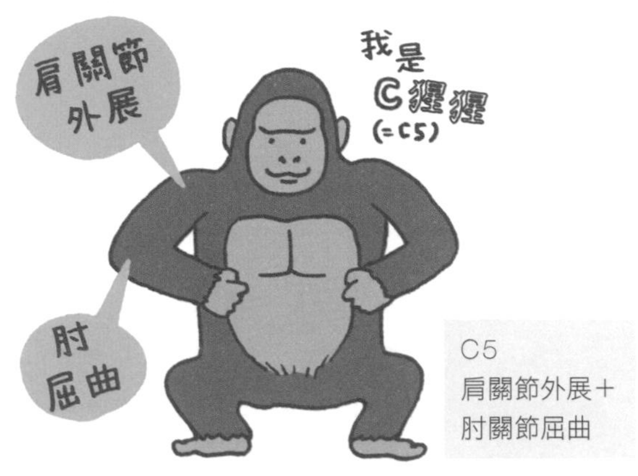

C5
肩關節外展＋
肘關節屈曲

有一天～我遇見一隻大猩猩♪

C6
腕關節背屈

不要過來，好可怕～

C7
肘關節伸展＋
腕關節掌屈

你還是過來吧，大猩猩～

C8
手指屈曲

幫你按摩肩膀吧

推開
噢－！
我還是好害怕，滾遠點，對不起！
手指外展

T1
手指外展

還是很可怕！滾遠點！

脊椎手術

減壓手術或固定手術

- 根據神經壓迫的原因，選擇減壓手術或固定手術。**多半會兩者併用**。

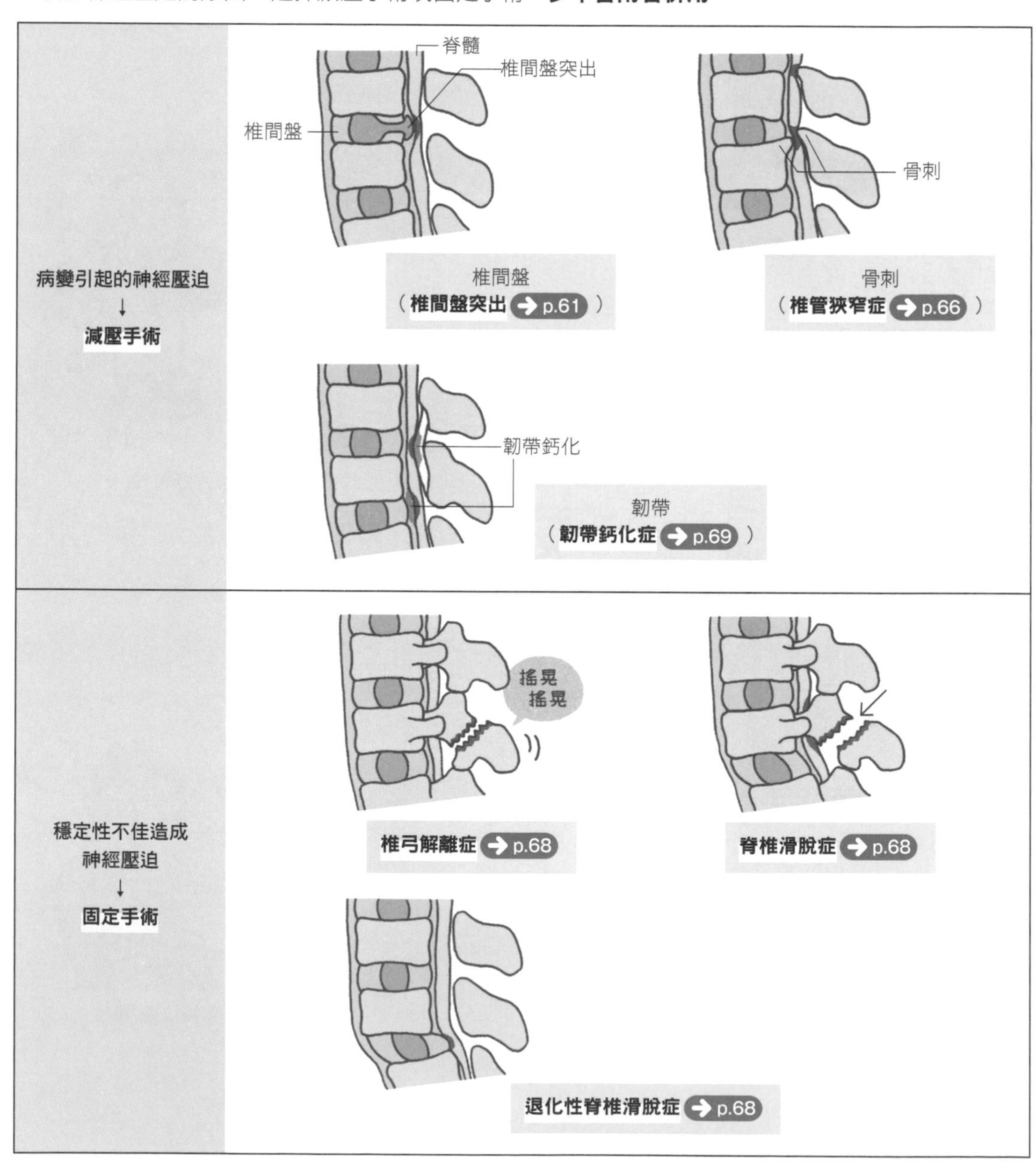

● 減壓術　削切後方椎弓，改善壓迫狀態的手術

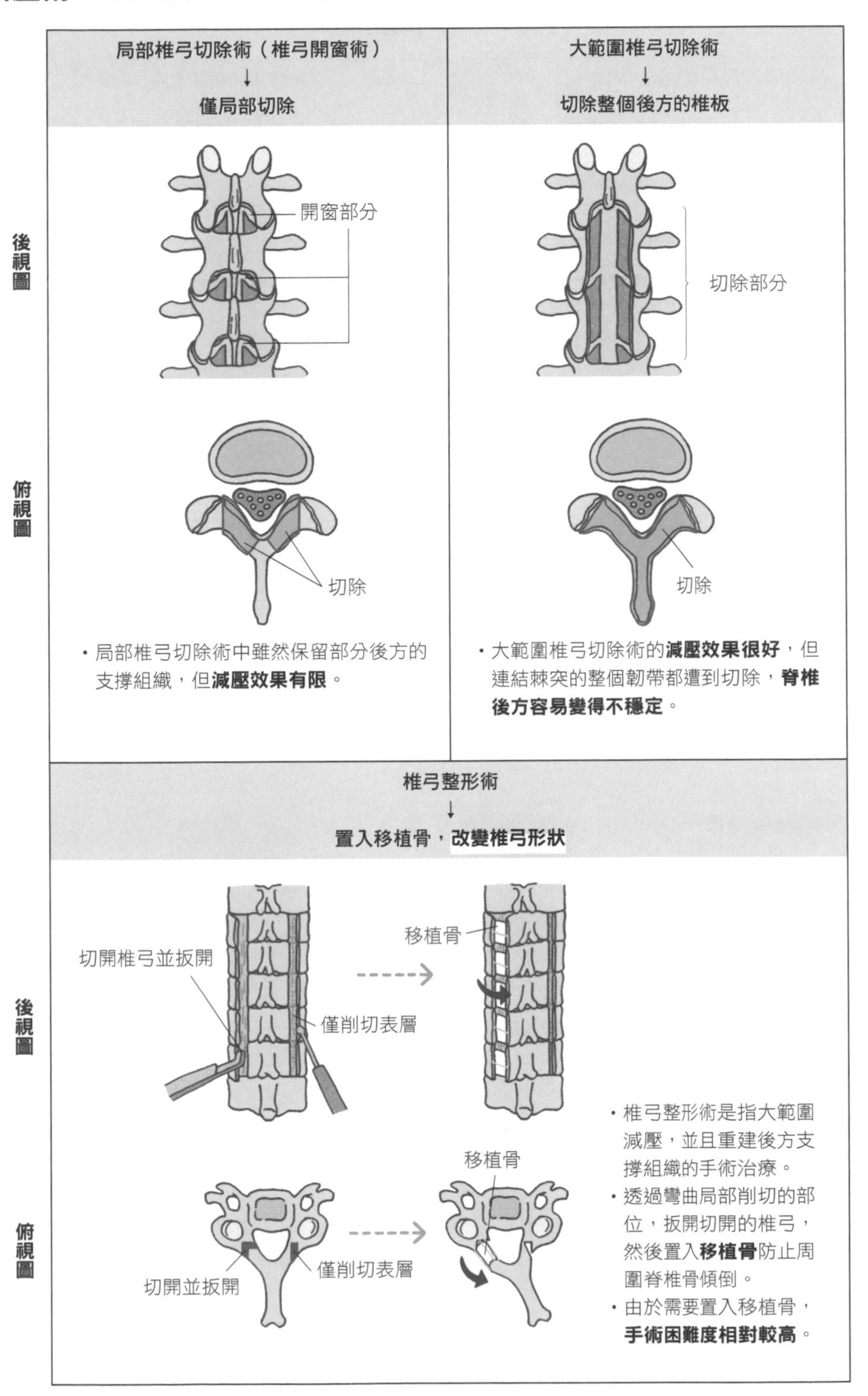

局部椎弓切除術（椎弓開窗術）
↓
僅局部切除
大範圍椎弓切除術
↓
切除整個後方的椎板
後視圖
開窗部分
切除部分
俯視圖
切除
切除
・局部椎弓切除術中雖然保留部分後方的支撐組織，但減壓效果有限。
・大範圍椎弓切除術的減壓效果很好，但連結棘突的整個韌帶都遭到切除，脊椎後方容易變得不穩定。
椎弓整形術
↓
置入移植骨，改變椎弓形狀
後視圖
切開椎弓並扳開
僅削切表層
移植骨
俯視圖
切開並扳開
僅削切表層
移植骨
・椎弓整形術是指大範圍減壓，並且重建後方支撐組織的手術治療。
・透過彎曲局部削切的部位，扳開切開的椎弓，然後置入移植骨防止周圍脊椎骨傾倒。
・由於需要置入移植骨，手術困難度相對較高。

● 固定融合手術　**針對脊椎的不穩定，從前方或後方進行固定融合手術**

・在移植骨癒合之前，以金屬輔助支撐。通常會**併用減壓手術**。

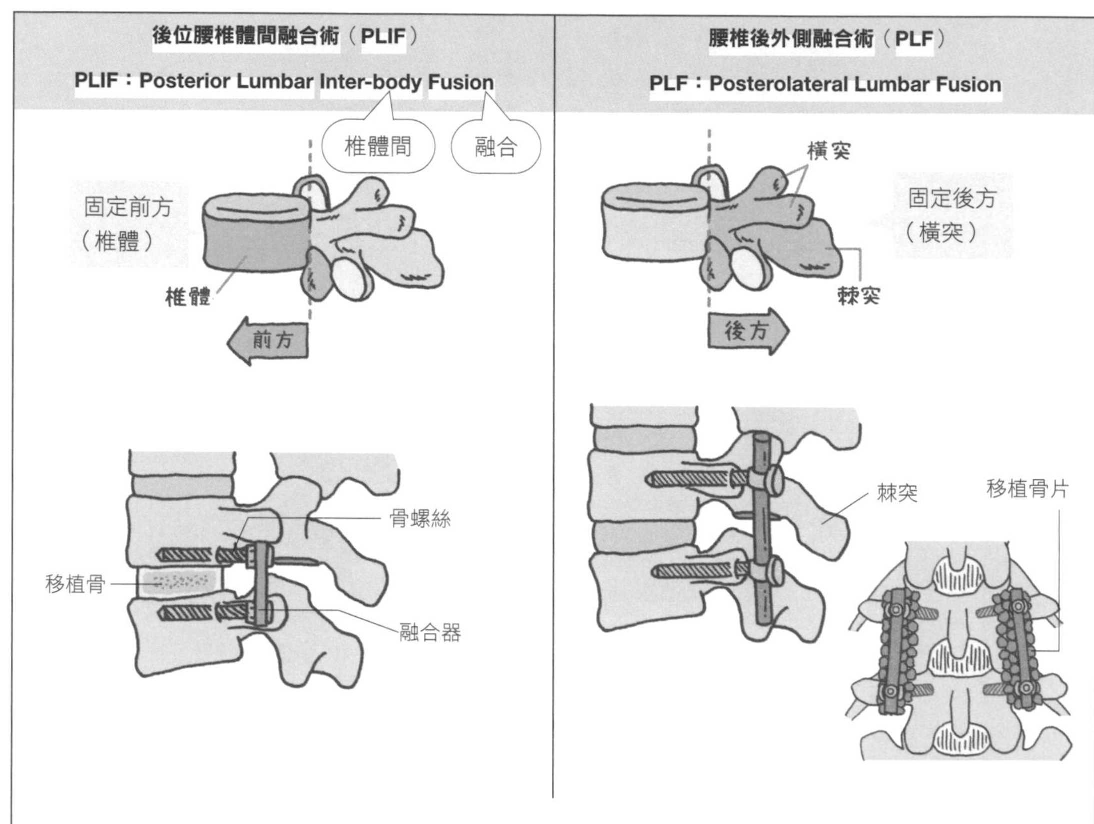

・**暫時以椎弓根骨螺絲固定**，由於最終必須移除，所以需要先讓骨骼癒合。
・移植骨取自患者本人的骨盆。

後位腰椎體間融合術（PLIF）	腰椎後外側融合術（PLF）
・後位腰椎體間融合術（PLIF）從背部進刀並**固定於脊椎前方**。 ・將移植骨置於椎間盤切除部位。	・腰椎後外側融合術（PLF）則是**固定於脊椎後方**。 ・切除脊椎後方的橫突等皮質骨，露出海綿骨部分並置入片狀移植骨。

✿ 用於手術中的骨螺絲　**椎弓根骨螺絲（Pedicle Screw）**

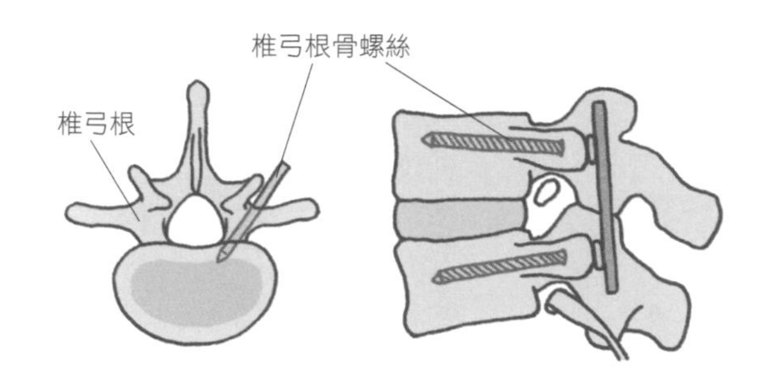

・經由椎弓根插入椎弓根骨螺絲。
・插入椎管會傷及神經。

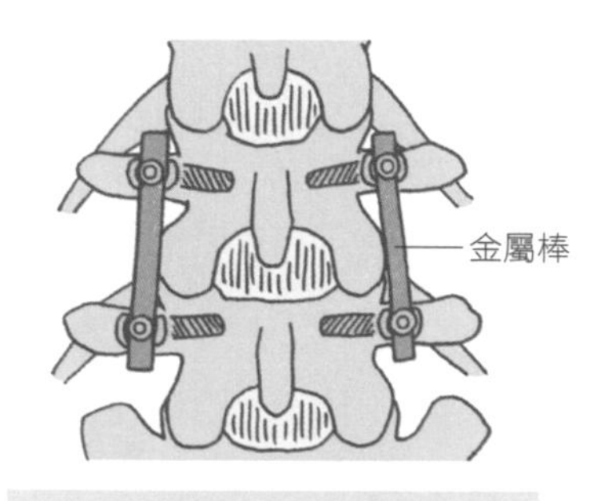

・以金屬棒像並聯方式固定所有骨螺絲。

這樣的處理方式真的正確嗎？

我服務於骨科30年，在接下來的專欄中，我想聊一聊當實習醫師的時候，我盲目遵照前輩的指示行事，但現在幾乎不採用的處理方式。

手術傷口消毒

從前：每天使用優碘（聚維酮碘）消毒傷口

現今：不消毒

理由：驗證發現優碘會阻礙傷口癒合

優碘的殺菌力不僅對細菌有效，對所有活體細胞也一視同仁，因此容易將傷口癒合所需的必要細胞也一併予以消滅。擅長處理傷口的整形外科醫師也都口徑一致地表示「優碘是毒王！」絕對不會使用。這對當時星期六、日也到醫院幫患者進行每日優碘消毒的我，無疑是非常具有衝擊性的發言。

傷口環境

從前：覆蓋吸濕紗布，吸附滲液，每天更換

現今：以保鮮膜覆蓋傷口就好

理由：乾燥反而易使負責修復傷口的細胞壞死

小時候穿短褲跌倒時，膝蓋上總有許多擦挫傷。曾經仔細觀察身上傷口的修復情形，也一直對「乾燥→結痂→結痂下方新生上皮→結痂脫落→痊癒」這樣的過程深信不疑。為了保護表層，才會不得不形成名為痂的外牆，因此蓋上人工敷料應該更能加速傷口癒合。

目前市面上還是有一些堅持傳統「乾式癒合」觀念的產品

術前洗手

①藥劑

從前：優碘（聚維酮碘）

現今：酒精

理由：驗證發現酒精的殺菌效果比較好

②洗手方法

從前：用刷子刷洗 10 分鐘以上

現今：雙手搓揉

理由：刷毛太硬容易在皮膚上形成小傷口，導致細菌趁機而入

③沖洗

從前：殺菌水

現今：自來水

理由：驗證發現二者的殺菌效果差不多

仰慕黑傑克而成為一名外科醫師，卻在洗手這件事上受挫…
還要洗多久…
唔唔…

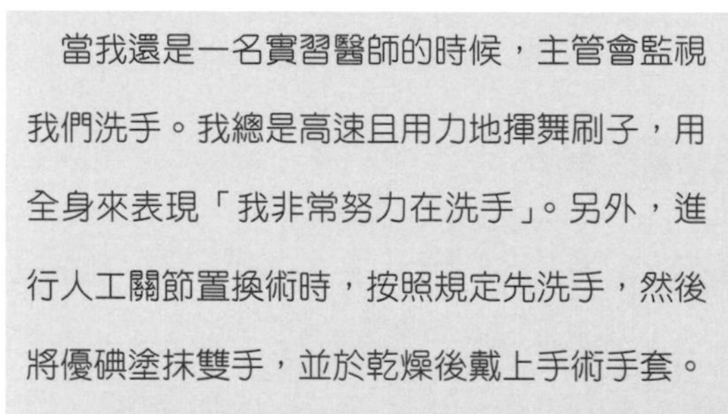

當我還是一名實習醫師的時候，主管會監視我們洗手。我總是高速且用力地揮舞刷子，用全身來表現「我非常努力在洗手」。另外，進行人工關節置換術時，按照規定先洗手，然後將優碘塗抹雙手，並於乾燥後戴上手術手套。手術結束後脫掉手套的瞬間，經汗水稀釋的優碘往往噴得滿地都是。雙手就像經過瀑布沖打一般。

除此之外，聽說「可以用自來水洗手就好」時，真心為日本的高品質自來水感到驕傲，但當我得知其他國家老早以前就使用自來水洗手時，喜悅之情頓時煙消雲散。由於洗手用殺菌水不含氯，若沒有確實做好設備管理，反而容易產生微生物汙染問題。

column

人工關節置換術術後投予預防性抗生素

從前：投予一個星期

現今：僅術中投予，或者術後 1～2 天

理由：驗證發現術後投予的預防感染效果並不如預期

30年前的實習醫師還有一項重要工作，那就是術後抗生素點滴注射。人工關節置換術術後整整一週，早晚共14次的連續點滴注射。經驗累積下，注射技術愈來愈好，但也因為重複在同一條血管上紮針，導致血管受損而不易進針。

第一次注射點滴時，找出最適合紮針的血管，然後依序排列。好比決定先發投手順序的棒球教練。無法順利進針時，開始瘋狂依序輪替，而且還會每況愈下。重新紮針2次以上，隊伍在下半局可能會被逼到絕境，因此務必冷靜對應。

來到最後一天，患者和主治醫師難免會互相稱讚對方奮力搏鬥的勇敢，甚至還有患者說術後的點滴注射最令他們印象深刻，但這根本本末倒置啊。

在這之前的
點滴注射時光
究竟算什麼⋯⋯

當我看到「即便術後不投予抗生素，感染發生率也不會因此增加」的論文時，實習醫師時代的種種宛如走馬燈，驚醒時我已雙膝跪地，仰天長嘆。近年來國內也有不少患者在接受人工關節置換術後，短短1週內便康復出院。相較於與點滴注射纏鬥1個星期的30年前，真的有種恍如隔世的感覺。

肩關節解剖

肩膀動作即肩帶的複合式運動

● 肩帶　由鎖骨、肩胛骨、肱骨、胸骨構成

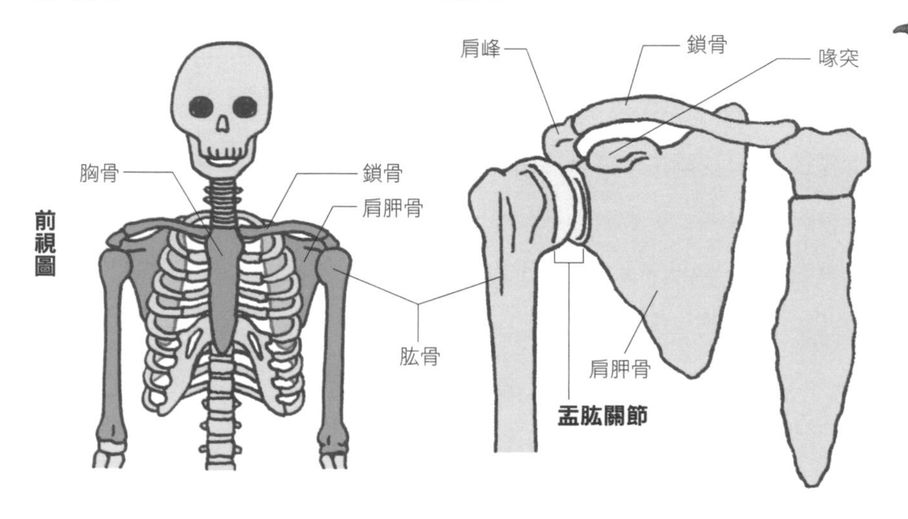

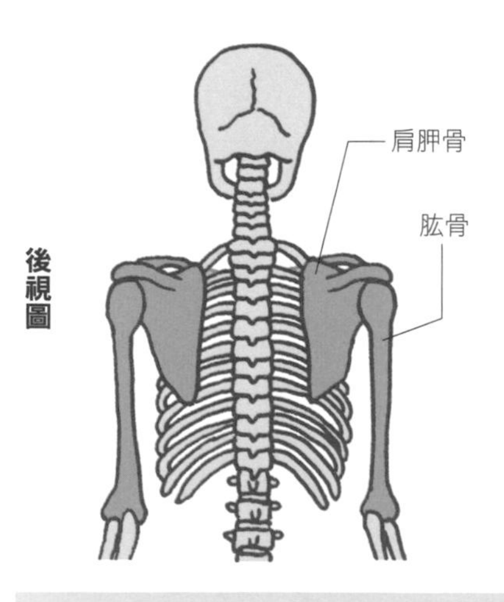

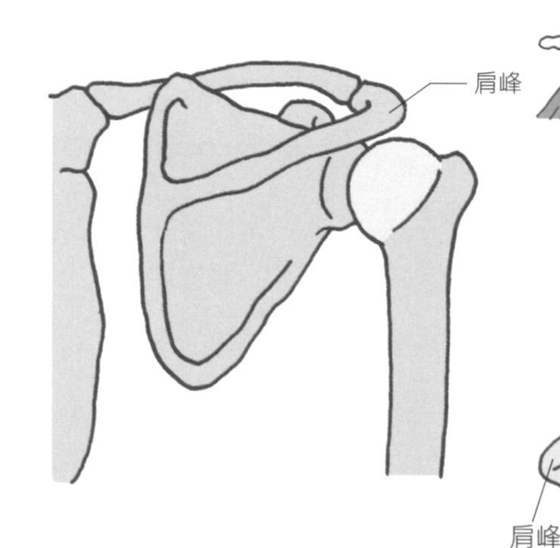

- 眾人口中的肩膀，在骨科多半以肩帶的說法呈現。
- 雖然三不五時就脫臼的盂肱關節是主角，但在鎖骨、肩胛骨、韌帶等的輔助下，才得以做出更多複雜的動作。
- 肩帶是帶有各種深層含意的用語。
- 附帶一提，**我們常說的肩關節，其實是指盂肱關節**。

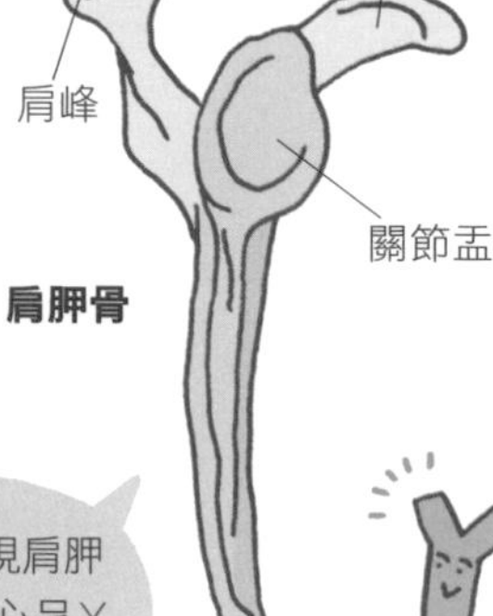

● 關節　4塊骨骼構成3個關節

①**盂肱關節**…**肩胛**骨和**肱**骨形成的關節

②**肩鎖關節**…**肩**峰和**鎖**骨形成的關節

③**胸鎖關節**…**胸**骨和**鎖**骨形成的關節

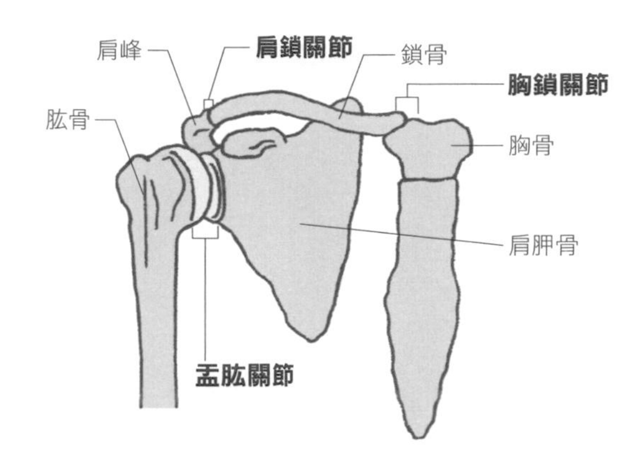

● 韌帶　韌帶附著於骨骼突起處，用於輔助固定

①**肩鎖韌帶**…連接**肩**峰和**鎖**骨

②**喙鎖韌帶**…連接**喙**突和**鎖**骨

③**喙肱韌帶**…連接**喙**突和**肩峰**

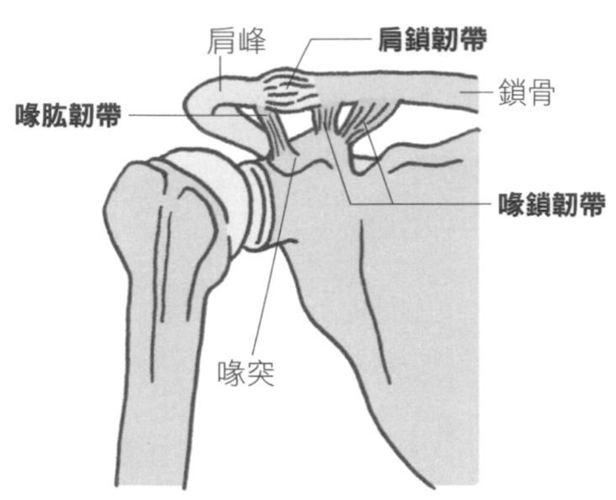

column

● 喙突與繫纜樁

喙突，從字面上來看，可以想像這個名稱來自烏鴉的鳥喙。這個部位有許多韌帶附著，其中一條固定鎖骨和喙突。好比以繩索將船隻固定於碼頭邊的突起物，也就是照片中，大家常像個船員般將腳踩在上面的那個樁柱。樁柱的正式名稱是繫纜樁。雖然不曉得是不是模仿喙突建造，但基於將物體綁住並固定，才會設計成這個形狀。

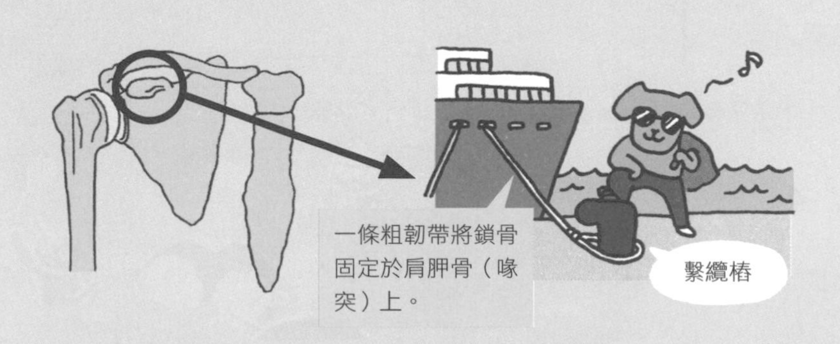

一條粗韌帶將鎖骨固定於肩胛骨（喙突）上。
繫纜樁

● 旋轉肌袖　肩胛下肌・棘上肌・棘下肌・小圓肌

・始於肩胛骨，終止於肱骨，由包圍肩關節的4塊肌肉構成。

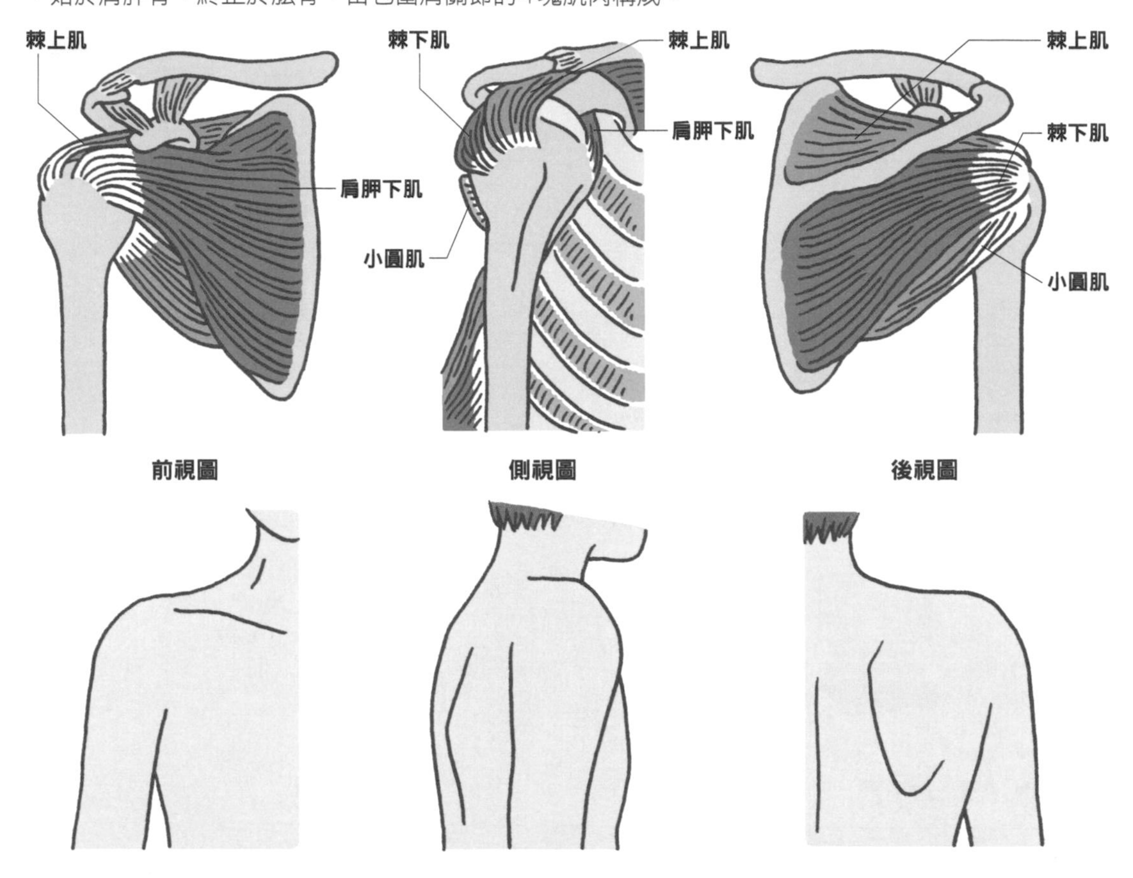

旋轉肌袖依附著位置而對肱骨產生不同作用

	附著於肱骨的大致位置	對肱骨的作用	起始點	終止點
肩胛下肌	前方	內轉		小結節
棘上肌	上方	外展	肩胛骨	大結節上方
棘下肌、小圓肌	後方	外轉		大結節下方

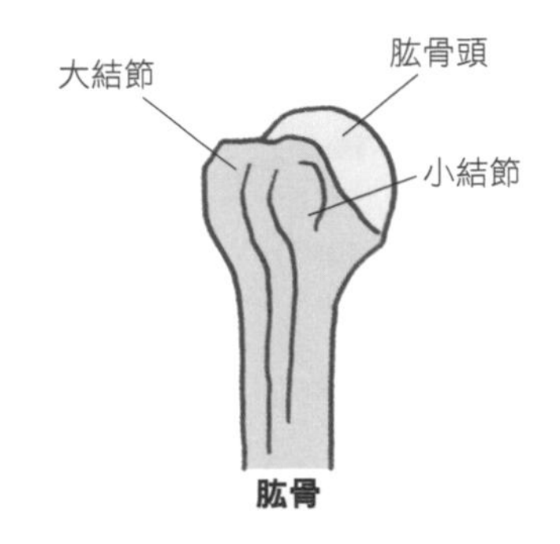

● 肩峰下滑液囊　位在肱骨頭與肩峰之間，具緩衝減震功能

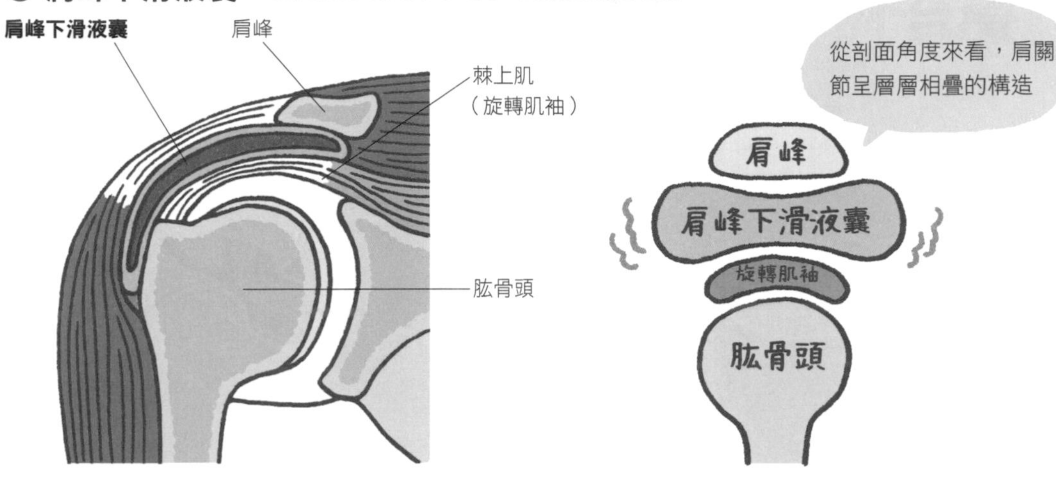

● 胸鎖乳突肌

- 胸鎖乳突肌的遠端附著在胸骨與鎖骨，近端附著在顳骨的乳突。
- 單側胸鎖乳突肌緊縮，會造成肌性斜頸。

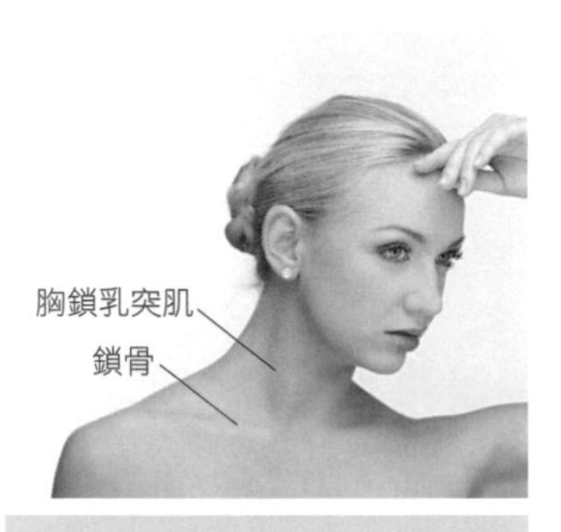

胸頸部（Décolleté）是指頸部到鎖骨、肩膀等前胸部分，這個部位要迷人，關鍵在於突顯胸鎖乳突肌和鎖骨！

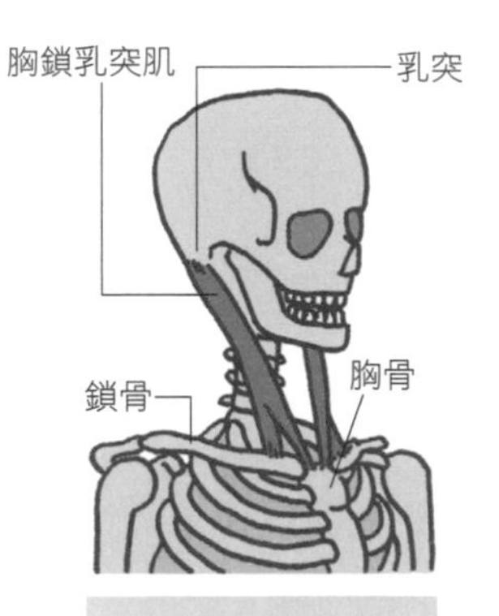

胸鎖乳突肌起於乳突，終止於胸骨、鎖骨。

- 肌性斜頸的原因是單側胸鎖乳突肌緊縮。右側胸鎖乳突肌緊縮，頭部向右傾斜且向左旋轉。
- 傾斜和旋轉方向相反，容易令人混淆，但只要理解肌肉附著位置，就能以自己的頭進行模擬。

肩膀功能　日常生活中經常使用

上肢上提　肩關節與肩胛骨共同作業

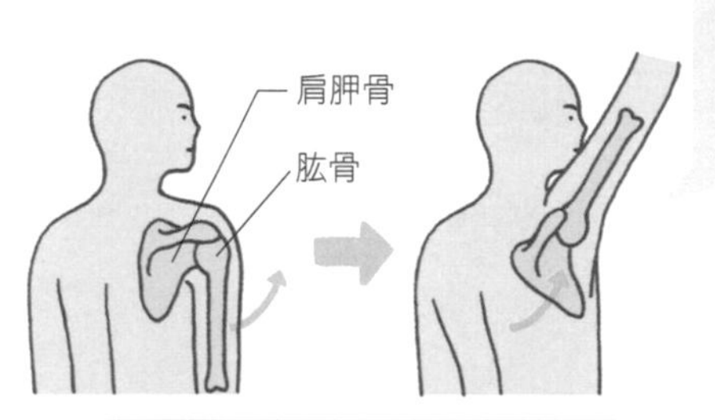

提起手臂時，肩胛骨跟著旋轉向上。

肩胛骨隨上肢的上提而旋轉。

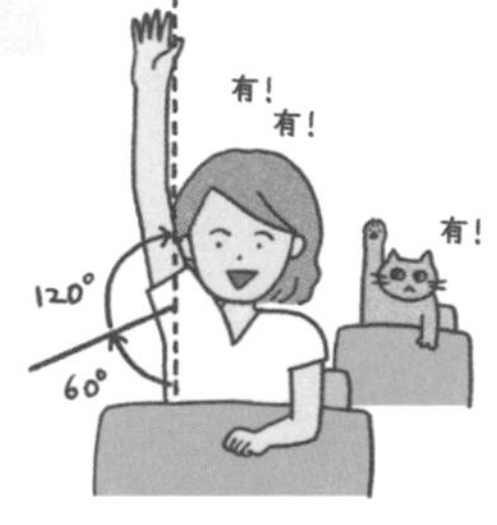

課堂中點名說「有！」時，肩胛骨上提60度＋肩關節120度＝180度。

旋轉肌袖損傷等造成肩關節功能受損，肩胛骨只能上提60度。

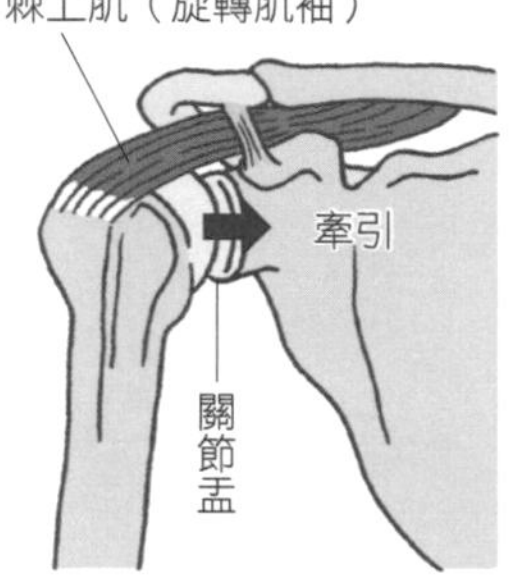

- 旋轉肌袖作用於將肱骨頭往關節盂方向牽引。
- 這是上肢開始上提時所不可或缺的功能。

肩關節的水平屈曲（水平內收）・水平伸展（水平外展）

- 從外展90度的姿勢開始向前後方向活動。
- 肩關節獨特的活動範圍。
- 搭配外展・內收、外轉・內轉、屈曲・伸展，肩關節共有**8個方向的活動範圍**。

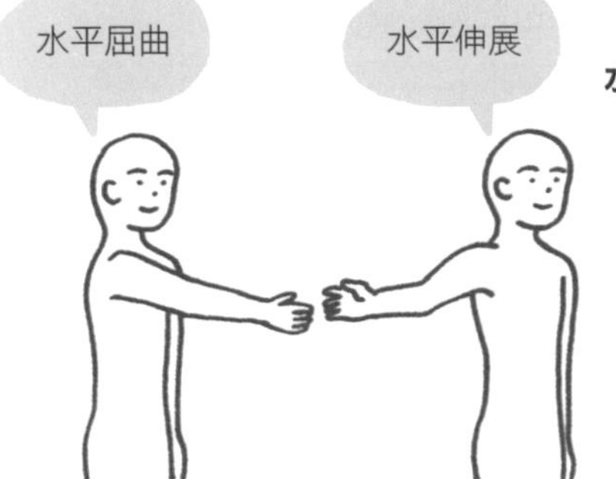

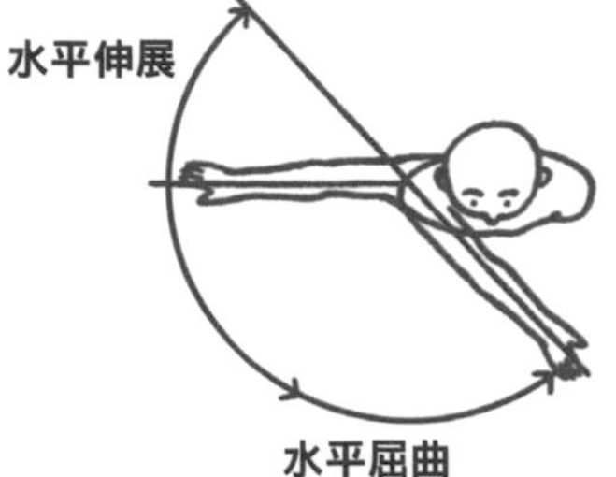

水平伸展

媽媽展開雙臂迎接小孩的動作就是肩關節水平伸展。

● 聳肩動作　肩胛骨的上下運動

外國人常做的「Why?」
就是肩胛骨運動

只上提肩胛骨時，就是類似這種感覺。

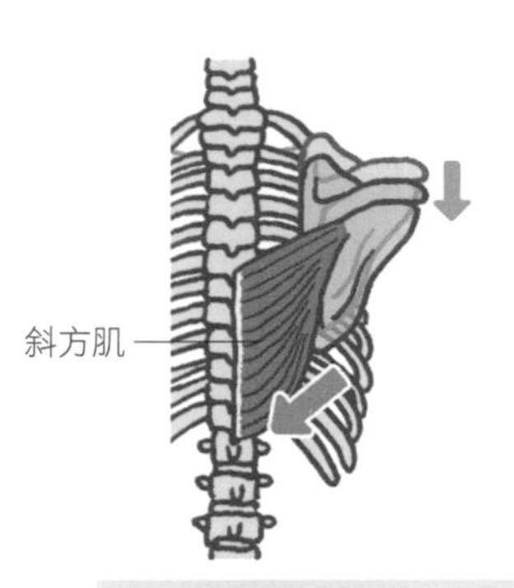

肩胛骨下壓
⇒斜方肌下部肌束運作。

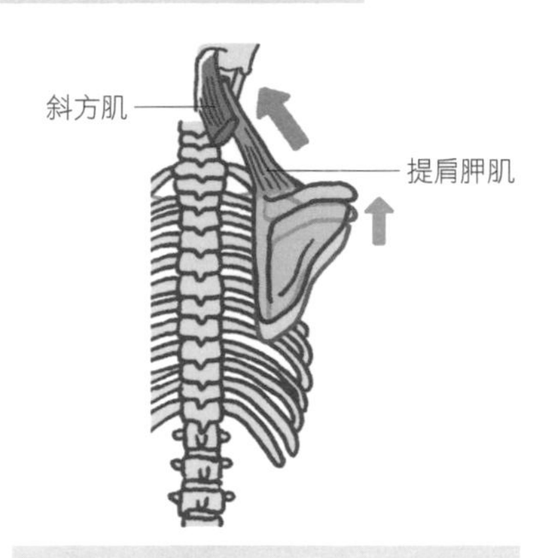

肩胛骨上提
⇒斜方肌上部肌束・提肩胛肌運作。

● 肩部僵硬與斜方肌

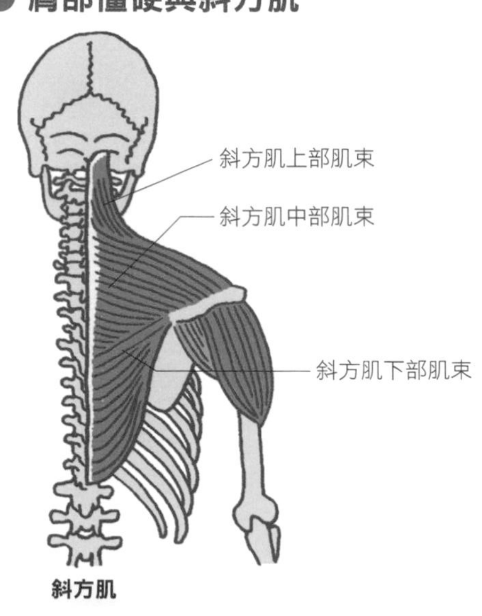

斜方肌

斜方肌上部肌束始於頸椎，中部・下部肌束始於胸椎，附著於肩胛骨。

由於必須支撐重如西瓜的頭部，肩膀周圍的肌肉容易疲勞。

捶背時敲打的肌肉
就是斜方肌

肩關節與髖關節 總整理

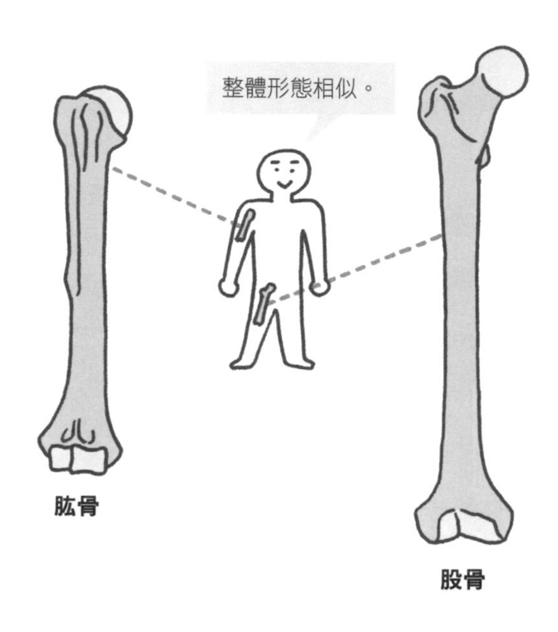

外觀比較

- 肱骨在形狀上沒有太大的凹凸起伏，因此在頸部區域比較不容易找得到。
- 基於這個緣故，解剖學稱這個**與肱骨頭軟骨交界**的部位為**肱骨解剖頸**。
- 而手術時作為**參考記號**，位於大小結節下方的部位則稱為**肱骨外科頸**，相當於股骨的轉子間。

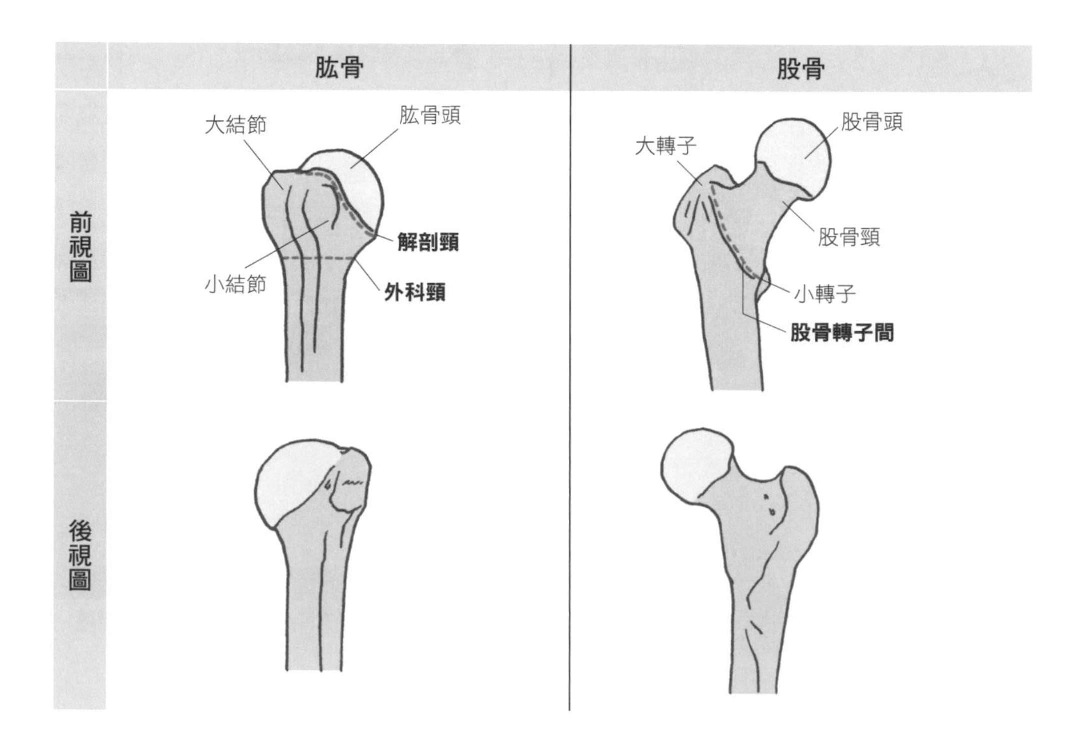

● 骨形態比較

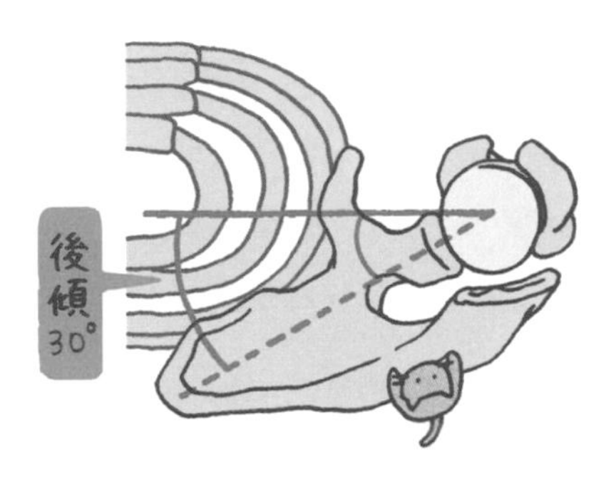

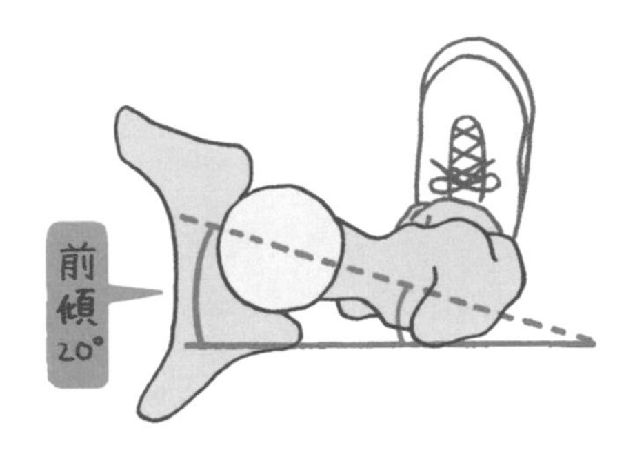

肩關節的俯視圖　　關節的俯視圖

	肩關節	髖關節
頸部	短	長
高齡者頸部骨折	稍多	多
骨折後的假關節、骨壞死	多	多
骨頭傾斜	後傾30度	前傾20度
臼窩深度	淺	深
外傷性脫臼	多向前方脫臼	少
突起部位名稱	小結節、大結節	小轉子、大轉子

- 相較於髖關節，**肩關節的臼窩比較淺，無法完全包覆肱骨頭**。
- 由於肱骨頸後傾，**肩關節容易向前方脫臼**。

column

● 星際大戰的名搭檔

星際大戰是一部描寫天行者家族的親情與失去的悲壯鉅作，其中有2具我最喜歡的機器人，C-3PO和RD-D2（大家可以上網搜尋一下）。每次看到這對名搭檔，我都會仔細觀察**C-3PO的股骨和R2-D2的肱骨**。

如本章節所述，這2塊骨骼的功能極為相似，但肱骨比股骨短，而且肱骨頭形狀沒有凹凸起伏，肱骨頸所在位置也不明顯。手術中，必須透過找出與軟骨的交界部位才能確認肱骨頸的位置。在R2-D2身上同樣無法清楚判定肱骨頸位置，但只要肱骨頭一轉動，便能知道肱骨頸的所在地。

「凡事都和骨頭扯上關係」這應該是骨科醫師的職業病吧？

黏連性肩關節囊炎與旋轉肌袖破裂 總整理

● 黏連性肩關節囊炎與旋轉肌袖破裂之間的差異

- 操作日常生活中洗臉、洗頭、晾衣服等不可或缺的動作時，肩關節的旋轉肌袖必須在肩峰與肱骨頭之間的狹窄空間裡來回移動。
- 黏連性肩關節囊炎俗稱**五十肩**，名稱裡加入年紀是為了讓大家知道隨著年齡增長，發炎現象可能發生在任何人身上。實際上，一旦年過40歲，任何人都可能發生旋轉肌袖退化的問題。
- **單純發炎的黏連性肩關節囊炎，只要治好發炎現象**⇒功能恢復正常。
- **病程進展至斷裂的旋轉肌袖破裂**⇒需要手術治療。

● 黏連性肩關節囊炎 **肩峰下滑液囊、肱二頭肌肌腱長頭、關節囊、旋轉肌袖等部位發炎**

原因

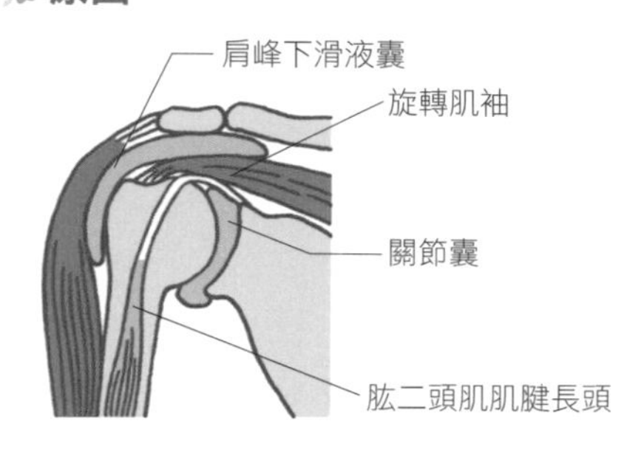

症狀

運動痛
活動肩膀時疼痛（尤其扭轉動作）。

夜間痛
痛到睡不著。

上提障礙
因疼痛而無法抬起手臂。

診察

60度～120度的上提範圍內最痛！

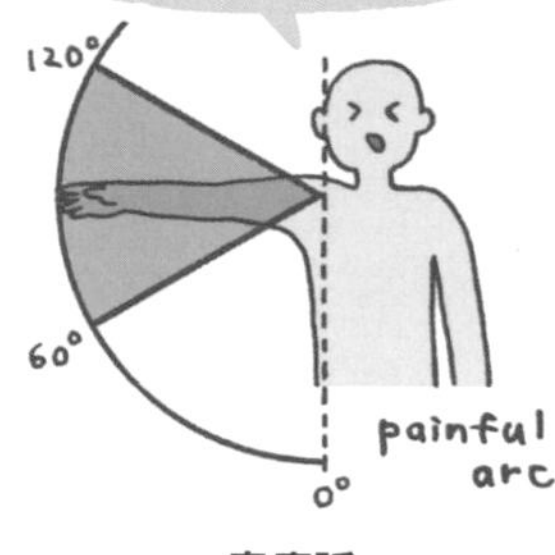

疼痛弧

- 肩關節外展60～120度時，肱骨頭－肩峰之間變狹窄。
- 棘上肌、肩峰下滑液囊發炎時，在這個角度下因受到壓迫而產生疼痛。
- 這個現象稱為疼痛弧（painful arc sign）。

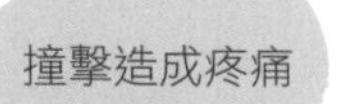

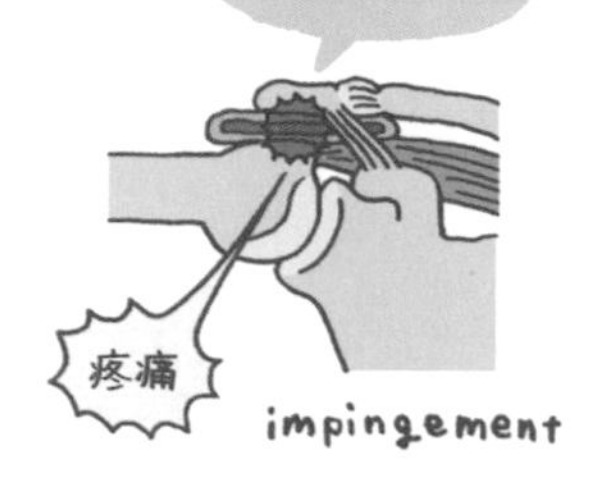

夾擊症候群

- 組織因撞擊而產生疼痛的夾擊症候群。
- impingement是衝擊的意思。

治療　保守治療為主

裝具治療

藥物注射

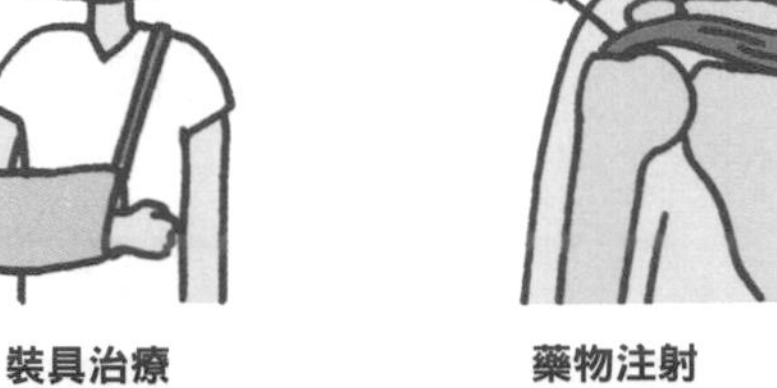

柯門氏鐘擺運動
手持啞鈴並像鐘擺般慢慢搖晃。

旋轉肌袖破裂

- 旋轉肌袖破裂造成肌肉失去功能。
- 不同於黏連性肩關節囊炎，旋轉肌袖破裂時，手臂完全無法向上提起。

原因

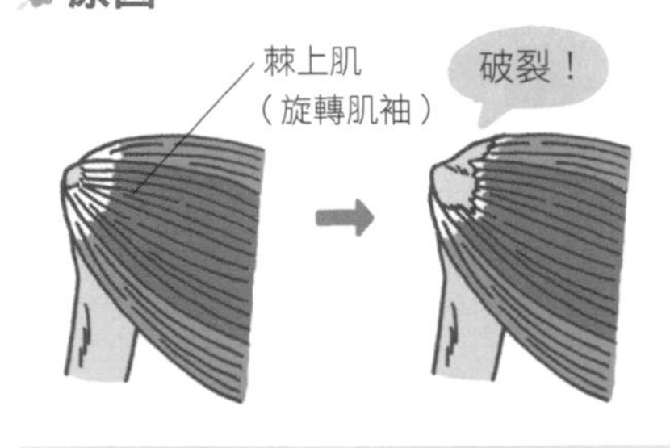

- 年過40歲，旋轉肌袖開始退化。
- 破裂原因**幾乎是外傷**。
- 一旦旋轉肌袖退化，跌倒等輕微外傷就可能造成破裂。

症狀

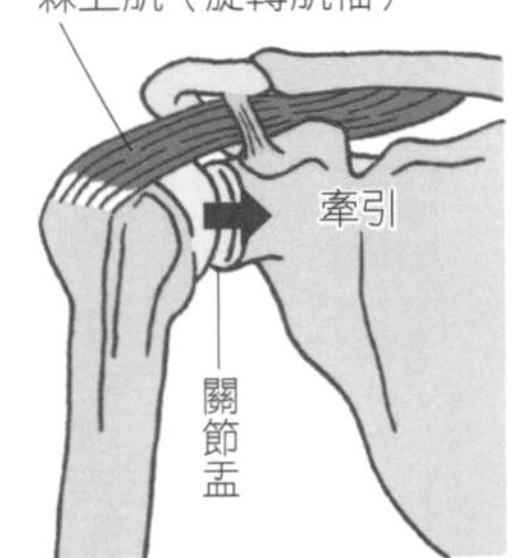

一旦旋轉肌袖完全斷裂，由於無法將肱骨頭牽引至關節盂，導致盂肱關節漸漸無法做出上提動作。

診察　垂臂測試

- 無法維持外展90度的姿勢。
- 輔助者一放開手，受試者手臂立刻下垂。

治療　以手術治療為主

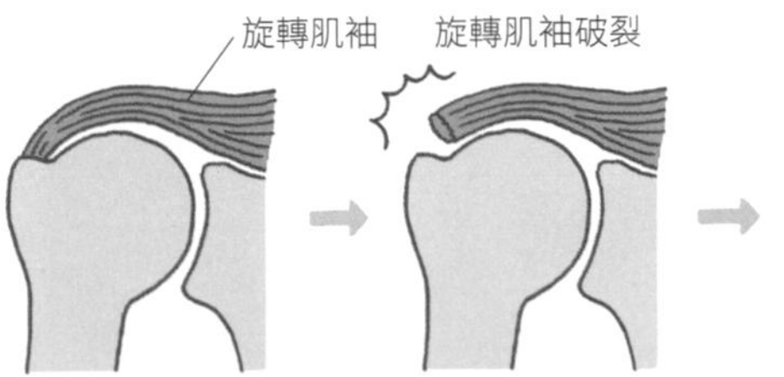

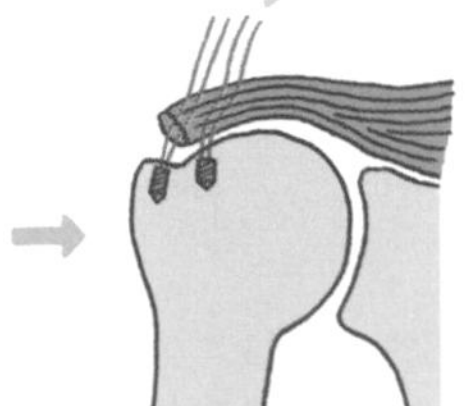

旋轉肌袖縫合術
將破裂的旋轉肌袖縫合至肱骨頭上的手術。

肩關節脫臼

初次、反覆性、肩鎖關節

肩關節脫臼　初次脫臼

原因

發生於橄欖球等經常與對手發生肢體接觸的運動中！

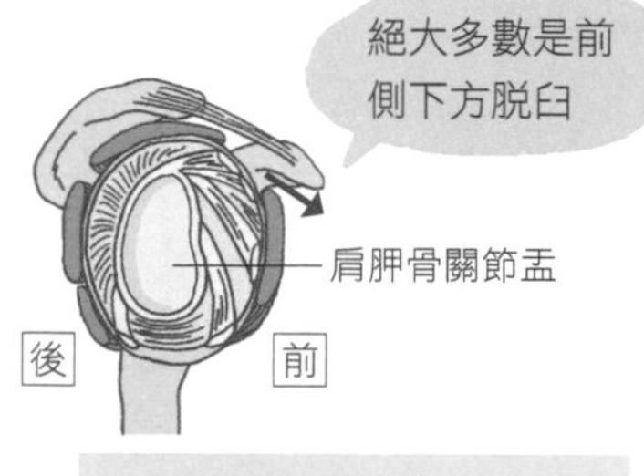

肩胛骨關節盂比較淺，容易脫臼。

從頭側看到的右肩脫臼。

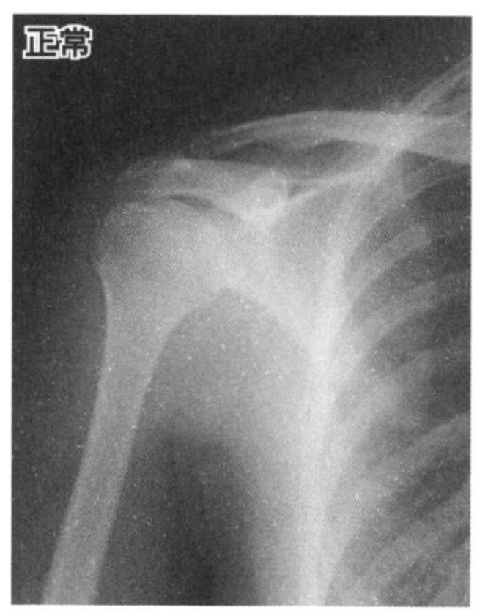

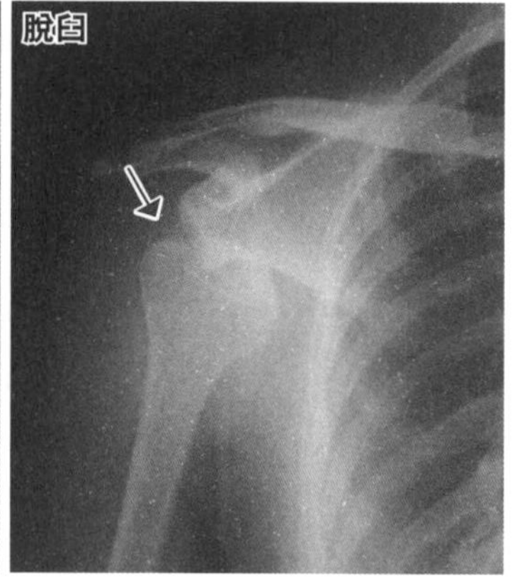

X光片

請大家熟記這2種損傷

- 脫臼是肱骨頭和臼窩發生撞擊所產生的損傷。
- 肱骨頭和臼窩彼此互相傷害，各有各的損傷名稱。
- **肩關節盂唇撕裂⇒班卡氏病變**（Bankart lesion）
- **肱骨頭凹陷骨折⇒希爾沙克病變**（Hill-sachs lesion）

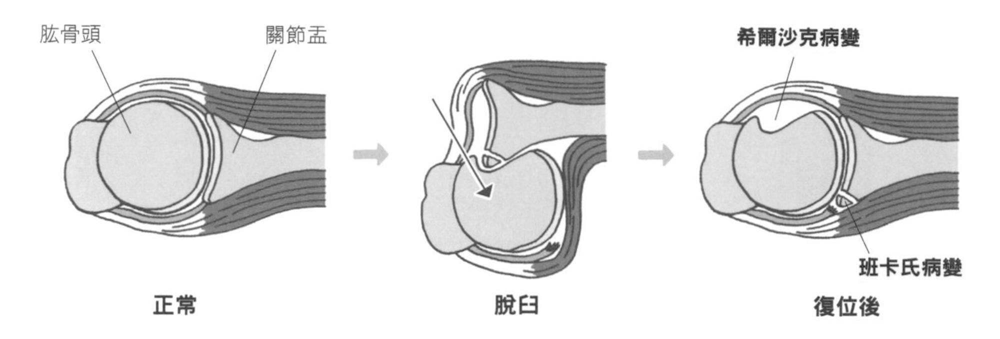

治療　牽引復位是大原則

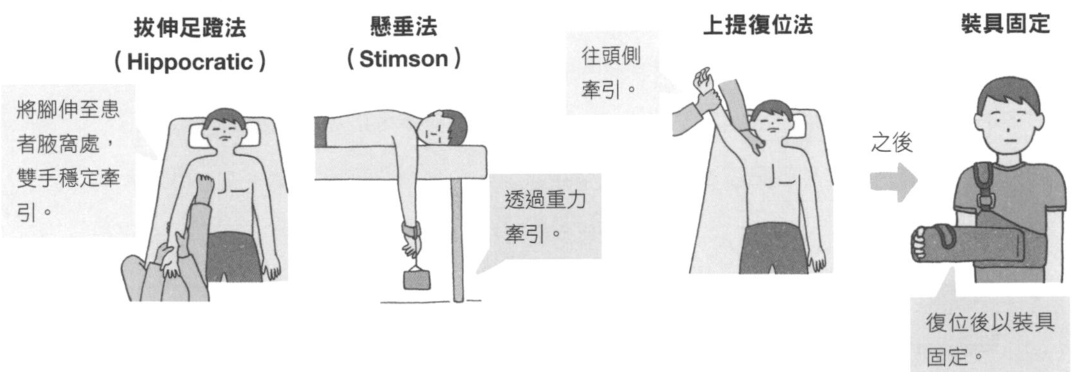
拔伸足蹬法
(Hippocratic)
將腳伸至患者腋窩處，雙手穩定牽引。
懸垂法
(Stimson)
透過重力牽引。
往頭側牽引。
上提復位法
之後
裝具固定
復位後以裝具固定。

反覆性肩關節脫臼　重覆脫臼

- 第一次肩關節脫臼發生在年紀較小的情況下，容易演變成反覆性肩關節脫臼。
- 10多歲發生第一次肩關節脫臼的人，有80～90%的機率會再復發，進而演變成反覆性脫臼。

治療

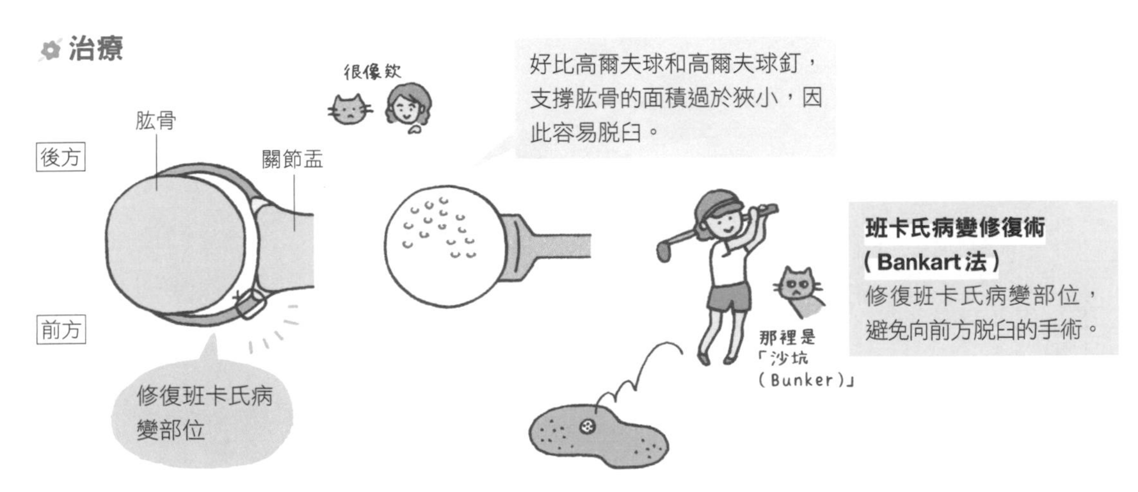
很像欸
好比高爾夫球和高爾夫球釘，支撐肱骨的面積過於狹小，因此容易脫臼。
肱骨
後方
關節盂
前方
修復班卡氏病變部位
那裡是「沙坑(Bunker)」

班卡氏病變修復術（Bankart法）
修復班卡氏病變部位，避免向前方脫臼的手術。

肩鎖關節脫臼　連結肩峰與鎖骨的韌帶斷裂，導致鎖骨脫臼

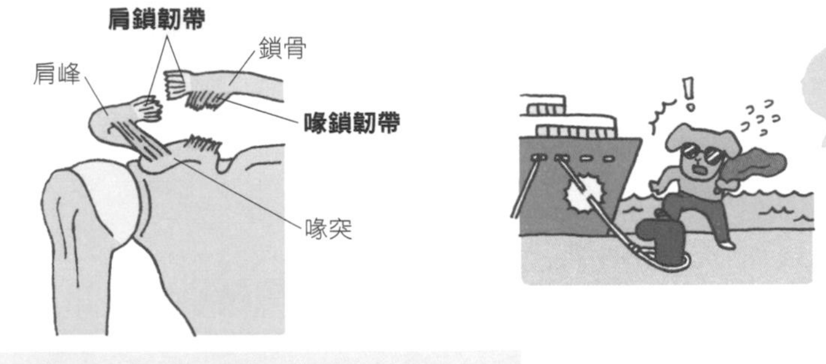
肩鎖韌帶
鎖骨
肩峰
喙鎖韌帶
喙突
像是繫纜樁的繩索斷裂，船隻因此漂流移動

肩鎖韌帶、喙鎖韌帶斷裂，導致鎖骨脫臼。

治療

- 年紀輕且重度脫臼，可能需要進行復位後以骨板固定的手術。

舉手擊掌是危險動作

1989年，設籍於日本職棒歐力士勇士隊（當時）的門田博光，在一記全壘打後，回到休息區開心地與隊友格雷格・威爾斯**舉手擊掌，沒想到肩關節竟然脫臼了**。沒有抓對時機的舉手擊掌會造成肩關節脫臼，這是全國所有棒球少年都有所耳聞的大事件。5年前，門田再次因為全壘打後的舉手擊掌而肩關節脫臼，雖然治療後恢復到能再次擊出全壘打的狀態，但**肩關節再次脫臼**著實讓骨科醫師深刻體認脫臼治療是一件多麼困難的事。

過度施加力量於舉手擊掌（外展、外轉）的方向，導致肱骨頭向前方脫臼。

門田博光

曾活躍於南海鷹、大榮鷹、歐力士勇士隊的前職業棒球選手。即便年過40歲，依舊持續敲出全壘打，生涯全壘打數・生涯打點數都名列歷代成績的第三名。

肘關節解剖

由3塊骨骼和3個關節構成

● 肘關節構造

- 骨骼：**肱骨**、**尺骨**、**橈骨**。
- 關節：**肱尺關節**、**肱橈關節**、**橈尺關節**。

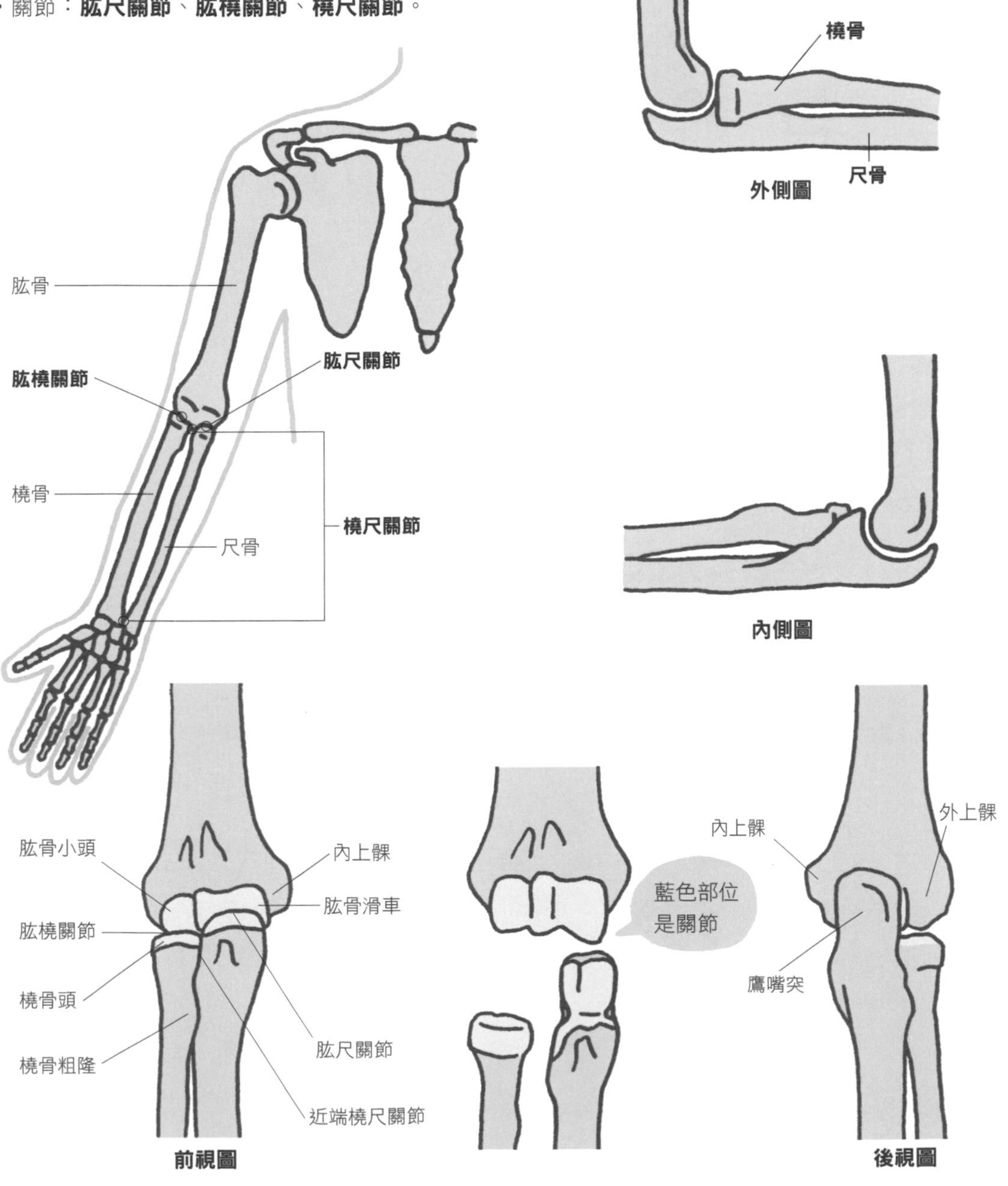

肘關節的肌肉

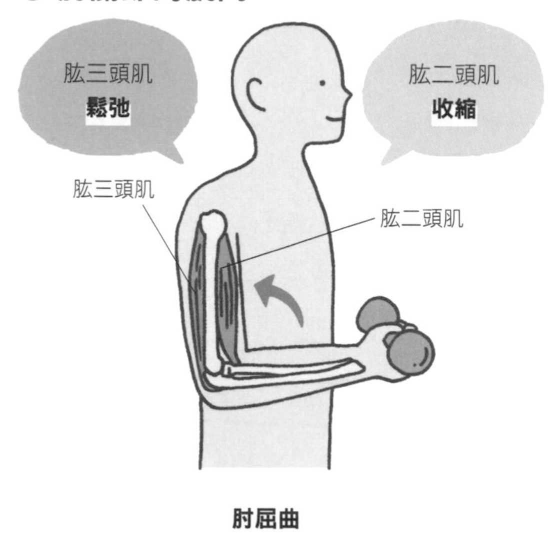

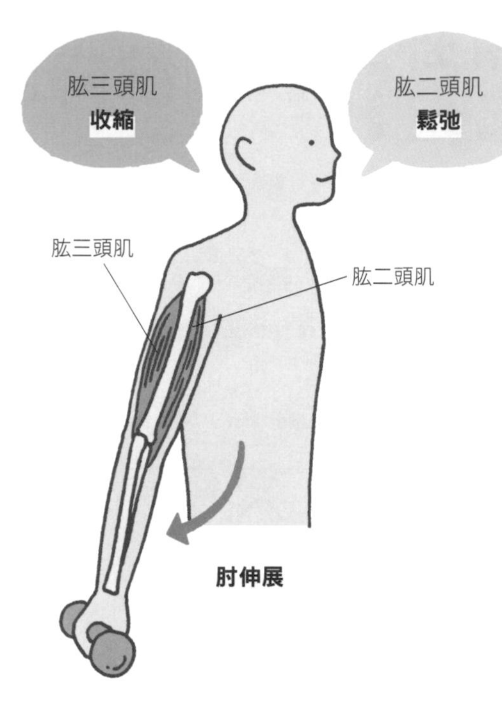

橈骨頭與近端橈尺關節

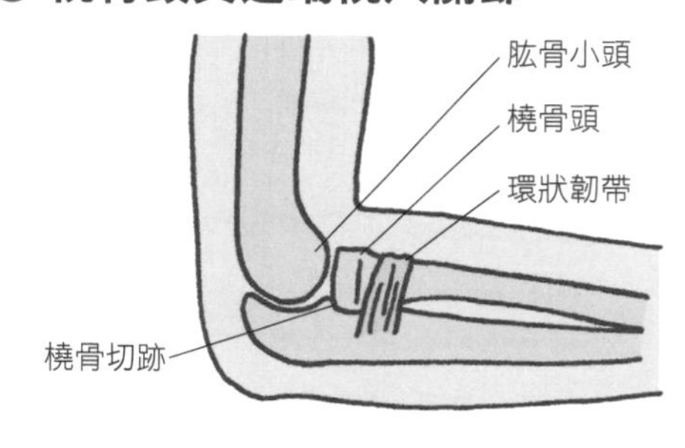

橈骨頭經環狀韌帶固定於尺骨的橈骨切跡上。

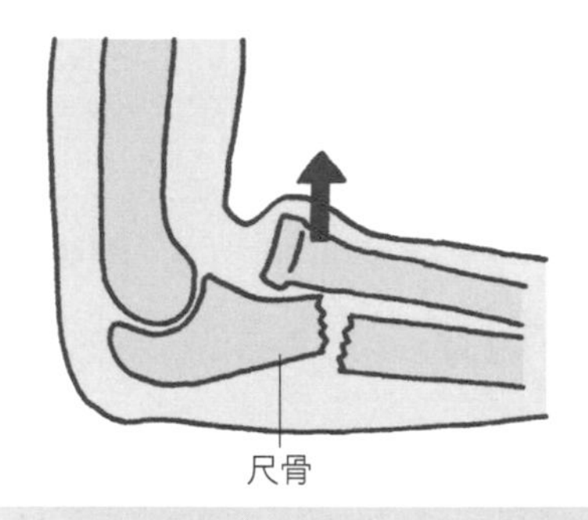

橈骨緊鄰尺骨，尺骨骨折容易造成橈骨頭脫臼（**孟氏骨折**）。

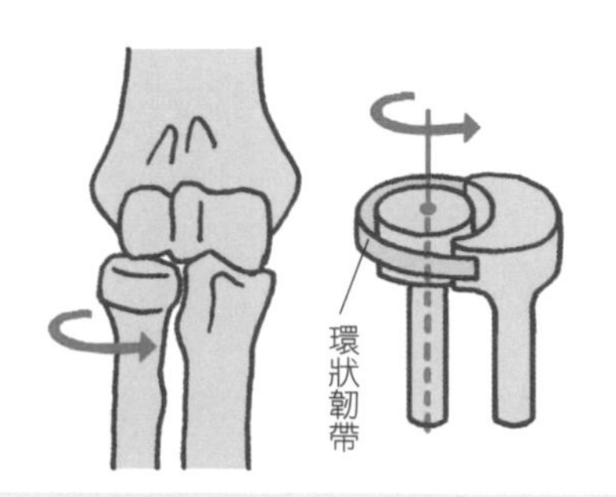

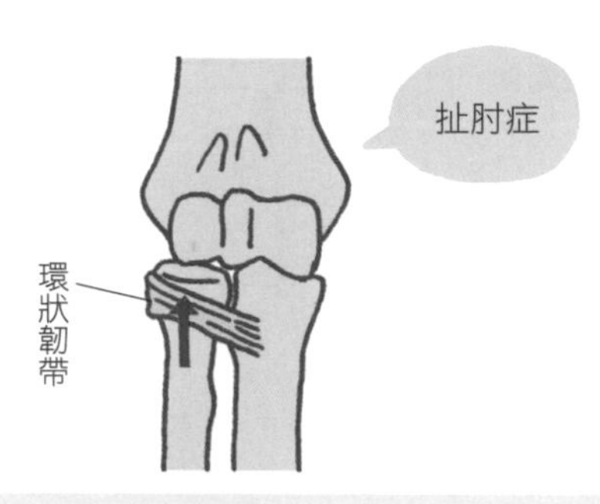

- 近端橈尺關節屬於**車軸關節**，像皮帶般由環狀韌帶固定。
- 橈骨可以進行旋轉運動，但兒童經常發生輪狀韌帶脫離原本位置的**扯肘症**。

手肘功能 **彎曲、伸展、旋轉手臂**

- 肘關節同時存在**樞鈕關節**和**車軸關節**兩種構造截然不同的關節。
- 因此手掌能夠朝各個方向轉動。

肘屈曲・伸展

- 屈曲為肱尺關節運動。

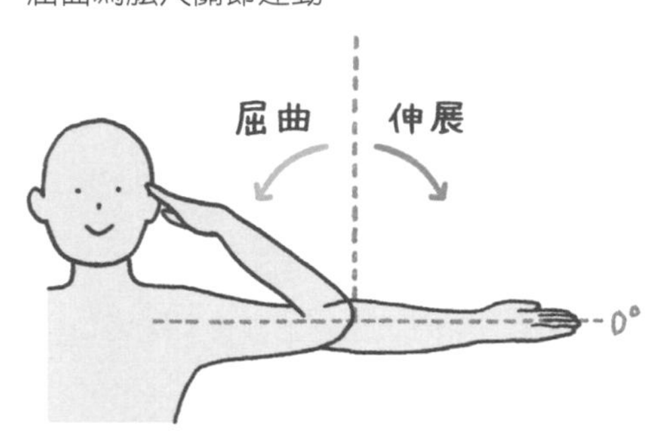

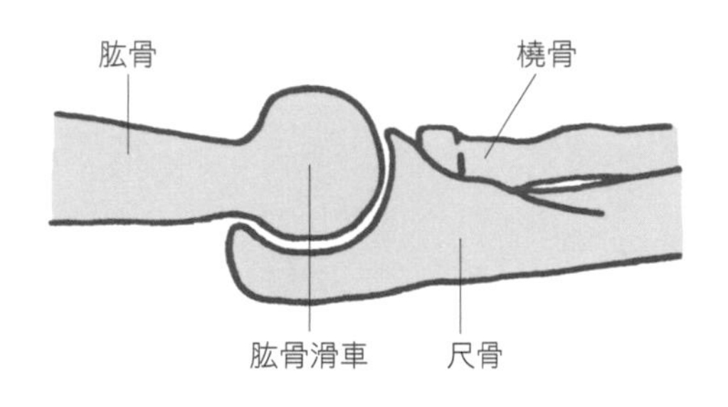

尺骨於滑車部位與肱骨深深咬合（**樞鈕關節**）。

前臂的旋前・旋後

- 旋前、旋後為橈尺關節運動。
- 橈骨在尺骨周圍進行旋轉運動（**車軸關節**）。

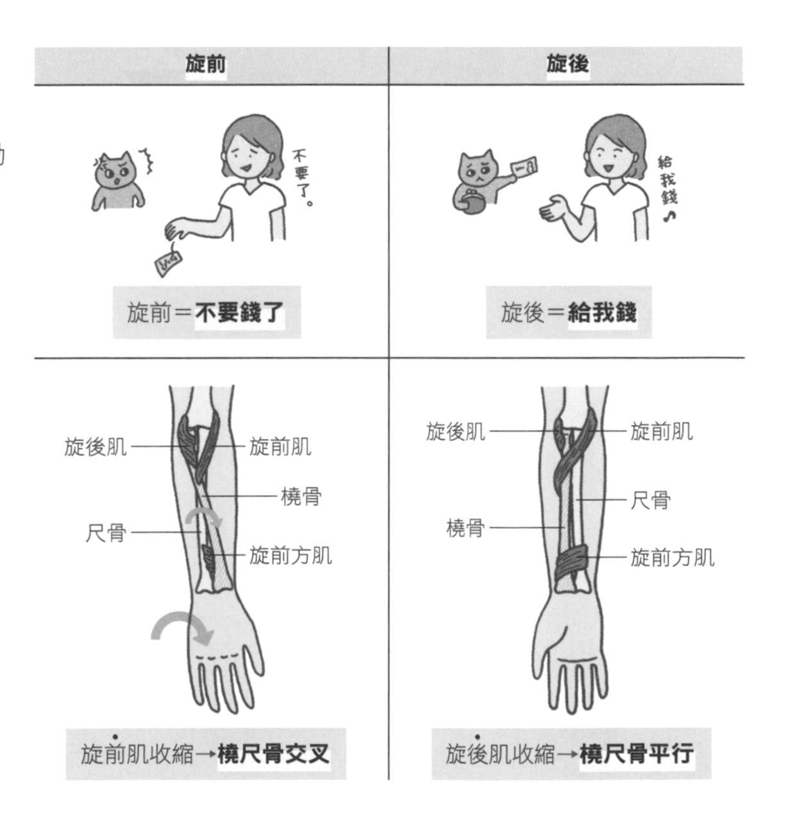

搜集彙整熟記！

3 投手肘・網球肘・高爾夫球肘 總整理

● 運動與手肘之間的關係

・投擲或旋轉擺動的運動容易對手肘造成極大負擔。
・手肘運動傷害多半因為關節受力過大（投手肘）、肌肉遭到拉扯（網球肘、高爾夫球肘）等情況造成。
・運動傷害發生率較低的選手，應該都各有一套不會讓負荷集中在某些特定組織的慣用姿勢。

● 投手肘 **內側副韌帶損傷、內上髁骨骺損傷、肱骨小頭剝離性軟骨炎**

原因

不正確投球姿勢或投球次數過量帶給手肘過大負擔。

病狀

拉扯手肘內側

手肘可以像鞭子一樣彎曲，因此能夠投出快速球（直球），但也容易對**肘關節內外側**造成極大負荷。

● 網球肘 **肱骨外上髁炎**

原因

反拍擊球時，過度使用**作用於手腕背屈的肌肉**（橈側伸腕肌、伸指總肌）。

病狀

背屈腕關節的肌肉

肌肉收縮對附著於骨骼的部位施加拉扯力，進而引起發炎。

● 高爾夫球肘 **肱骨內上髁炎**

原因

・揮桿時過度使用**作用於手腕掌屈的肌肉**（橈側屈腕肌、旋前圓肌）。
・也容易發生在網球正拍擊球時。

病狀

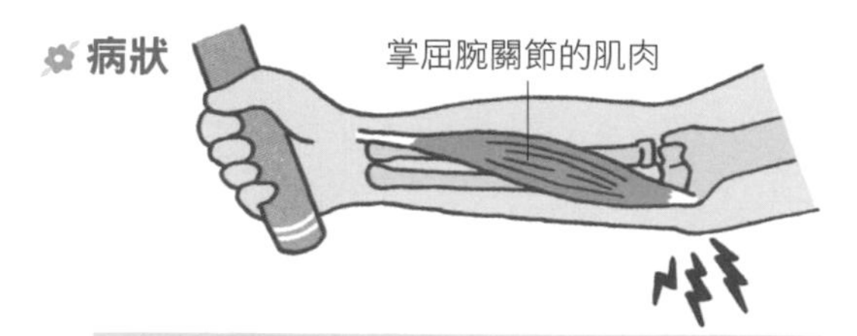

肌肉收縮對附著於骨骼的部位施加拉扯力，進而引起發炎。

● 比較投手肘・網球肘・高爾夫球肘

俗稱	投手肘	網球肘	高爾夫球肘
定義	・反覆投球動作造成手肘疼痛的總稱	・作用於手腕背屈的肌肉附著部位發炎	・作用於手腕掌屈的肌肉附著部位發炎
損傷位置	・內外側	・外側	・內側
疾病正式名稱	・內側副韌帶損傷 ・內上髁骨骺損傷 ・肱骨小頭剝離性軟骨炎	・肱骨外上髁炎	・肱骨內上髁炎

● 治療（3種疾病的共通治療方法）

從發生病例數來看，可以得知投手的手肘承受多麼大的負荷

・主要進行保守治療。

暫停練習，讓手肘好好休息。

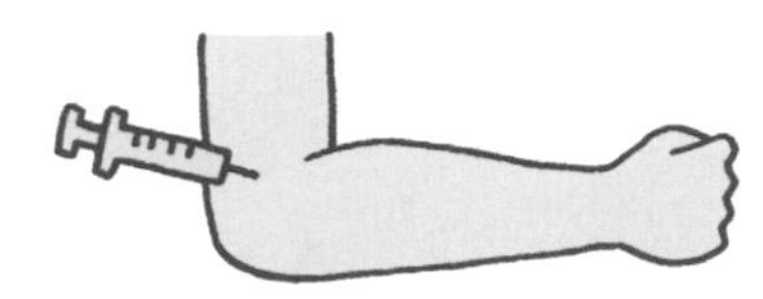

局部注射麻藥或類固醇消炎藥。

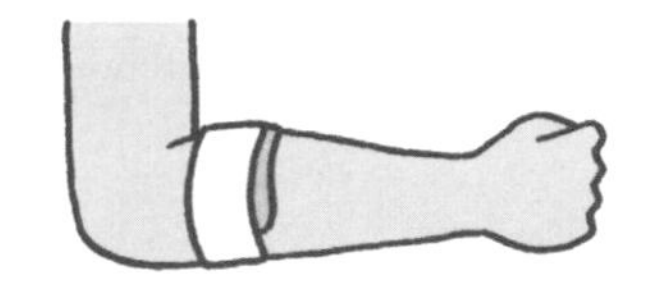

在肌肉上綁加壓帶，避免拉扯力施加於骨骼上。

● 預防投手肘

・美國大聯盟的投手於比賽過後通常會休息4天，或者一場比賽中不會投球超過100次。

・日本高中棒球隊，投球數隨比賽進展逐漸累加，比賽間隔也會變短。

並非肩膀嚴重受傷

指導投球姿勢。

限制投球數。

伸肌的伸展訓練

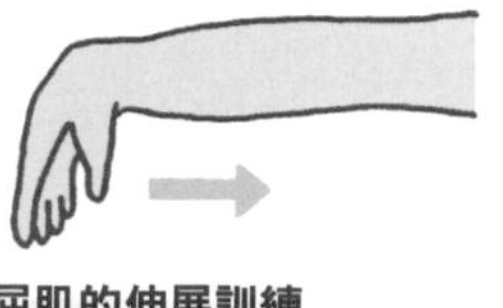

屈肌的伸展訓練

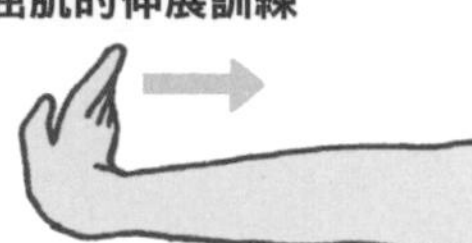

・投球後的冰敷。
・促使血管收縮，預防腫脹。

扯肘症

好發於兒童

受傷機轉

環狀韌帶

・手突然遭到拉扯，橈骨頭暫時性向遠端移動。
・橈骨雖然立刻復位，但沒有及時處理環狀韌帶，可能造成**環狀韌帶因脫離原位而卡進關節內**。

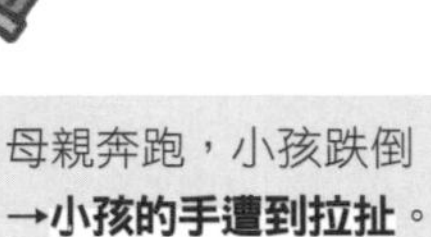

母親奔跑，小孩跌倒
→**小孩的手遭到拉扯**。

症狀

無法抬起手→
以為「肩膀脫臼」而就醫。

診察

觸碰肩膀時不會痛

觸碰手肘時非常痛！

觸診確認鎖骨、肩膀、腕關節有沒有問題。

可能骨折了…

如果有手肘腫脹或跌倒、撞擊等受傷機轉，疑似骨折，應該進行X光攝影檢查。

● 徒手復位順序　將橈骨頭扭轉至韌帶裡！

徒手復位時的各組織狀態
①拇指抵住橈骨頭
以拇指固定環狀韌帶
環狀韌帶
②前臂旋後的同時慢慢彎曲肘關節
橈骨頭旋轉並扭進環狀韌帶中
復位！
萬歲！
萬歲！
呼！

10分鐘後，小孩像什麼事都沒發生般地高舉雙手說萬歲。

● 好發於兒童的理由

- 兒童的橈骨頭尚未發育完全，再加上環狀韌帶的強度不夠，因此容易發生半脫位。

column

俗稱與正式名稱

與患者溝通時經常出現的俗稱

俗稱	正式疾病名稱
網球肘	肱骨外上髁炎
猴臂	肘外翻
高爾夫球肘	肱骨內上髁炎
投手肘	肱骨小頭剝離性軟骨炎
四十肩、五十肩	黏連性肩關節囊炎
肩膀僵硬	頸肩腕症候群
車禍後頸部疼痛症候群	頸部揮鞭症
落枕	急性痛性斜頸症
閃到腰	急性下背痛
扳機指	彈弓手，手指屈肌腱狹窄性肌腱鞘炎

俗稱	正式疾病名稱
老人膝	退化性膝關節炎
脛前痛	脛骨內側壓力症候群
跑者膝	髂脛束摩擦症候群
跳躍膝	髕骨肌腱炎
拉傷	肌肉斷裂
扭傷	韌帶挫傷
厚繭	雞眼
褥瘡	壓瘡
瘀青	皮下血腫
骨科學教室	醫牙藥學綜合研究科生物機能再生・再建學講座

有時候護理師必須擔任醫師與患者之間的溝通橋樑

醫護與患者溝通時，經常會使用俗稱。像是頸部揮鞭症，通常會以後方追撞造成頸部疼痛的「車禍後頸部疼痛症候群」說法來表達，清楚描述病症且易於患者理解。

column

沒有骨科醫療劇嗎？

我前陣子在電視節目中看到一則報導，沒想到「看了怪衣黑傑克後，選擇成為一名外科醫師」的人竟然比我想像中來得多。這是一位畢業於大阪大學的醫師兼漫畫家手塚治虫的代表作品。作品中的天才外科醫師雖然沒有醫師執照，但每一次都以令人難以置信的高超技術拯救患者性命。

成為骨科醫師後，我再次拿出國中時購買的單行本漫畫重新溫習，我發現裡面幾乎沒有骨科相關疾病的患者。登場的盡是些罹患心臟疾病、腦腫瘤或被炸彈波及而渾身是傷的患者。偶爾有復位內固定的手術畫面，但終究只是附帶的手術。

現實生活中，醫院裡一名多處創傷的患者被送到急診室時，骨科醫師也會收到緊急呼叫而前往支援，但診察時的順序多半是麻醉科→腦神經外科→胸腹部外科→骨科。

「不想直接面對患者的死亡」這是我選擇骨科的理由之一，事實證明我的選擇並沒有錯。

心臟血管外科、婦產科等絕對是醫療劇的首選，從骨科獨立出來的整形外科也因為偶爾必須幫犯行後的嫌犯整容，在懸疑推理劇中也占有一席不容小覷的地位。

我還記得1990年有一部電影《向醫院前行》，女主角藥師丸博子飾演一名不會拔點滴的菜鳥骨科實習醫師，一場為真田廣之進行脛骨復位內固定的手術中，她興致勃勃地緊盯著不停旋轉的髓內釘電鑽，那個畫面讓我笑到停不下來。

成為一名骨科醫師後，我沒有絲毫後悔與遺憾，只是對相較於其他外科醫師，骨科醫師出現在媒體上的機會少之又少，這一點令我稍嫌不滿。

手部解剖 骨密集區

● 構成手部的骨骼

・手部骨骼由長骨（指骨、掌骨）和不規則骨（腕骨），共27塊骨骼構成。

・全身的26%骨骼全集中在雙手（54/206塊）。

● 指骨・掌骨

・指骨由**遠端指骨、中間指骨、近端指骨**3塊骨骼構成。

・僅拇指沒有中間指骨（由2塊骨骼構成）。

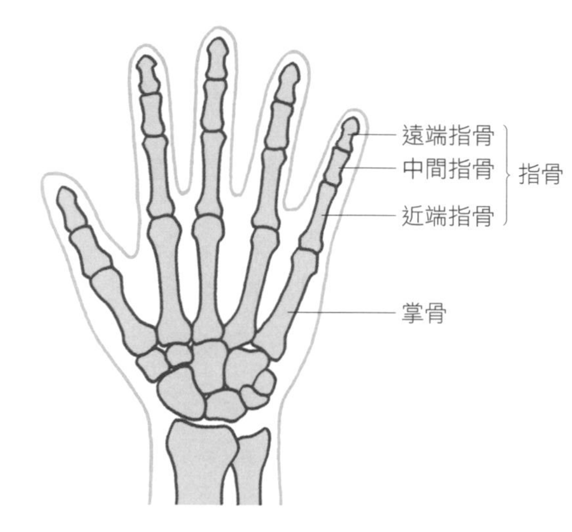

● 腕骨

8塊粒狀骨骼擠在一起。像鐵盒綜合餅乾一樣，每一塊的形狀都不盡相同

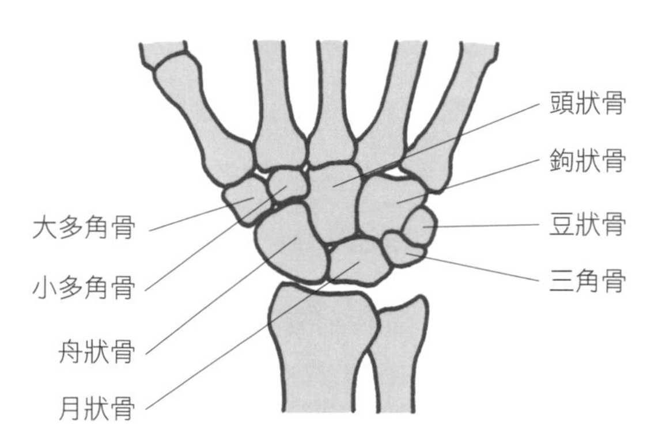

熟記腕骨的方式

※以下諧音記憶法是根據日文發音所構思的，不適用於中文。

・從豆狀骨開始，依順時針方向記憶

「爸爸先生的月收，大小都有，都能夠有效活用」

爸爸→豆狀骨		**大**	→大多角骨
先生→三角骨		**小**	→小多角骨
月	→月狀骨	**有**	→頭狀骨
收	→舟狀骨	**有效**→鉤狀骨	

③
大多角骨 ← 大
小多角骨 ← 小
頭狀骨 ← 都有

②
月狀骨 ← 月
舟狀骨 ← 收

④ 有效活用 → 鉤狀骨

① 爸爸先生的 → 豆狀骨 → 三角骨

手指名稱

第1指＝拇指
第2指＝食指（指方向的手指）
第3指＝中指（位於正中間的手指）
第4指＝無名指（戴戒指的手指）
第5指＝小指

手部關節

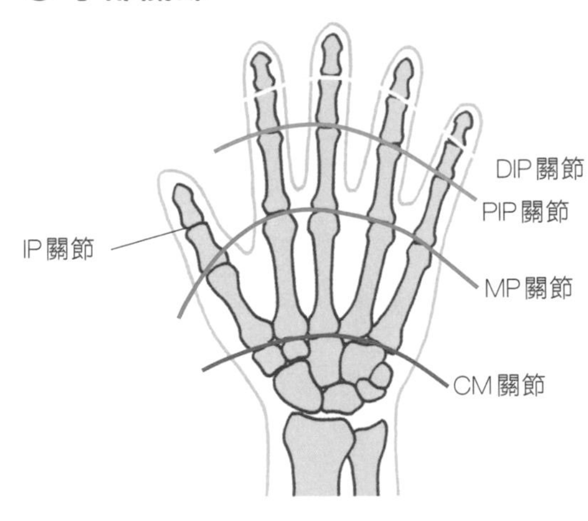

手指的第1關節為**DIP**，第2關節為**PIP**，第3關節為**MP**。

熟記方式

・由指尖往手腕方向依序為
「DA PUMP的CM」

※「DA PAMP」為日本的唱跳團體，「CM」為廣告之意。

D（IP）關節
P（IP）關節
MP 關節
CM 關節

英文名稱與簡稱

表示位置的英語

・遠端＝Distal
・中間＝Middle
・近端＝Proximal

DIP是Distal Inter Phalanx
位於遠端（D）指骨（P）之間（I）的關節。

骨骼英文名稱

・指骨＝Phalanx
・掌骨＝Metacarpal
・腕骨＝Carpus

MP是Metacarpal Phalanx
掌骨（M）與指骨（P）之間的關節。

接頭詞的英文

・～之間＝Inter

國（Nation）與國之間（Inter）
Inter-national代表國際的意思。

手部神經

控制做出細微動作的神經

● 3條重要神經

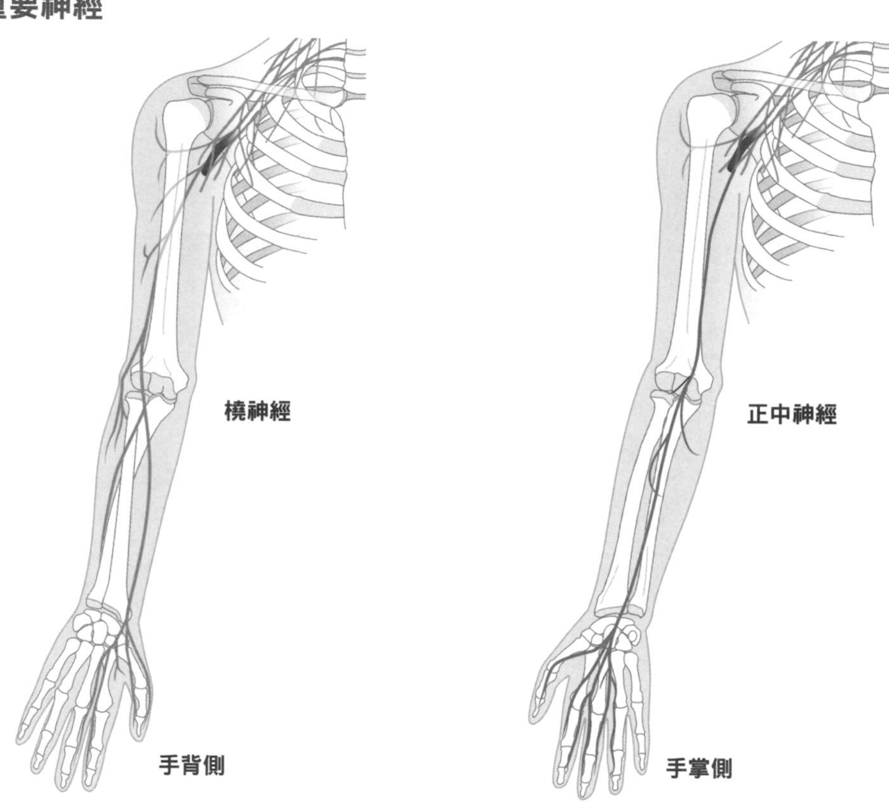

以室外掃帚來比喻…

從概略圖像中可以得知

橈神經麻痺的程度因受損部位是上臂或前臂而有所不同

- 橈神經麻痺好比手掃帚，若是前臂以上的部位受損，神經麻痺範圍非常廣泛；若是前臂部位受損，麻痺範圍會縮小。

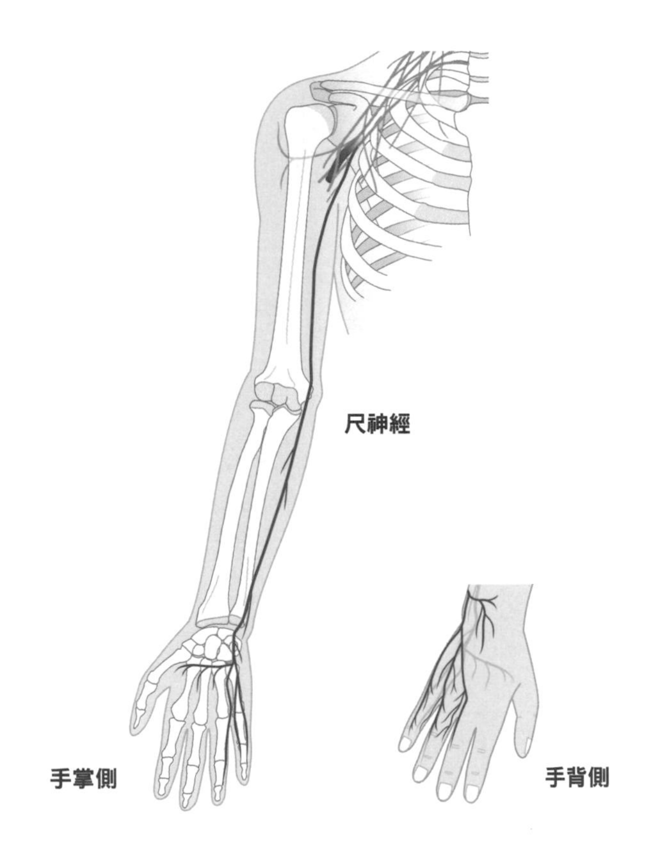

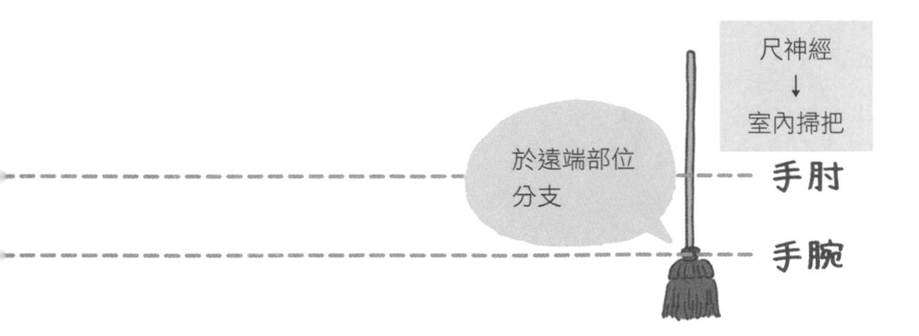

尺神經麻痺好比室內掃把，受損部位無論是手肘或手腕，麻痺形式都相同

・肘隧道症候群（尺神經麻痺）和手腕的蓋氏管道症候群（尺神經低位麻痺）中，出現麻痺現象的肌肉幾乎都相同➔ p.111。

● 手部周邊神經麻痺 比較圖

・診斷手部周邊神經病變時，需要進行①**外觀檢查**、②**感覺確認**、③**運動確認**。

①外觀檢查

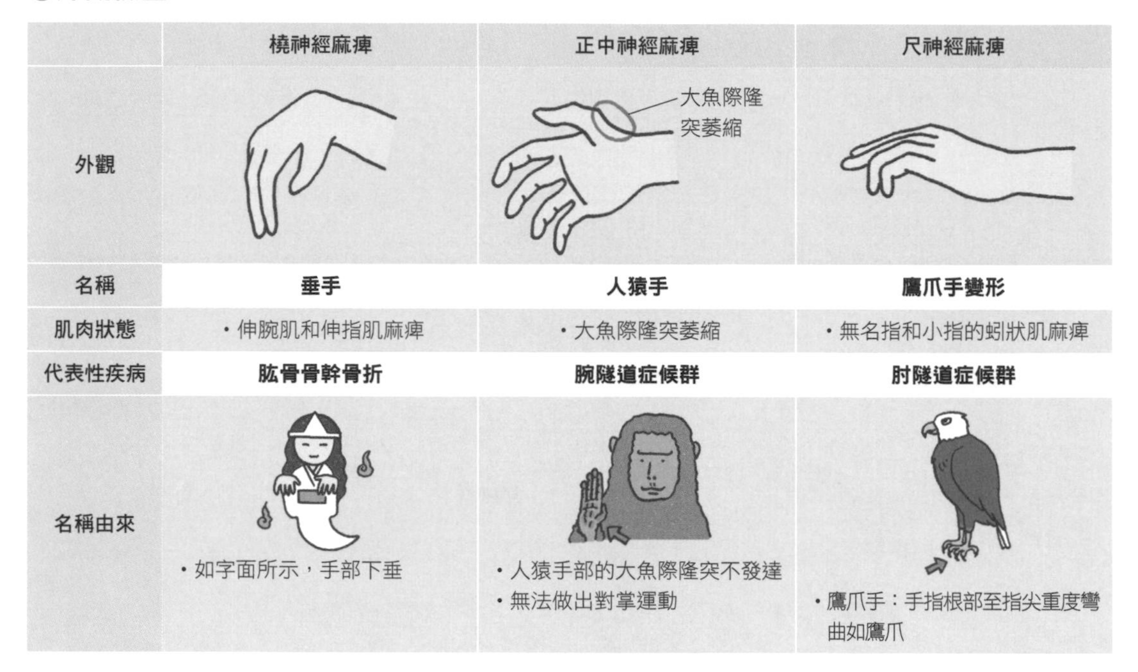

	橈神經麻痺	正中神經麻痺	尺神經麻痺
外觀		大魚際隆突萎縮	
名稱	**垂手**	**人猿手**	**鷹爪手變形**
肌肉狀態	・伸腕肌和伸指肌麻痺	・大魚際隆突萎縮	・無名指和小指的蚓狀肌麻痺
代表性疾病	**肱骨骨幹骨折**	**腕隧道症候群**	**肘隧道症候群**
名稱由來	・如字面所示，手部下垂	・人猿手部的大魚際隆突不發達 ・無法做出對掌運動	・鷹爪手：手指根部至指尖重度彎曲如鷹爪

②感覺確認

・支配範圍內的感覺異常。

・尺神經支配小指側。拇指側的手背部分由橈神經支配，手掌部分由正中神經支配。

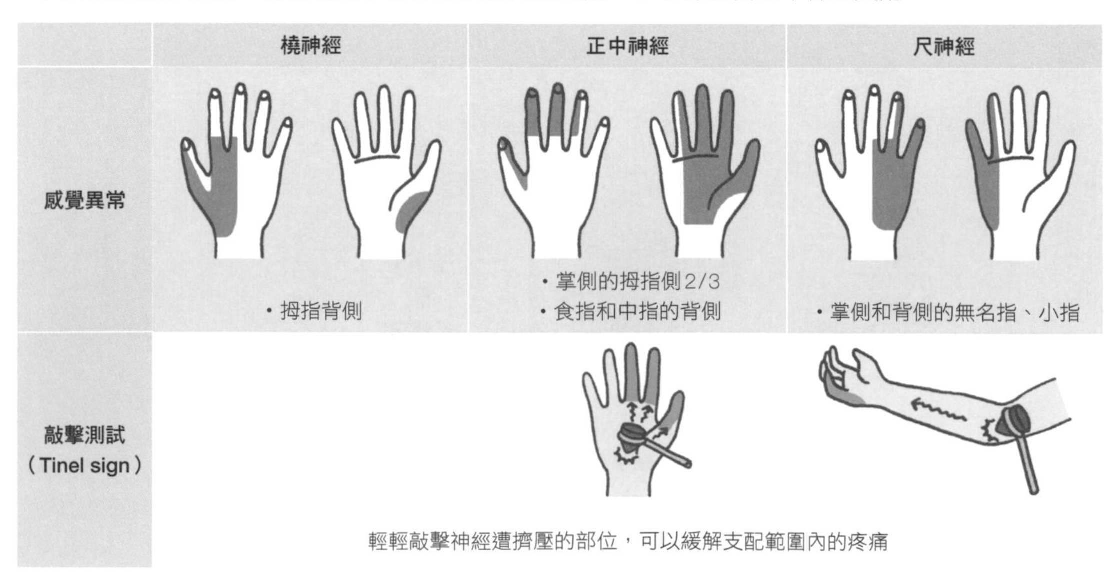

	橈神經	正中神經	尺神經
感覺異常	・拇指背側	・掌側的拇指側2/3 ・食指和中指的背側	・掌側和背側的無名指、小指
敲擊測試（Tinel sign）	輕輕敲擊神經遭擠壓的部位，可以緩解支配範圍內的疼痛		

③運動確認

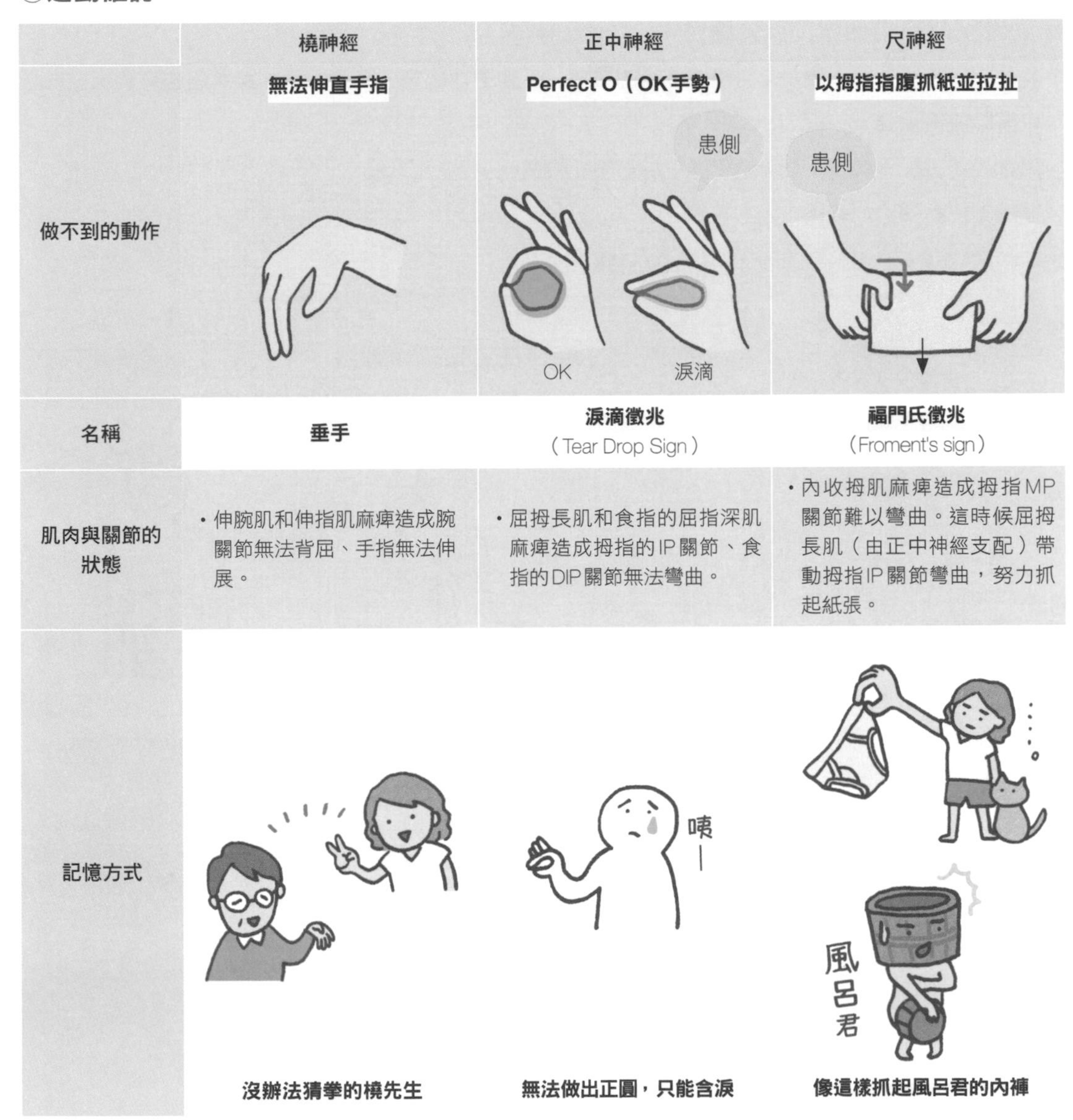

	橈神經	正中神經	尺神經
做不到的動作	無法伸直手指	Perfect O（OK手勢）	以拇指指腹抓紙並拉扯
名稱	垂手	淚滴徵兆（Tear Drop Sign）	福門氏徵兆（Froment's sign）
肌肉與關節的狀態	・伸腕肌和伸指肌麻痺造成腕關節無法背屈、手指無法伸展。	・屈拇長肌和食指的屈指深肌麻痺造成拇指的IP關節、食指的DIP關節無法彎曲。	・內收拇肌麻痺造成拇指MP關節難以彎曲。這時候屈拇長肌（由正中神經支配）帶動拇指IP關節彎曲，努力抓起紙張。
記憶方式	沒辦法猜拳的橈先生	無法做出正圓，只能含淚	像這樣抓起風呂君的內褲

● 需要進行鑑別的感覺障礙

問題可能來自頸椎的感覺障礙

- 骨科領域的感覺障礙**幾乎來自周邊神經的壓迫**。但**腦子裡必須先有個概念，即問題也可能出在靠近中樞神經的頸椎**。
- 相比於周邊神經病變，頸神經根的支配範圍比較長。
- 出現和皮節一致的感覺障礙。
- 活動頸椎時，產生朝手部蔓延的**放射狀疼痛**。

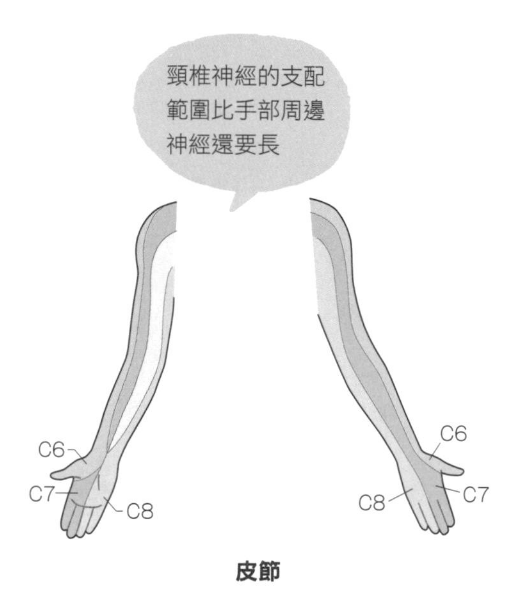
頸椎神經的支配範圍比手部周邊神經還要長
C6
C7
C8
C6
C8
C7

皮節

頸椎退化的診斷法

使頭部後屈並壓迫

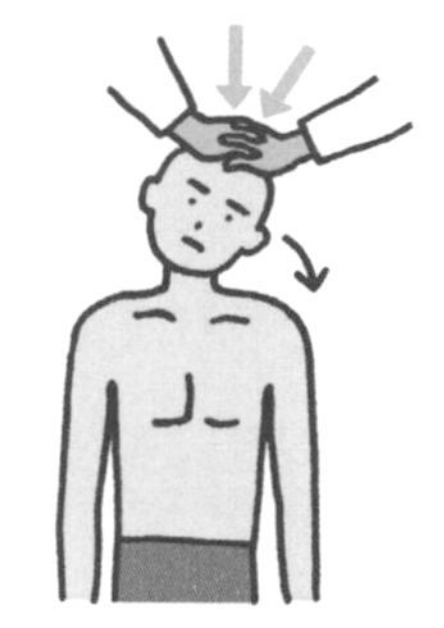

使頭部往患肢方向側屈並壓迫

（壓頂測試Spurring test）

- 壓迫頭頂時，頸神經根出口變狹窄。
- 若患肢出現放射狀疼痛，推測可能是頸神經根受到刺激，疑似頸椎病變。

問題可能出自骨科以外的領域

- 骨科以外的領域也可能造成感覺障礙。
- 代謝疾病或血管疾病等情況，由於神經和血管較為細小的部分容易受損，末梢全區的左右兩側經常出現感覺障礙（**套襪分布型感覺障礙**）。
- **周邊神經被壓迫的情況下，不常出現左右對稱的感覺障礙**。

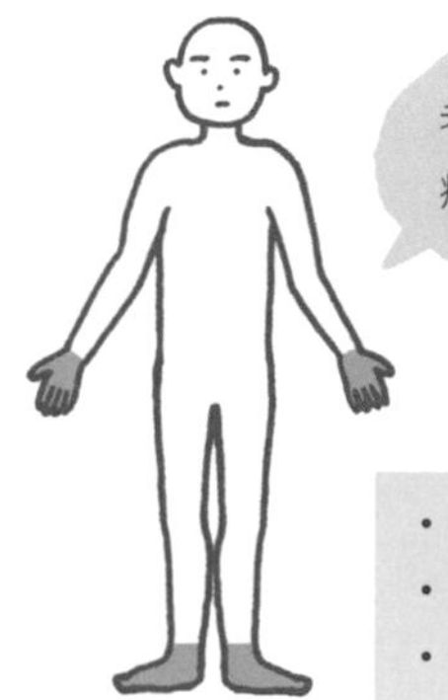
考慮全身性的疾病！

- 代謝疾病　→**糖尿病神經病變**
- 血管疾病　→**動脈硬化阻塞症**
- 自體免疫性疾病→**格林巴利症候群**

橈神經麻痺

神經走行

- 橈神經從背後以環繞肱骨的方式走行，自由度比較小。
- 走行環境類似腓神經 ➔ p.128。

容易受到來自外界的壓迫

橈神經

後視圖

誘發麻痺的特徵

內部的壓迫、牽引

從前方看的模樣
（肱骨骨幹骨折）

以臂為枕　**酩酊大醉**　**隔天早上**

以手臂為枕其實很危險

不得已遇上以臂為枕的情況時，**請在確認對方入睡後，輕輕抽掉自己的手臂**。對方的頭和自己的肱骨之間有橈神經通過，絕對不能比對方先睡著。

另外，喝得酩酊大醉後直接入睡也非常危險，喝醉的人很可能將上臂掛在沙發後就直接睡死。這種情況可能導致隔天腕關節無法背屈、手指無法伸展而使當事人受到不小驚嚇。事實上，確實有不少這樣的患者一頭霧水地前來門診就醫。

下肢也容易因為腓神經麻痺而發生類似情況。

搜集彙整熟記！

4 腕隧道症候群・肘隧道症候群・手腕內側的蓋氏管道症候群 總整理

隧道

- 手部、手肘、足部都有神經通過的隧道。
- 隧道＝骨骼包圍，韌帶覆蓋的通道。
- 隧道的英文是tunnel，腕隧道症候群是Carpal Tunnel Syndrome。
  （Carpal＝腕　Tunnel＝隧道　Syndrome＝症候群）

腕隧道症候群　正中神經麻痺

腕隧道

- 腕骨凹陷處與上方覆蓋的腕橫韌帶所形成的空間。

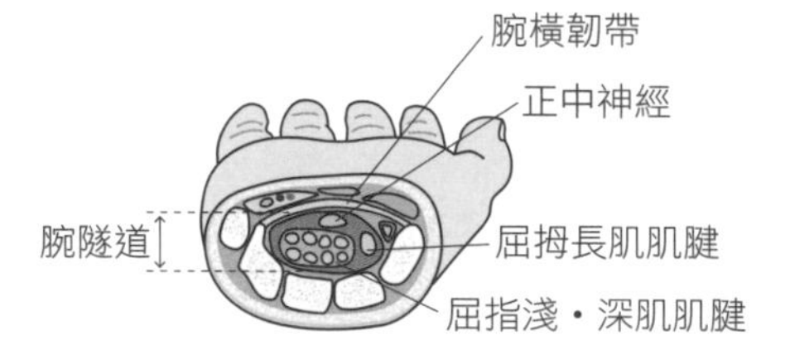

症狀

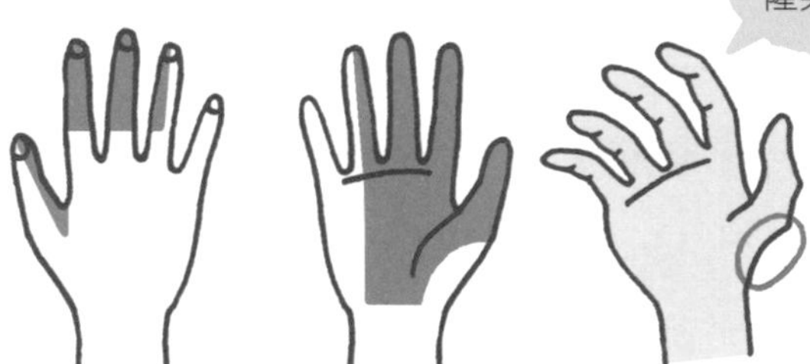

正中神經支配的範圍發麻。

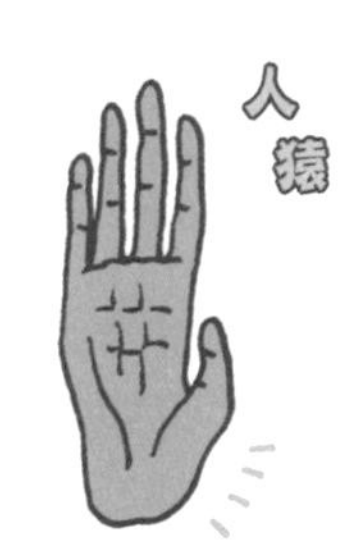

人猿的手沒有大魚際隆突，無法做出拇指對掌運動→大魚際隆突萎縮的狀態稱為**人猿手**。

治療

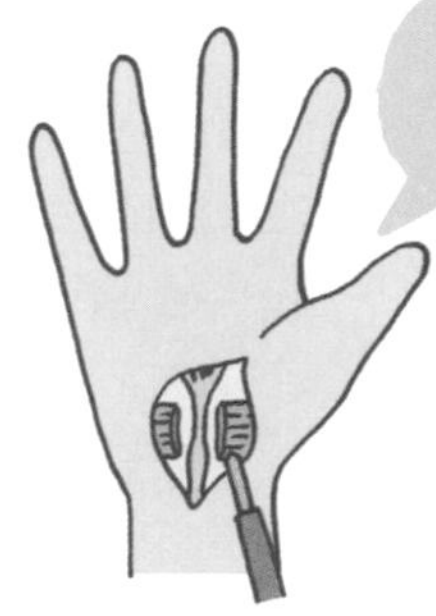

切開腕橫韌帶，解除正中神經所受到的壓迫

腕隧道症候群開放手術

診斷

敲擊測試（Tinel sign）

敲擊腕隧道時有發麻症狀。

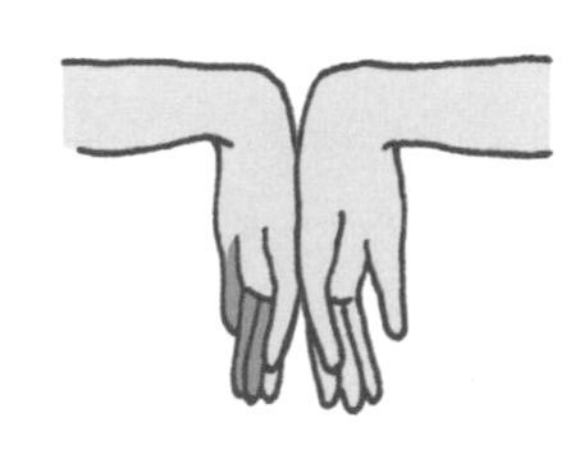

斐倫式測試（Phalen Test）

壓迫腕隧道誘發麻木與刺痛症狀。

● 肘隧道症候群　**尺神經麻痺**

肘隧道

・肱骨內上髁後方凹窩與韌帶形成的隧道。

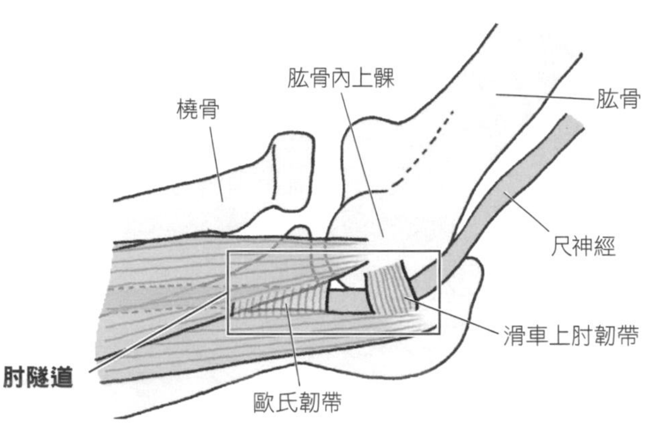

症狀

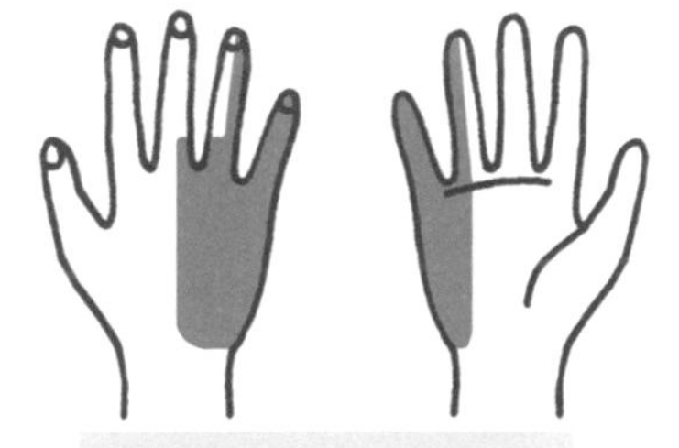

尺神經支配的範圍發麻。

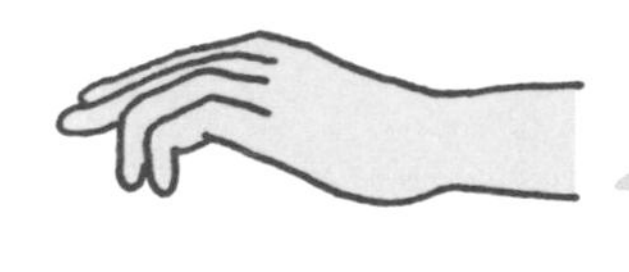

診斷

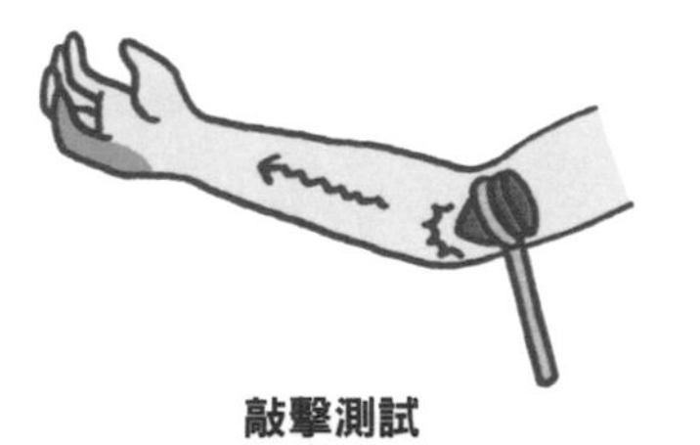

敲擊測試

敲擊肘隧道時有發麻症狀。

福門氏徵兆（Froment's sign）

以手指夾紙時，拇指需過度屈曲才抓得住。

治療

切斷壓迫尺神經的韌帶，將神經移位至肱骨內上髁前方。目的是預防再復發。

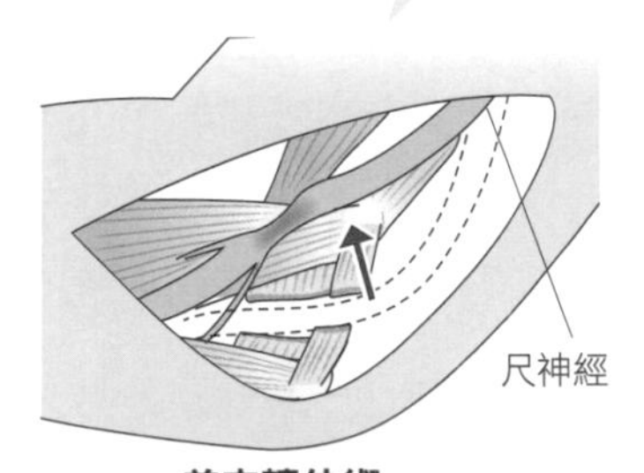

前方轉位術

● 蓋氏管道症候群　**尺神經低位麻痺**

蓋氏管道

・鉤狀骨和豆狀骨構成的隧道狀構造。

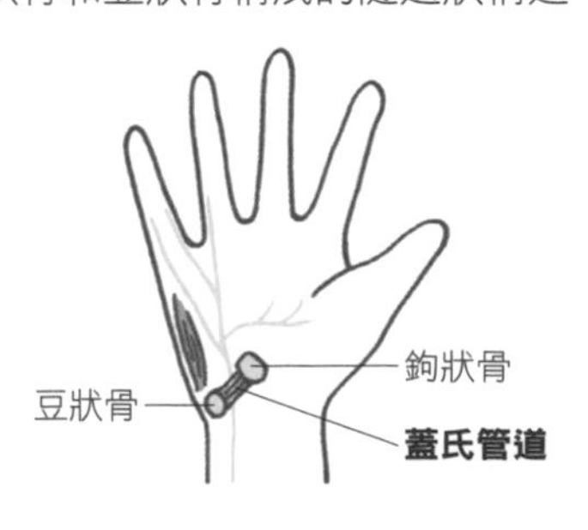

症狀

症狀和肘隧道症候群相同，但只有手掌有感覺障礙

診斷

蓋氏管道的敲擊測試呈陽性。

＼搜集彙整熟記！／

5 手指變形 總整理

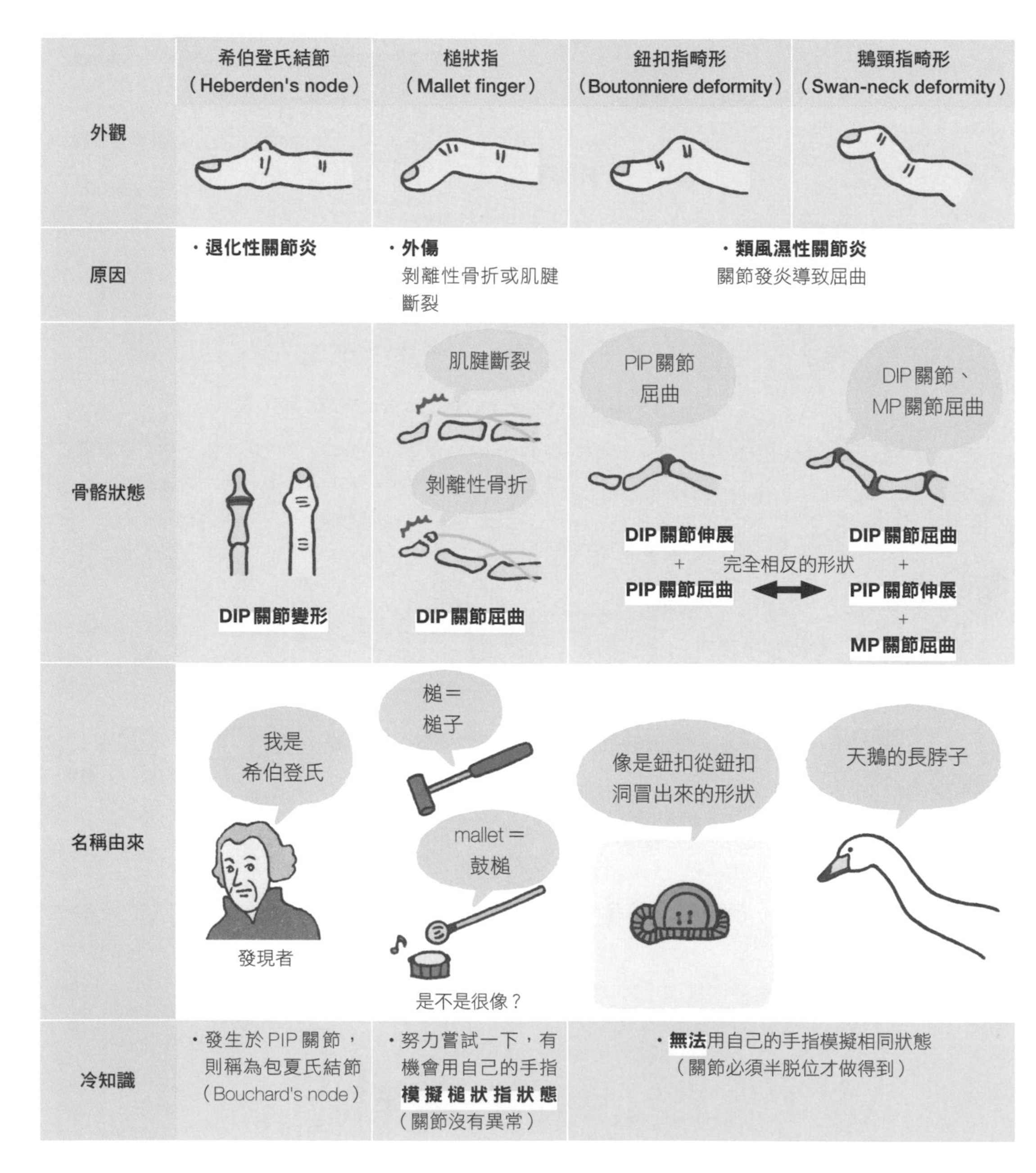

	希伯登氏結節（Heberden's node）	槌狀指（Mallet finger）	鈕扣指畸形（Boutonniere deformity）	鵝頸指畸形（Swan-neck deformity）
外觀				
原因	・**退化性關節炎**	・**外傷** 剝離性骨折或肌腱斷裂	・**類風濕性關節炎** 關節發炎導致屈曲	
骨骼狀態	**DIP關節變形**	肌腱斷裂 剝離性骨折 **DIP關節屈曲**	PIP關節屈曲 **DIP關節伸展** ＋ **PIP關節屈曲** 完全相反的形狀 ↔	DIP關節、MP關節屈曲 **DIP關節屈曲** ＋ **PIP關節伸展** ＋ **MP關節屈曲**
名稱由來	我是希伯登氏 發現者	槌＝槌子 mallet＝鼓槌 是不是很像？	像是鈕扣從鈕扣洞冒出來的形狀	天鵝的長脖子
冷知識	・發生於PIP關節，則稱為包夏氏結節（Bouchard's node）	・努力嘗試一下，有機會用自己的手指**模擬槌狀指狀態**（關節沒有異常）	・**無法**用自己的手指模擬相同狀態（關節必須半脫位才做得到）	

住在骨科世界的動物

骨科領域經常會出現動物名，而試著書寫出來才發現鳥類比例高達67%。要不要一邊享用午餐，一邊回答「請列舉5種住在骨科世界的動物」這個問題呢？

附帶一提，若將雉雞歸類為鳥類，**骨科和桃太郎就有著一模一樣的成員組合**。好了，一起前往鬼島驅趕疾病吧！

髖關節解剖

支撐身體的球窩關節

● 構造　**髖關節是由股骨和髖臼構成**的球窩關節

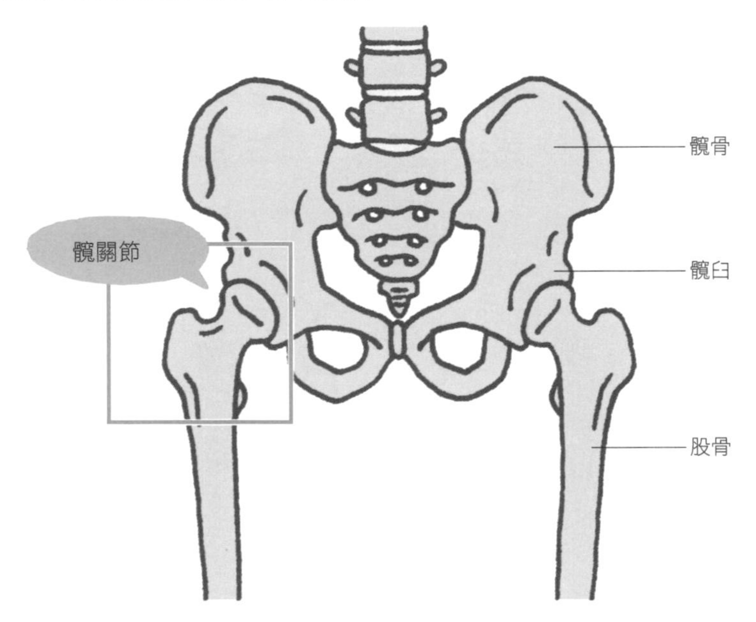

●股骨近端部位的形狀

- 股骨從股骨幹到股骨頸部位**向內側傾斜**。
- 除此之外，也稍微**向前方扭轉**。
- 傾斜和扭轉的程度會有個人差異。
- 以人工髖關節重建髖關節時，可以順便將因病產生的傾斜或扭轉恢復正常。

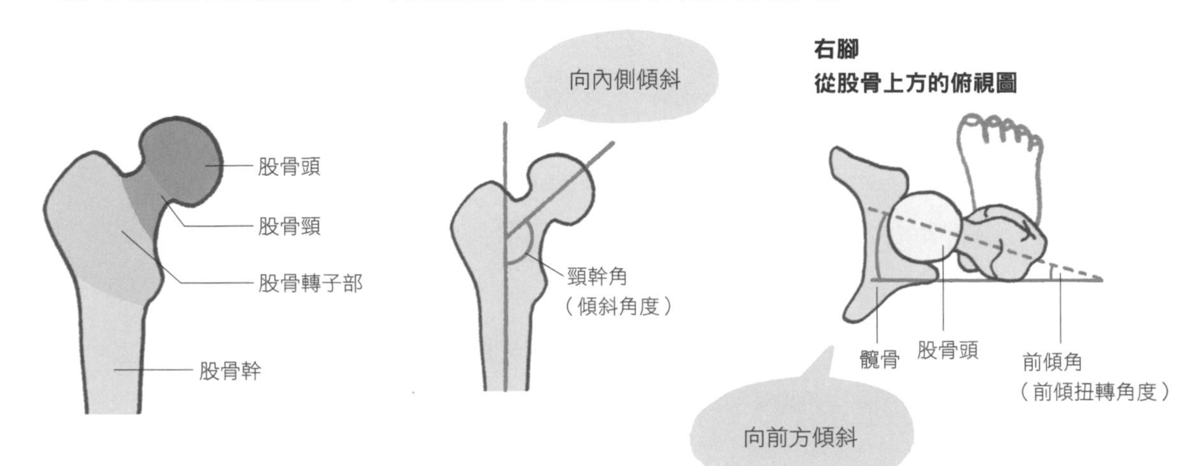

髖關節周圍的肌肉

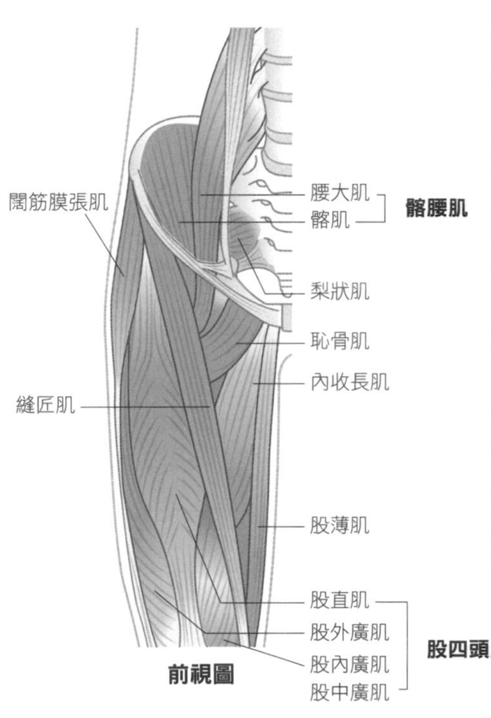

臀中肌尤其重要

- 臀中肌是骨盆延伸至股骨的強大肌肉。
- 於行走時支撐骨盆不傾斜。支撐不了時會出現特倫伯氏徵象（Trendelenburg sign）→p.116。

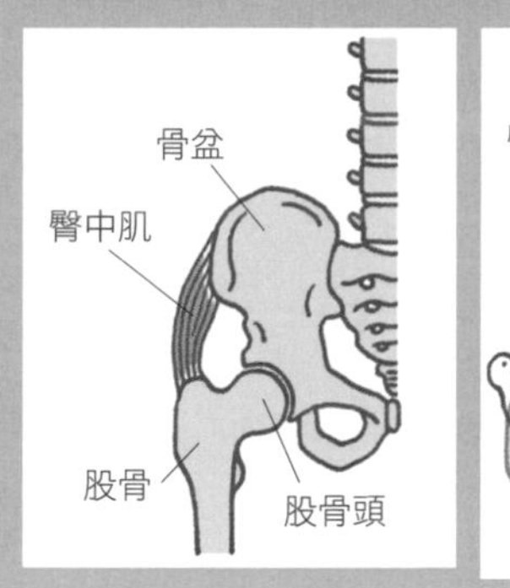

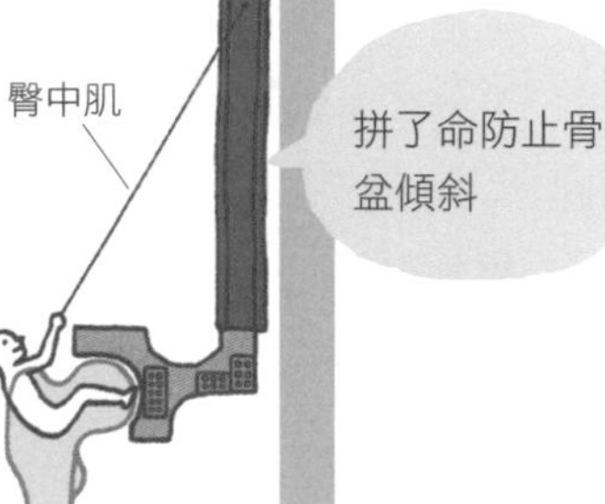

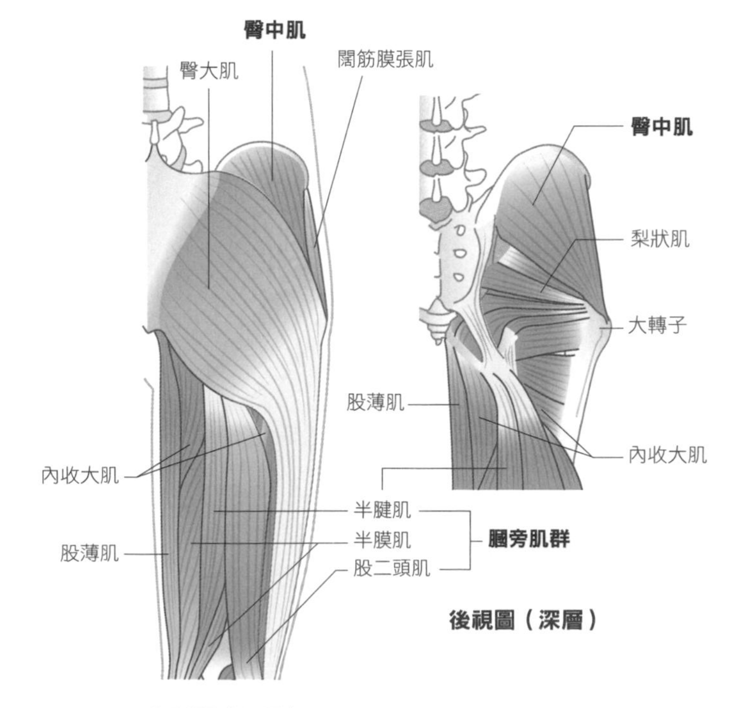

跛行　無法正常行走

・可透過視診進行分類。

軟性墜落型跛行

・髖關節外展肌無力引起的跛行→**透過裝具輔助也難以改善**。

・外展肌無力導致骨盆傾斜的現象稱為**特倫伯氏徵象（Trendelenburg sign）**。

・因骨盆傾斜的代償作用而使肩膀傾斜至對側的現象稱為**裘馨氏徵象（Duchenne sign）**。

・骨盆未傾斜，但出現裘馨氏徵象，疑似外展肌肌力衰退。

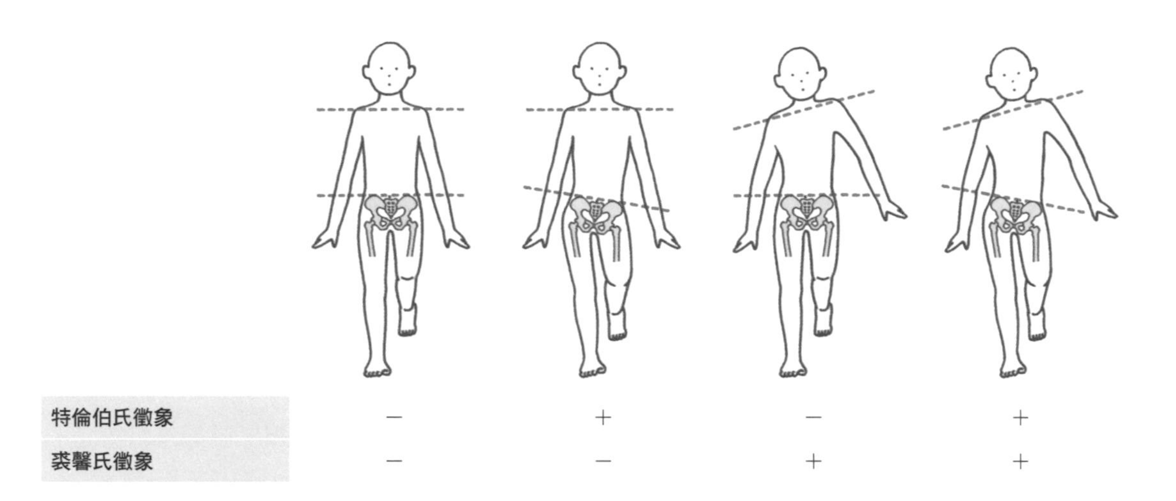

特倫伯氏徵象	−	＋	−	＋
裘馨氏徵象	−	−	＋	＋

硬性墜落型跛行

・左右側下肢長度不一致造成的跛行⇒透過補足高度或手術**可以改善**。

・退化性髖關節炎造成的長短腳，2㎝左右的差距可於人工髖關節置換術中加以調整改善。

止痛步態

・下肢疼痛造成的跛行。行走過程中，患側接觸地面的時間縮短。

間歇性跛行

・椎管狹窄壓迫到馬尾神經→受到姿勢的影響，症狀於休息後消失➔ p.67。

● 診察

斯卡帕氏三角　由內收長肌、縫匠肌、腹股溝韌帶構成的三角形區塊

- 厚厚的軟組織覆蓋在髖關節上方，無法直接從體表觸摸到股骨頭。
- 股骨頭就位在從體表可推測的斯卡帕氏三角中。
- 三角區域內有壓痛症狀，疑似**髖關節發炎**。

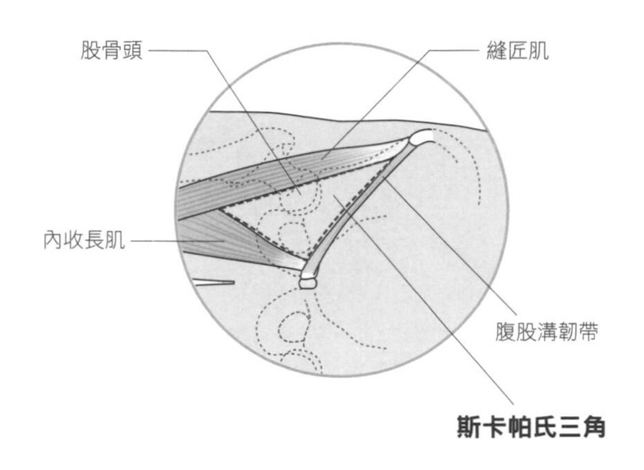

斯卡帕氏三角

熟記方式

「雖是三角區域，卻是長方形」

斯卡帕氏**三角**
內收**長**肌
縫匠肌
腹股溝韌帶

轉動檢查（Patrick's test）

- 採仰臥姿勢，將評估側的足背置於對側髕骨上，按壓評估側時（髖關節屈曲・外展・外轉姿勢），**出現鼠蹊部疼痛症狀表示轉動檢查呈陽性**。
- 髖關節有異常現象時，在扭轉刺激下多半會產生疼痛。
- 為了擺出4字形固定姿勢，必須先讓髖關節呈轉動檢查狀態➔ p.20。進入4字形固定姿勢之前已經舉白旗投降，代表罹患髖關節疾病的機率非常高。

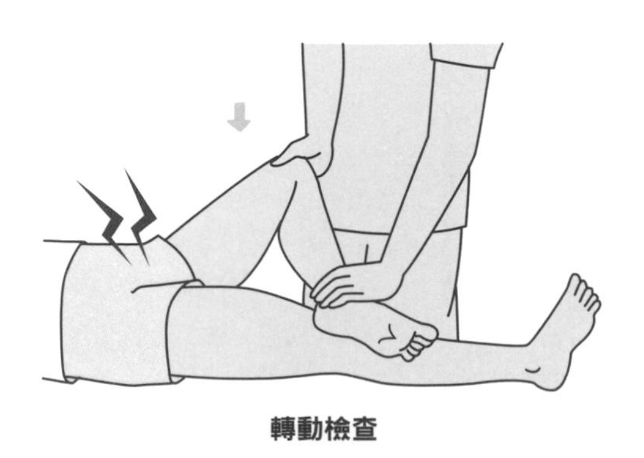
轉動檢查

骨盆解剖

各種骨骼集合體

構成

骨盆＝髖骨＋薦骨和尾骨　　**髖骨**＝髂骨＋恥骨＋坐骨

・骨盆由好幾個區塊組合而成，被稱為關節的部分只有薦髂關節。

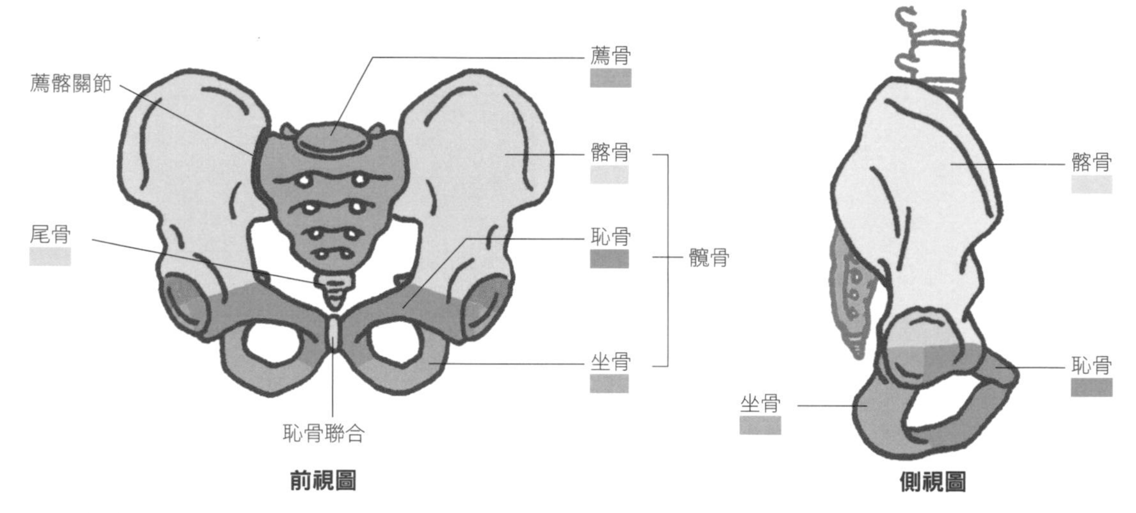

前視圖　　側視圖

幼兒骨盆

・幼兒期的髂骨、恥骨和坐骨之間藉由軟骨結合在一起。

・**隨著成長逐漸融合成一大塊骨骼（髖骨）**。

・即便成人後，髖骨和薦骨還是沒有融合在一起，而是藉由韌帶固定（薦髂關節）。

・顱骨也是由各種骨骼結合成一體，隨著發育成長逐漸牢固密合在一起，這一點和骨盆很像。

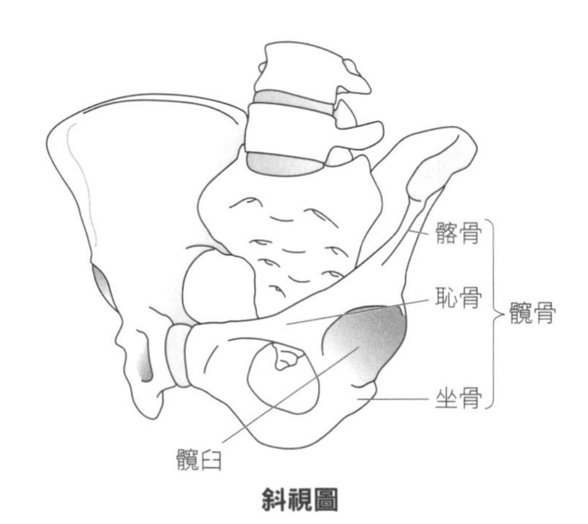

斜視圖

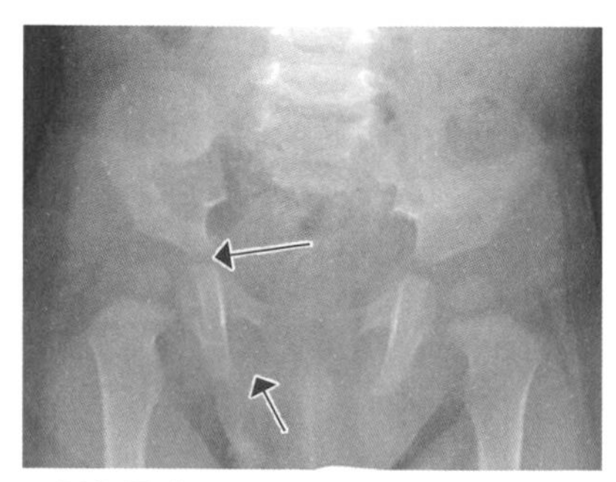

→是軟骨（X光片中呈透明顯示）

幼兒期各骨骼兩端都是尚未骨化的軟骨，無法顯現在X光片中，所以可以清楚看出髖骨＝髂骨＋恥骨＋坐骨

● 熟記方式

喝牛奶時，手插腰的位置是**髂骨**

坐著時，頂在椅子上的部位是**坐骨**

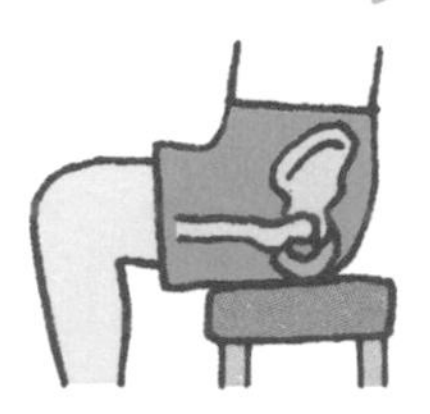

仰躺在地時，頂到地板的部位是**薦骨→褥瘡好發部位！**

如果人類也有尾巴，是尾骨部位

生產時鬆弛的部位是**恥骨聯合**

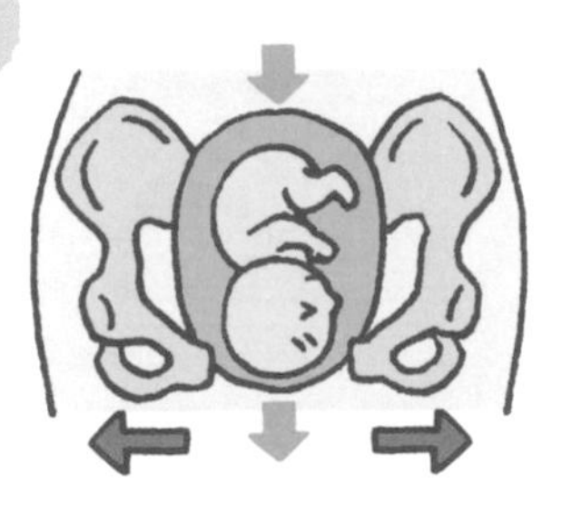

過度鬆弛會變成兩側恥骨間距增加的**恥骨結合分離**。

股骨頭缺血性壞死

和腦梗塞相同狀態

● 誘因

- 發生於股骨頭缺乏血流供給時。
- 誘發原因包括服用類固醇藥物、飲酒過量、潛水、股骨頸骨折等。
- 誘發原因不明的情況也很多，這種情況稱為**股骨頭缺血性壞死**。
- 發生於兒童身上的稱為**小兒股骨頭缺血性壞死**。

● 病狀

- 血流供給中斷造成股骨頭細胞失養壞死。
  ⇒**就像腦梗塞的病狀發生於骨骼上！**

	正常	發生壞死卻沒有塌陷	塌陷狀態
剖面	髖臼 股骨頭	骨壞死	
外觀	沒有塌陷，外觀正常		表面有軟骨覆蓋，但凹凸不平
模擬圖	正常道路	因漏水而遭到淘空的道路，但沒有因此塌陷	道路塌陷

人工股骨頭和人工髖關節總整理

雙極式半人工髖關節置換術　BHA：Bipolar Hip Arthroplasty

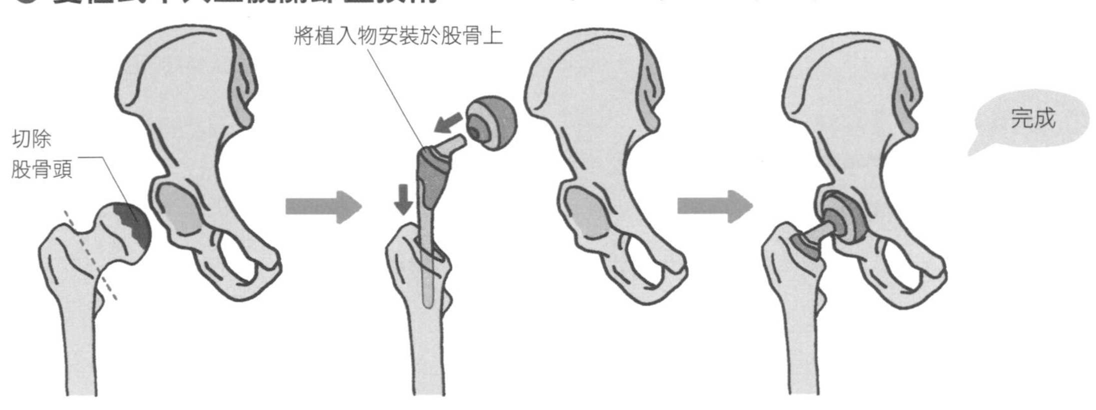

- 不更換髖臼。
- 適合**股骨頭缺血性壞死、股骨頸骨折**等髖臼未受損的疾病。

人工髖關節置換術　THA：Total Hip Arthroplasty

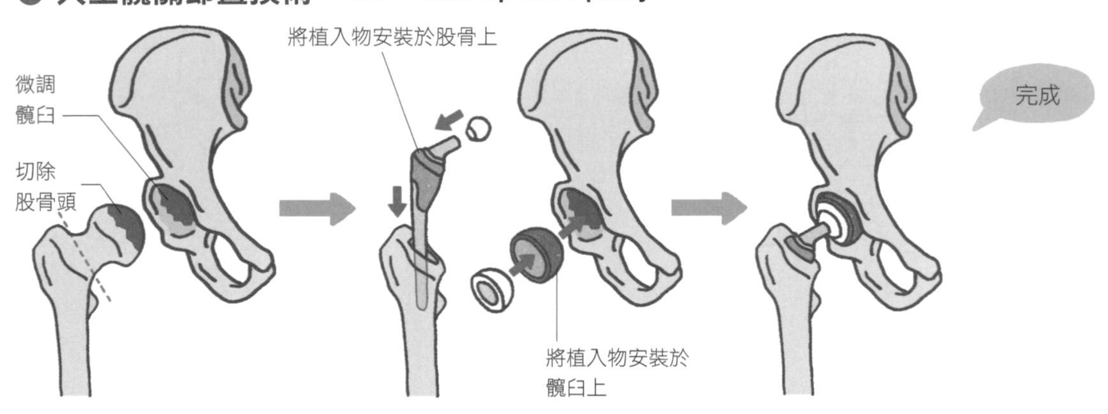

- 將植入物安裝於髖臼上。
- 具長期穩定效果，適合**退化性髖關節炎**等多種疾病。

比較BHA和THA

	手術時間	皮膚切開傷口	切除部位	術後脫臼	長期預後
BHA	短	短	僅股骨頭	少	15～20年
THA	長	長	股骨頭和髖臼表面	多	20～30年

・相較於THA，**BHA的手術時間較短且出血量較少**。

・**BHA術後發生脫臼的機率較小**，適合用於治療高齡者的股骨頸骨折。

・**BHA的長期預後比THA差**，不適合用於高齡者以外的族群。

THA術後脫臼

・人工髖關節容易脫臼，骨科醫師經常遇到發生這種狀況的患者。

・**脫臼分為前脫臼和後脫臼2種**，復位方向完全不一樣。

・脫臼姿勢一目了然，**瑪麗蓮夢露姿勢是後脫臼，大衛像姿勢是前脫臼**。

・以骨科觀點來說明的話，後脫臼⇔前脫臼：屈曲⇔伸展、內收⇔外展、內轉⇔外轉，正好完全相反。

・瑪麗蓮夢露和大衛像也是現代⇔古代、女性⇔男性、人類⇔雕像，完全相反。

後脫臼會形
成這種姿勢

後脫臼

屈曲＋內收＋內轉

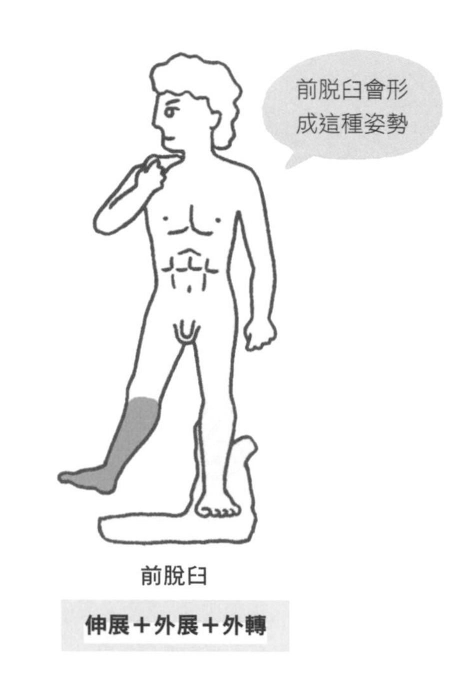
前脫臼會形
成這種姿勢

前脫臼

伸展＋外展＋外轉

膝關節解剖　支撐身體的樞鈕關節

● 構造　膝關節＝骨骼（股骨、髕骨、脛骨）＋韌帶＋半月板

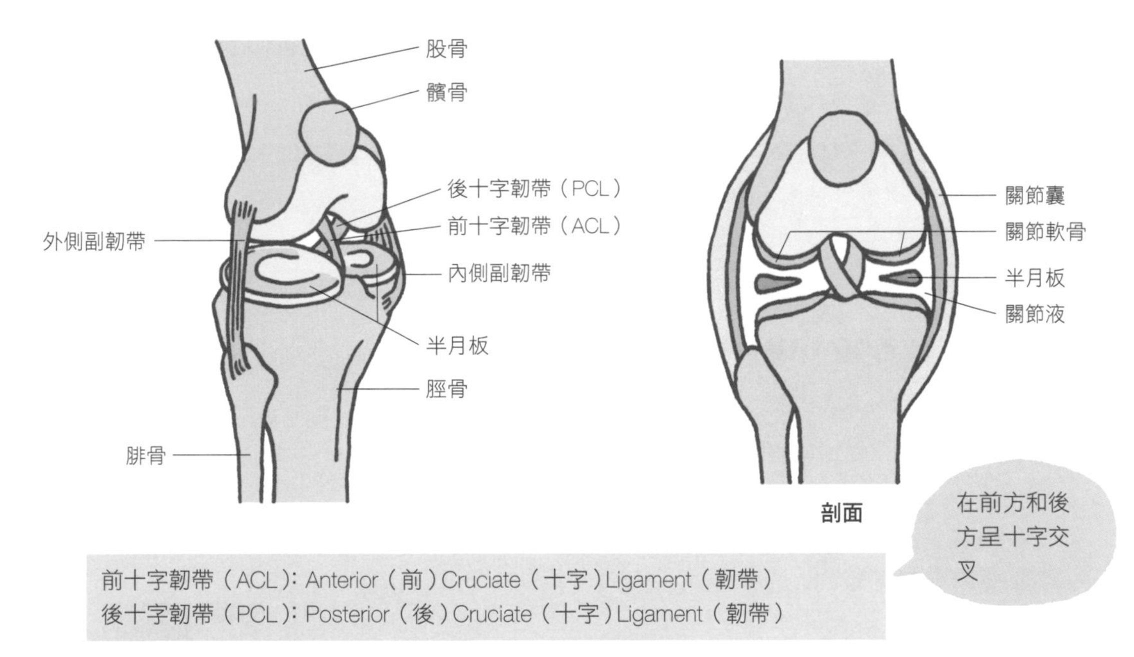

前十字韌帶（ACL）：Anterior（前）Cruciate（十字）Ligament（韌帶）
後十字韌帶（PCL）：Posterior（後）Cruciate（十字）Ligament（韌帶）

● 十字韌帶　主要負責前後方的穩定性

・十字韌帶斷裂導致前後方不穩定，必須進行下列診察加以確認。

前十字韌帶損傷的診斷

・**前拉測試**（膝關節屈曲90度）和**拉赫曼測試（Lachman Test）**（膝關節屈曲20度）。

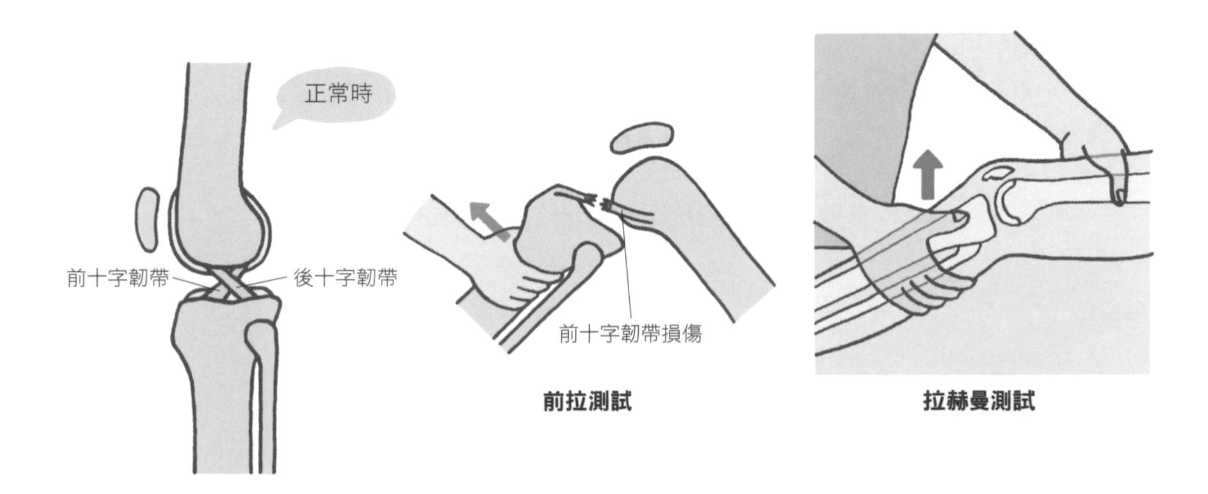

後十字韌帶損傷的診斷

・只有**後拉測試**（膝關節屈曲90度）。

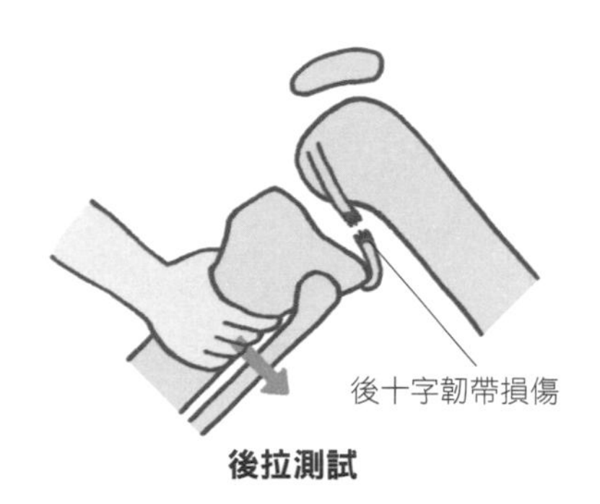

後拉測試

前十字韌帶損傷有2種檢查方法的理由

・前十字韌帶由2束纖維構成，有屈曲90度時會緊繃的部分，也有屈曲20度會緊繃的部分，因此需要針對2種屈曲角度進行檢查。

・雖然後十字韌帶也由2束纖維構成，但只有屈曲90度時才會緊繃，因此只進行後拉測試一種檢查。

側副韌帶　主要負責內外側的穩定性

內側副韌帶（MCL）：Medial（內）Collateral（側副）Ligament（韌帶）
外側副韌帶（LCL）：Lateral（外）Collateral（側副）Ligament（韌帶）

內側副韌帶損傷的診斷

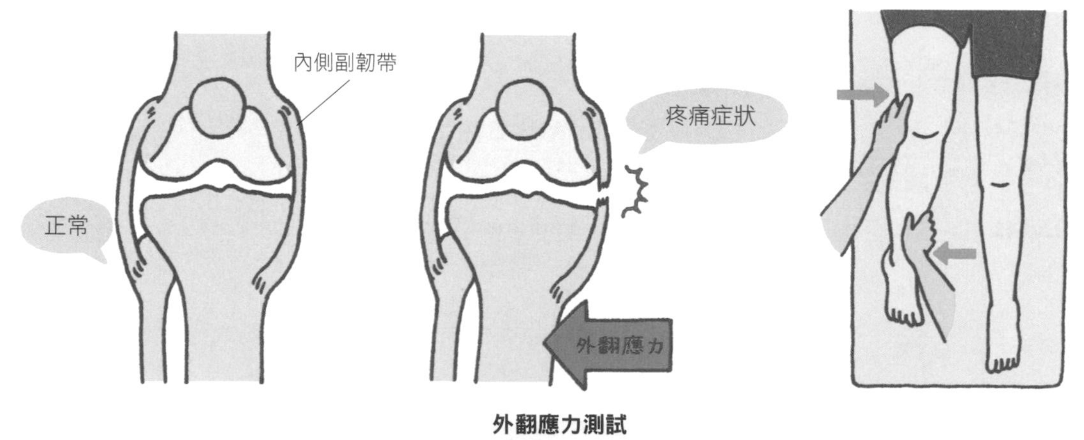

外翻應力測試

➡ **外側副韌帶損傷時進行反方向的測試，即內翻應力測試**

● 半月板　具緩衝減震功能

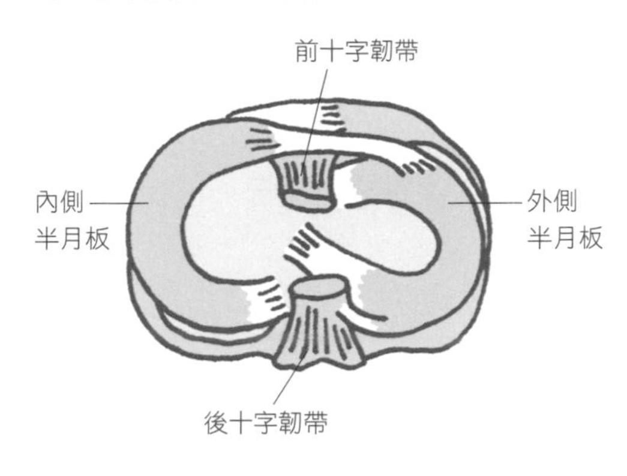

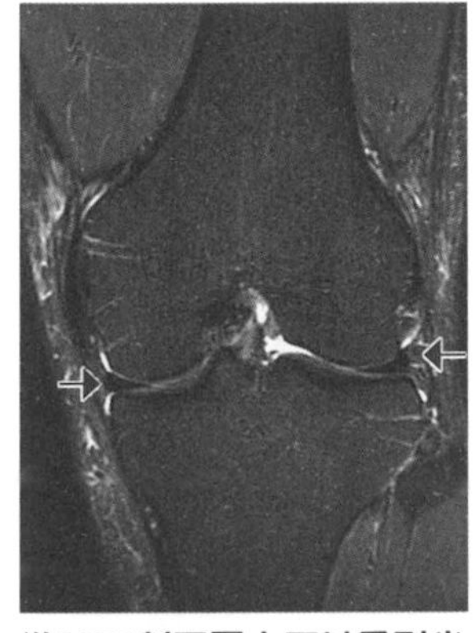

從MRI剖面圖中可以看到半月板如→所示

半月板損傷診斷

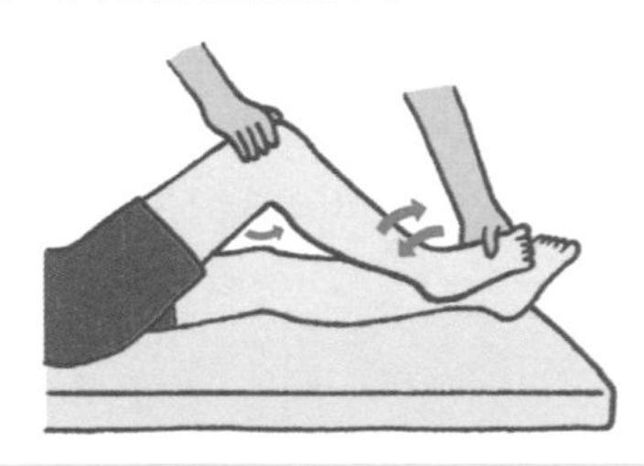

迴旋擠壓測試（McMurray test）：膝蓋旋轉
抓握足部，邊扭轉小腿邊伸展膝蓋，確認是否出現疼痛症狀。

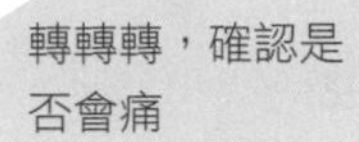

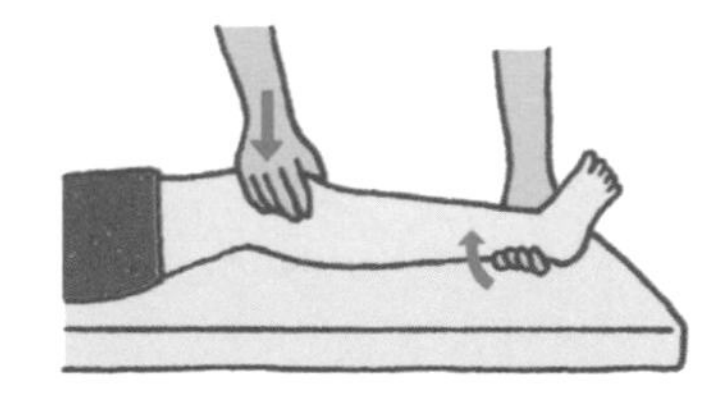

膝過度伸展測試：膝蓋彎曲伸展
過度伸展膝蓋，確認是否出現疼痛症狀。

擠壓確認是否出現疼痛症狀

下肢神經

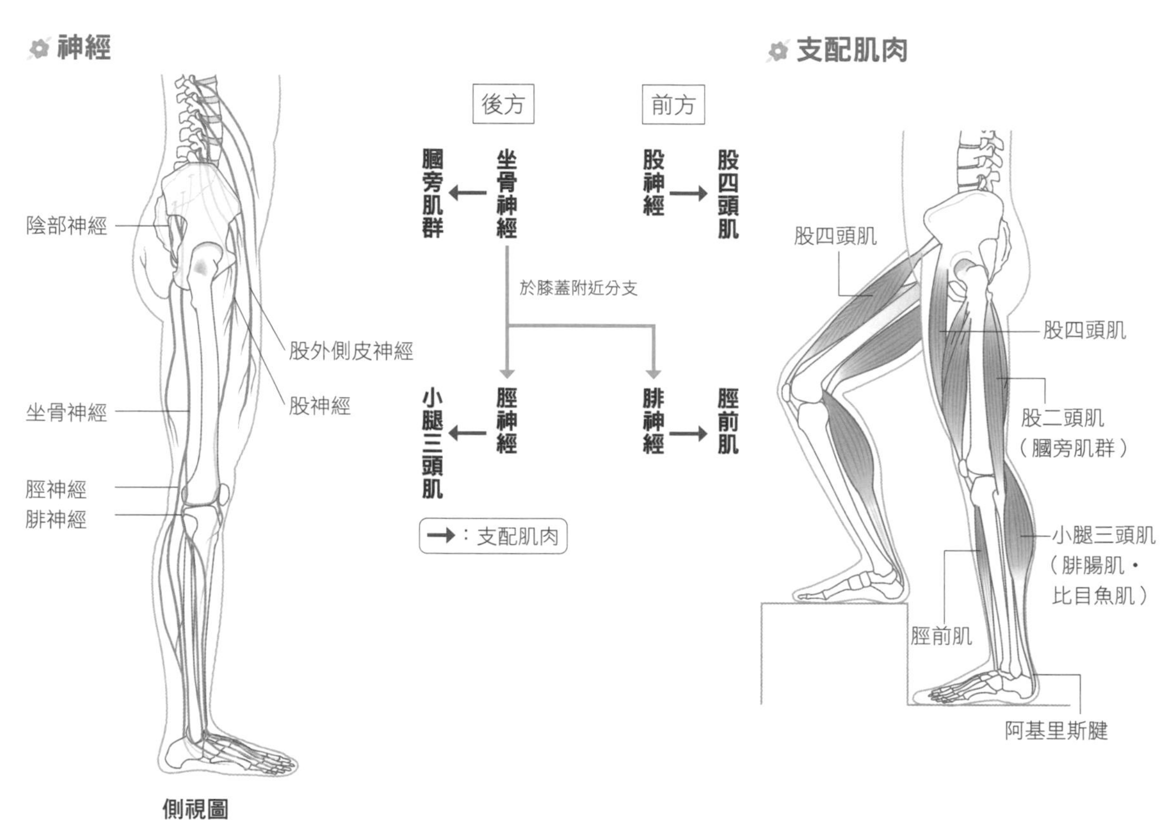

側視圖

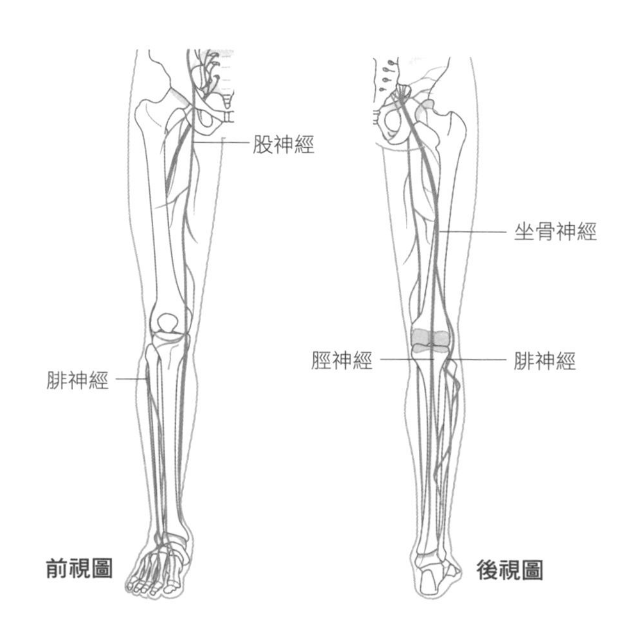

前視圖　後視圖

疼痛表示陽性
（神經異常）

● 下肢神經伸展測試

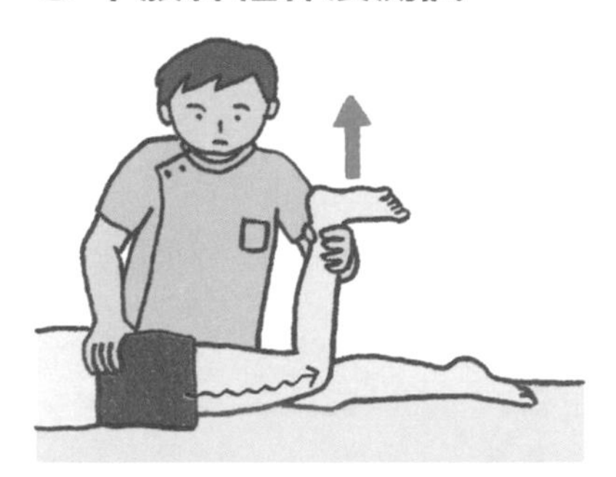

FNS 測試（Femoral Nerve Stretch Test）

股神經牽拉測試

‖

伸展大腿前側的神經（股神經）

SLR 測試（Straight Leg Raising Test）

直膝抬腿測試

‖

伸展下肢後側的神經（坐骨神經）

column

● 四肢的神經血管與戰國武將

日本歷史人物的名字隨年齡增長而改變。明明是同一人，需要記憶的相關事蹟卻有 2 倍之多，我最討厭這種風俗習慣。也因為這樣的緣故，考大學時我毅然決然選擇地理，排除歷史科目。舉例來說，織田信長小時候叫做吉法師，13 歲行元服禮後改名為信長。

然而極為不幸的，我在大二那一年的解剖學終究遇上這種麻煩事。股動脈來到膝蓋附近時，不曉得為什麼改名為膝下動脈。而**坐骨神經走行至膝蓋附近時分成2支，各自命名為脛神經和腓神經**。話說回來，總坐骨神經→第一坐骨神經、第二坐骨神經，這樣的命名方式不是好記多了嗎？但結局往往無法盡如人意。

腓神經麻痺

仰賴照護力量全力防堵！

病狀

・**仰臥床上時**，下肢髖關節處**外轉**。

・因此下肢**外側**容易受到**壓迫**。

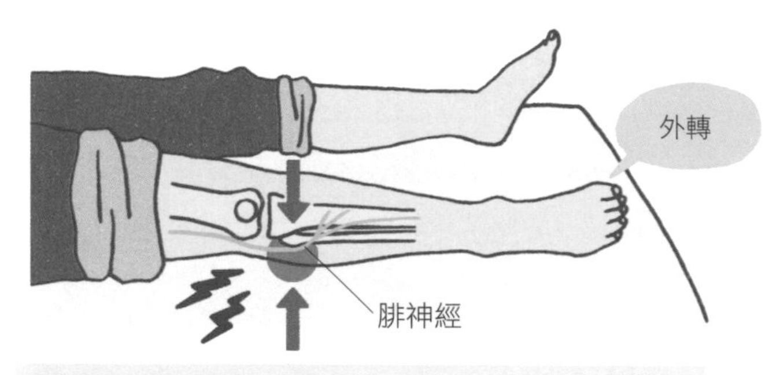

下肢牽引時的外轉，腓神經容易因為石膏等壓迫而出現麻痺現象。

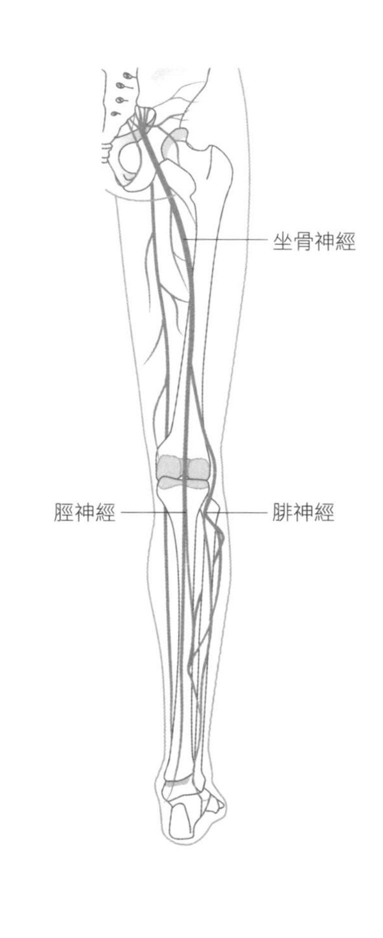

・**腓神經由後方繞行至外側，容易受到腓骨頭的壓迫**。

・脛神經向內側繞行，比較不會受到壓迫。

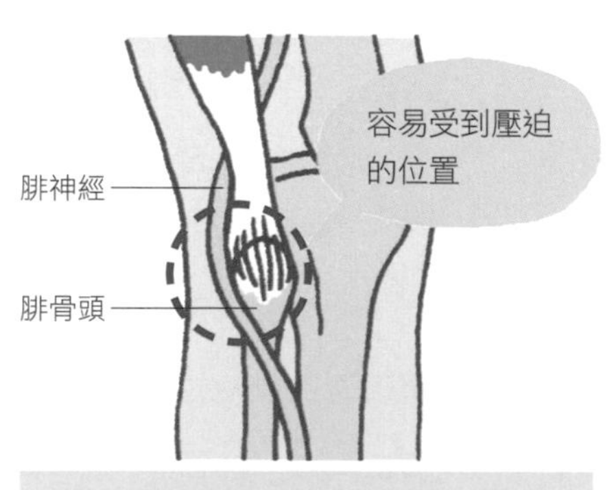

腓神經環繞腓骨頭而稍微向前方走行。

治療下肢的過程中，最容易發生腓神經麻痺現象。

照護過程中定期確認有無症狀，早期發現才能盡早擬定解決對策！

● 症狀

- **足背部、小腿外側**發生**感覺障礙**。
- 總腓神經分支成深腓神經和淺腓神經，但深腓神經的感覺範圍較為狹窄。

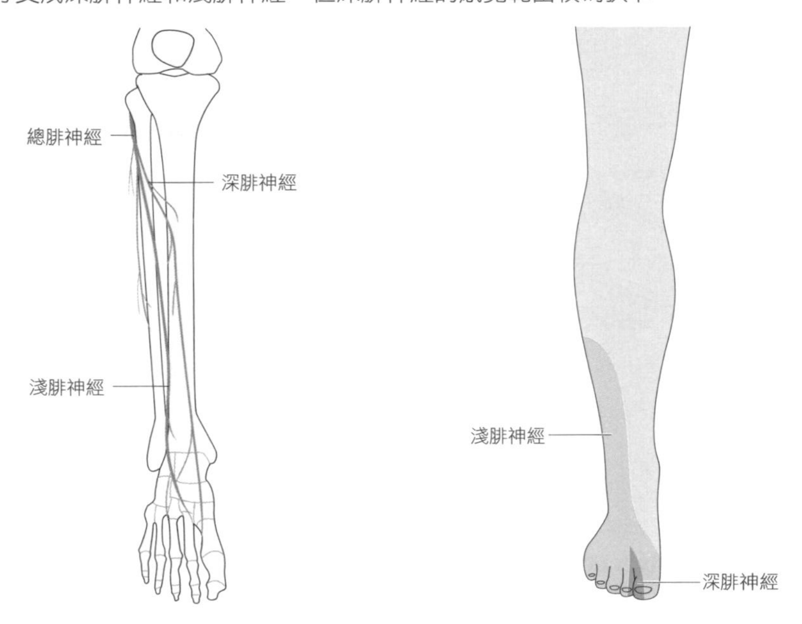

垂足

- 脛前肌和伸趾肌麻痺，造成踝關節無法背屈、腳趾無法伸展。
- 走路時變成**垂足（Drop foot）**姿勢，導致穿拖鞋等沒有腳後跟的鞋子時容易滑落。
- 走路時變成足尖擦地，膝關節高高抬起的**跨閾步態**。

骨科的內視鏡手術

骨科用內視鏡

內視鏡

軟管內視鏡

用於支氣管、消化道的檢查。
↓
細長軟管，可隨意彎曲。

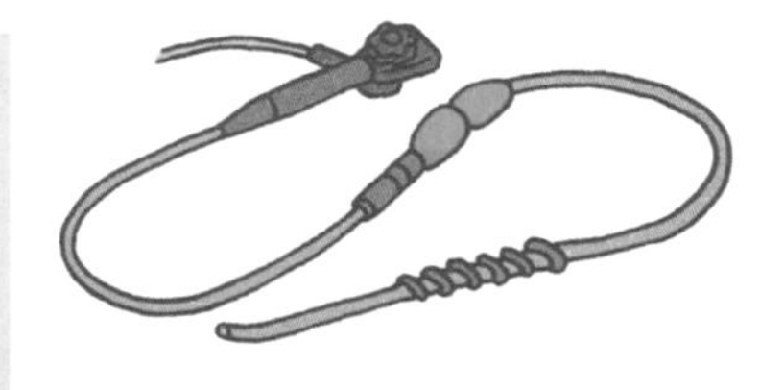

硬管內視鏡

用於關節鏡、腹腔鏡、膀胱鏡檢查。
↓
粗短硬管，無法彎曲。

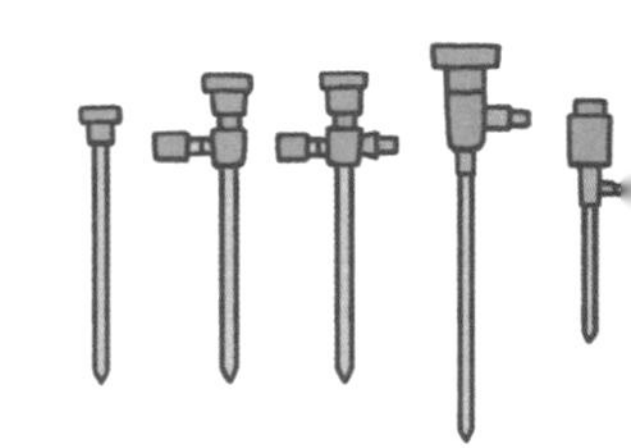

骨科的關節鏡手術

・多用於膝蓋或肩膀等大關節的手術。

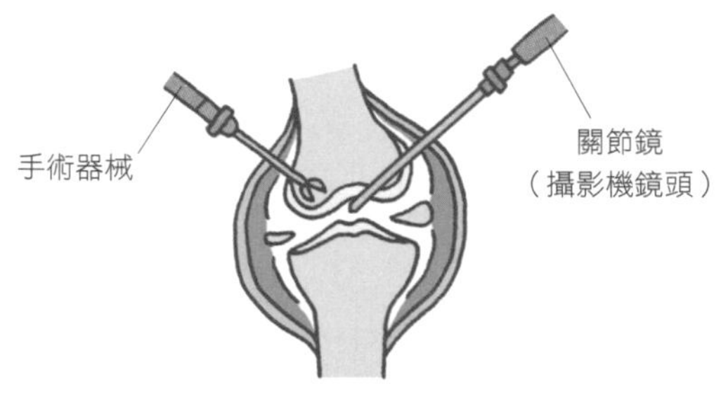

膝蓋的關節鏡視下手術

・先在關節內注水，使其膨脹。
・從2處將直徑8mm的金屬套管插入關節腔內，然後分別伸入攝影機鏡頭和手術器械。

透過螢幕邊操作手術器械的前端邊處理患部。

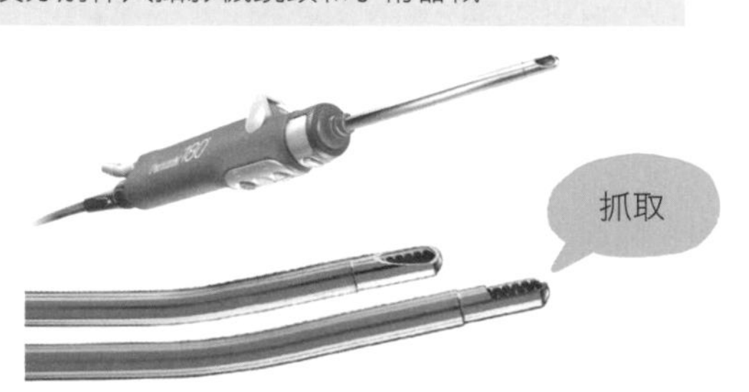

（日本Stryker股份有限公司提供）

手術器械種類

・探針（鉤拉）
・鉗子（抓取、切撕）
・刨削刀（削切）
・雷射手術刀（電燒）

每隻手都拿取不同種類的手術器械

● 脊椎內視鏡手術

內視鏡椎板切除術

・將內有攝影機鏡頭和手術器械的套管插入患部，邊看螢幕邊進行手術。

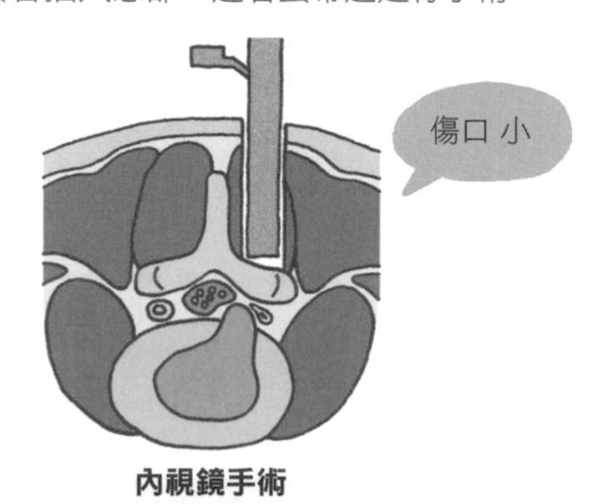

內視鏡手術

對患者來說，內視鏡手術的優點比較多。	⟷	患部若位在內視鏡無法清楚確認的地方，可能導致處置不完全，必須視情況轉換成開放手術。

	內視鏡手術	開放手術
手術傷口	小	大
住院期間	短	長
術野	狹窄	寬廣
進行複雜手術	有困難	有可能

看得不是很清楚

看得超清楚

「無法延期至
明天的
內視鏡手術」
——筆者自創俳句

column

令骨科醫師感到困擾的日式生活

退化性關節炎是退化性疾病的典型代表，罹患機率隨年齡增長而增加。多發生於高齡女性身上，而且好發於膝關節、髖關節等部位。60歲以上的患者可以考慮接受人工關節置換術。人工關節不僅具有良好的止痛效果，也有相當不錯的耐久度。但針對膝關節的活動範圍縮小和防止髖關節脫臼這兩點，至今仍然沒有解決對策。

日式生活中不可或缺的跪坐，需要膝關節屈曲150度以上，但人工膝關節容許的屈曲角度只達120～130度，所以即便手術後疼痛緩解，仍舊無法做到跪坐姿勢，強行跪坐只會增加脫臼風險。

另外，蹲式廁所也和跪坐一樣，只會徒增膝關節的負擔，相較於西方的座式廁所，更容易讓人感到強烈的不穩定。在矮桌上吃飯、全家聚在暖爐桌裡、泡在浴缸裡洗澡、鋪床睡覺，每一種日常生活方式都具有相當高的危險性。

確實掌握術後應盡量避免的動作，才能妥善使用人工關節。由於項目繁多容易讓人混淆，若無法詳加理解並掌握，反而更危險。我通常會向高齡患者這樣說明「**學著像美國人一樣生活**」。美國人坐在餐桌前用餐、一家人聚在沙發上、站著沖澡、睡在床上。

日式生活形態比西式生活形態困難，可以作為有效的運動訓練。以骨科醫師的觀點來看，日式生活形態對發育期間的兒童確實具有訓練關節柔軟度和肌力的效果，但慢慢步入高齡後，建議改成西式生活形態，不僅所需的關節活動範圍較小，即便肌肉逐漸衰退也能安穩做到生活中必須的大部分動作。

不過話說回來，不少人年輕時嚮往時尚華麗的西式生活，而愈是上了年紀，反而開始對充滿風情的日式生活感興趣。

現實生活中的這種情況或許就是讓參與高齡者醫療的骨科醫師最感到苦惱的根本原因。

比較日式與西式生活

	日式	西式
飲食	日本傳統「翻桌」	嚮往「神仙家庭」裡的西式生活
廁所	好像有不少小孩不會使用蹲式馬桶	西式馬桶可以坐著思考人生
洗澡	跨進浴缸時要非常小心	只需要沖澡
團聚	得費力將腳伸進暖爐裡。容易絆倒	馬上就能輕鬆坐下的沙發
就寢	睡個覺很費力，起床後的收拾也不容易	喝醉酒回到家也能立刻躺平睡覺
婚喪喜慶	跪坐是基本禮儀	需要唱歌

「手術成功了」

醫療劇中常見執刀醫師走出手術室後直奔家屬並開心地說「手術成功了」的場景。

我從學生時代起就一直夢想著「總有一天我也要說這句話」，但**截至目前為止，我從未說過這句話**。

骨科手術的目的是消除疼痛，讓關節可以活動，讓雙腳可以再次站起來走路。因此判斷手術是否成功的時間點是股骨頸骨折患者可以再次走路的出院時或人工關節無鬆動地正常運作的20年後。

即便手術再怎麼順利，手術後最理想的表達方式是「按照預定計畫順利完成了」。畢竟手術是否成功，必須經過一段時間才有辦法真正揭曉。倘若手術後斬釘截鐵地對患者和家屬說明「手術成功了」，但患者出院時依舊沒辦法靠自己的力量走出去，又該如何向他們交代呢。

話說回來，這句話真的很酷，一次也好，好想在手術後任性地對家屬說「手術成功了」。

最後附帶一提，這2件事都是我在當醫生之前不斷幻想，但至今一直未能實現。

①飛機上突然遇到孕婦臨時要生產，在空服員喊著「請問乘客中有人是醫生嗎？」時帥氣地舉起手。

②鼓勵受傷的人：「別擔心，傷口不嚴重！」

足部解剖

具備行走必要的各項功能

● 構成足部的骨骼

單腳26塊，雙腳加起來的骨骼占全身的25%（52/206塊）

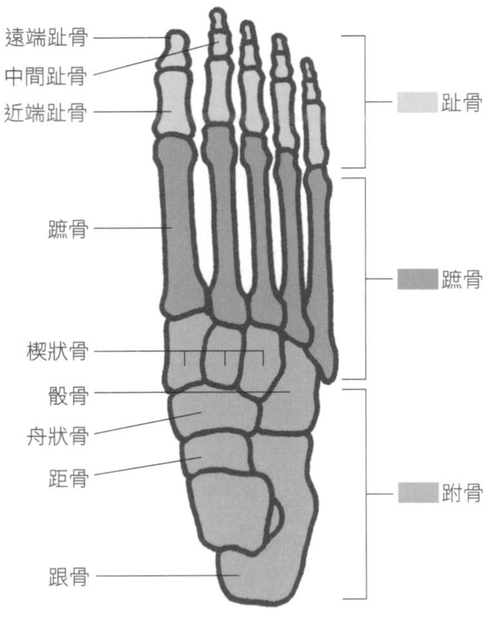

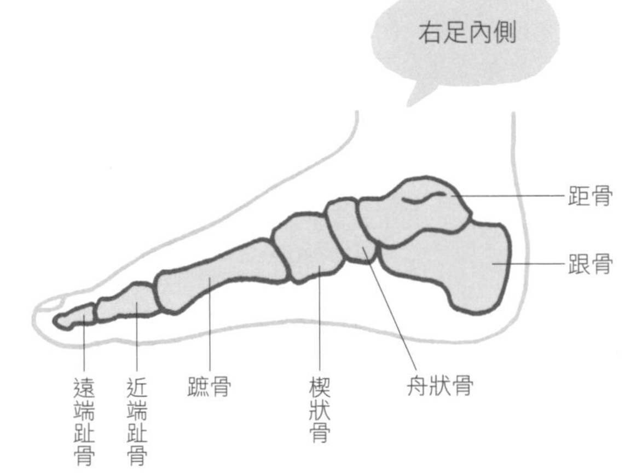

蹠骨的熟記方式

「在巨匠舟上立楔狀物」

巨→距骨　**楔**→第1～3楔狀骨
匠→跟骨　**立**→骰骨
舟→舟狀骨

※以下諧音記憶法是根據日文發音所構思的，不適用於中文。

● 橫弓的構造

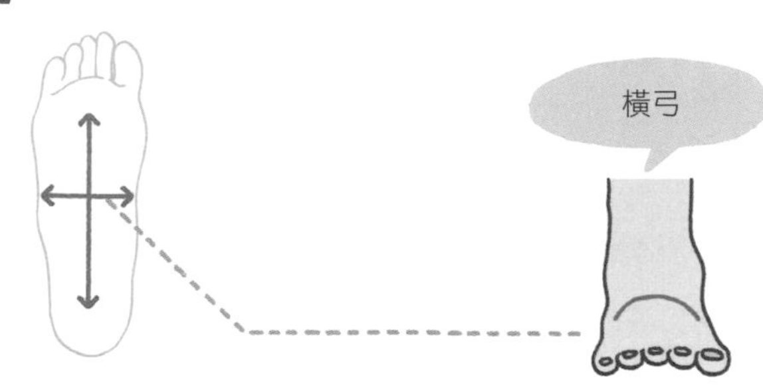

足部的足弓分為縱弓和橫弓。

錦帶橋（山口縣岩國市）是知名的木造拱形橋

楔狀骨

楔子。以堅硬木材或金屬製作的V字形或三角形道具

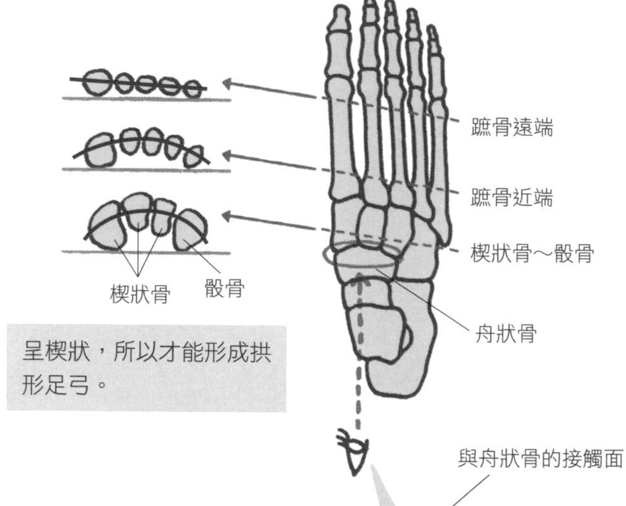

呈楔狀，所以才能形成拱形足弓。

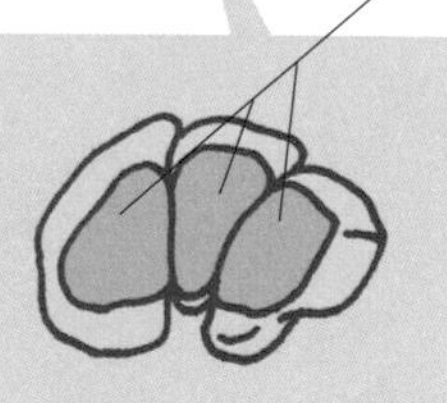

可以看成是插入楔子而裂開成3塊骨骼

● 縱弓的構造

足部的足弓分為縱弓和橫弓。

足底筋膜的功用

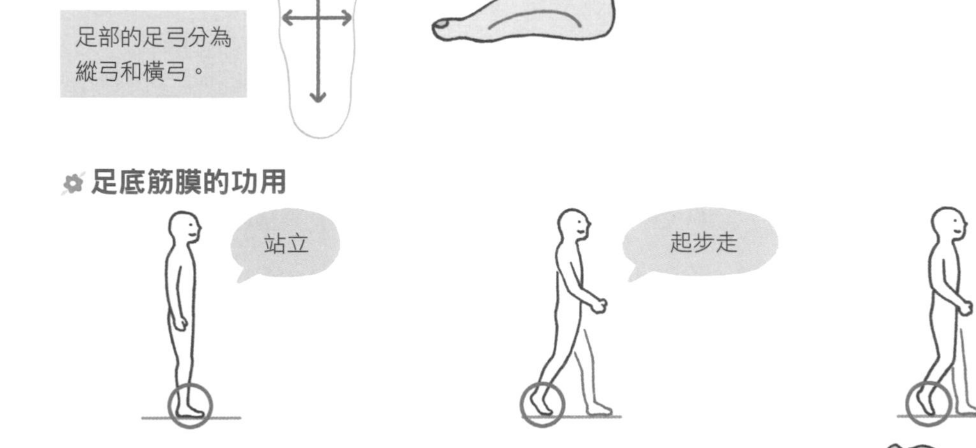

足底筋膜是連接足跟和腳趾的筋膜組織。

移動時腳趾背屈以牽引足底筋膜，並且抬高足弓。

透過彈簧機制產生行走時的推進力。

● 足部肌肉　肌肉的作用方向與支配神經

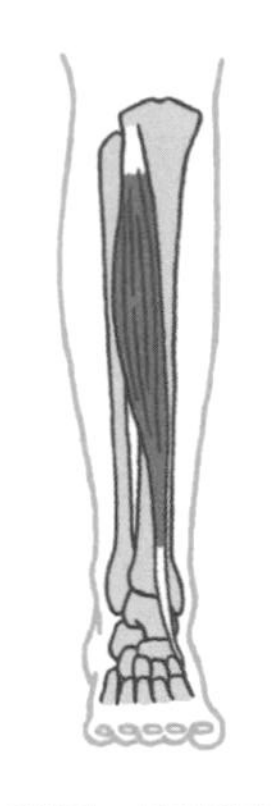

背屈：脛前肌
（腓神經）

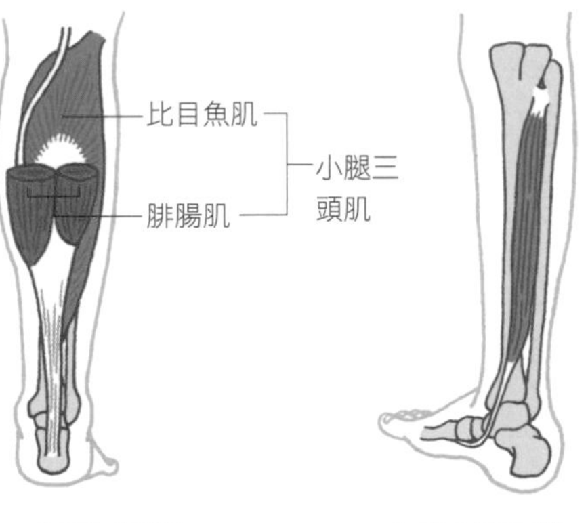

蹠屈：小腿三頭肌
（脛神經）

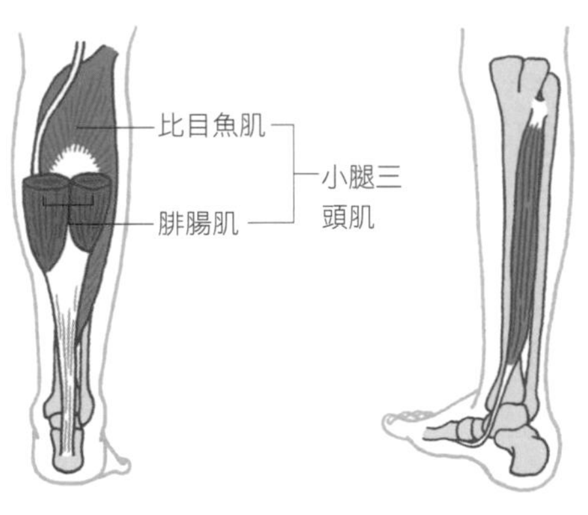

內翻：脛後肌
（脛神經）

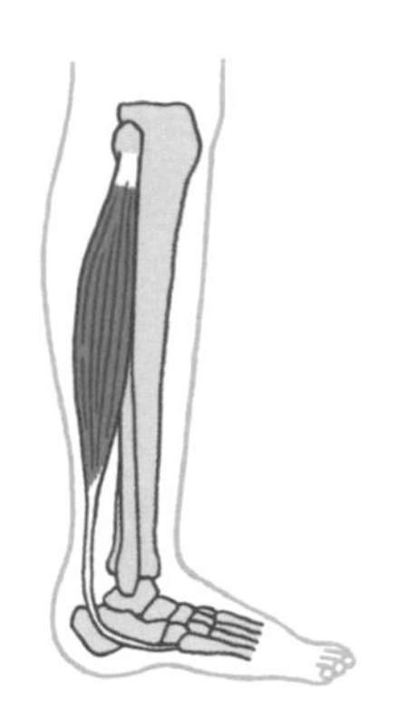

外翻：腓長、短肌
（腓神經）

搜集彙整熟記！
2

足部變形

足弓造成的變形

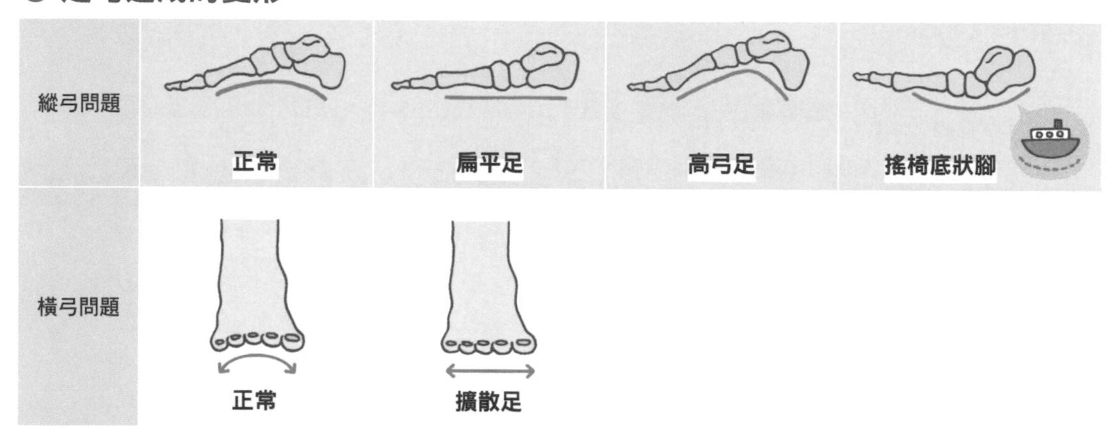
縱弓問題
正常
扁平足
高弓足
搖椅底狀腳
橫弓問題
正常
擴散足

肌肉失衡造成的變形

因腦性麻痺、脊柱裂、脊髓損傷、腦中風等疾病所造成

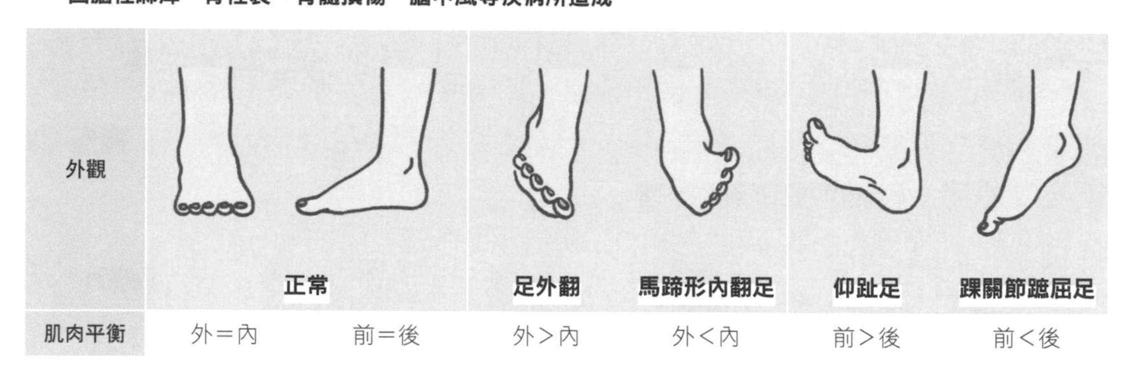
外觀
正常
足外翻
馬蹄形內翻足
仰趾足
踝關節蹠屈足

肌肉平衡	外＝內	前＝後	外＞內	外＜內	前＞後	前＜後

踝關節蹠屈足是腦脊髓麻痺引起的變形，垂足則是周邊神經麻痺引起的變形！

腓神經麻痺引起的足部變形稱為垂足 → p.129。

踝關節解剖

骨骼　腓骨＋脛骨＋距骨＝踝關節

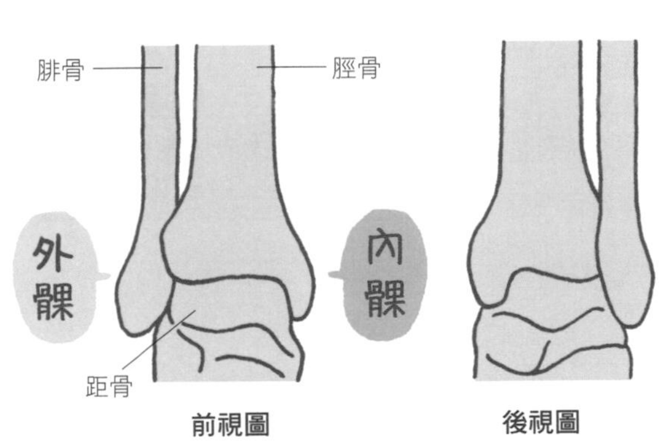

・腓骨的遠端突出部位是**外髁**。

・脛骨的遠端突出部位是**內髁**。

活動範圍　背屈和蹠屈

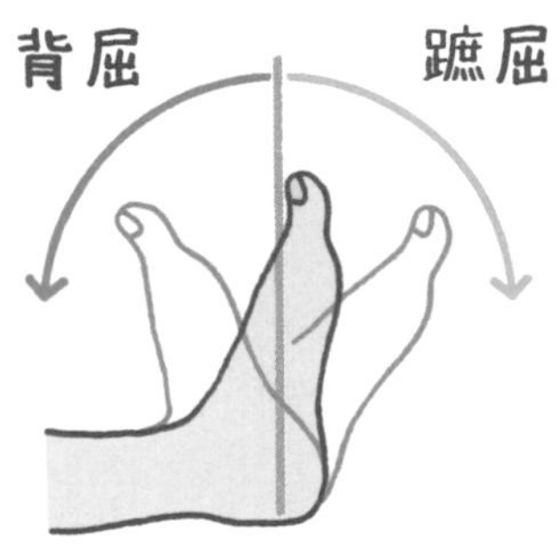

基本構造為樞鈕關節（只能往單一方向活動：背屈與蹠屈）。

來自地面的衝擊會直接傳送至大關節＝踝關節。

倒向內外側時會引起扭傷或骨折 → p.140。

韌帶

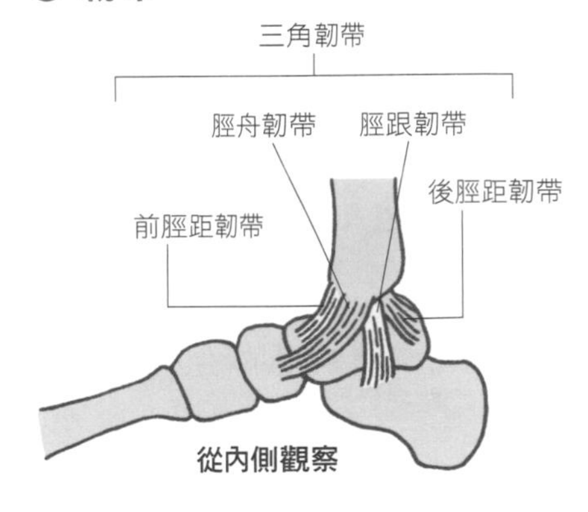

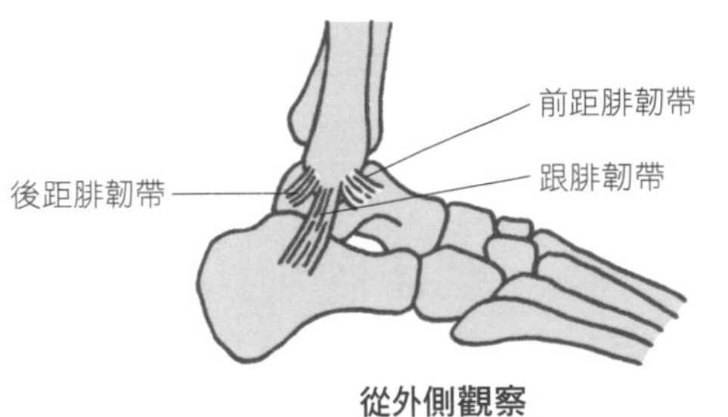

內外側都有韌帶牢固地輔助補強。

4 踝關節扭傷

受傷機轉　發生於腳踝倒向不正確的方向時

由於踝關節的內髁長度比外髁長，距骨容易倒向內側。

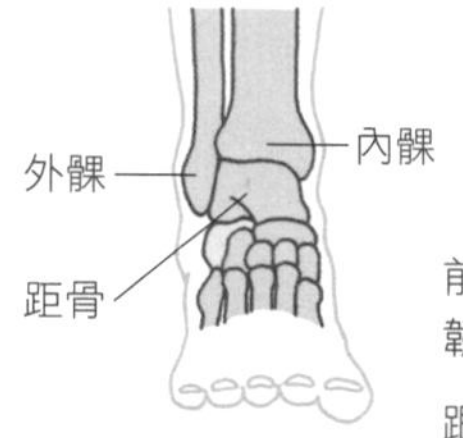

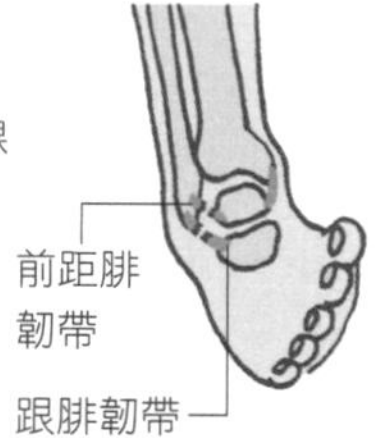

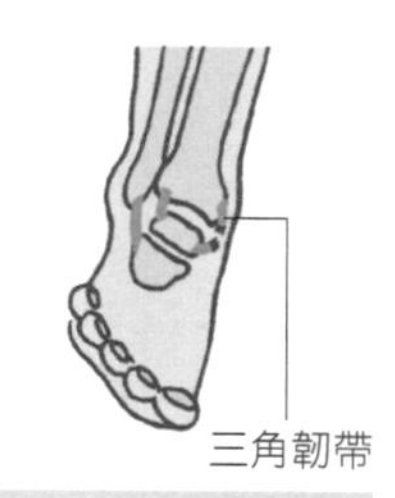

頻率	高	低
損傷韌帶	・前距腓韌帶 ・跟腓韌帶 ・後距腓韌帶	・三角韌帶

韌帶損傷程度

僅過度伸展

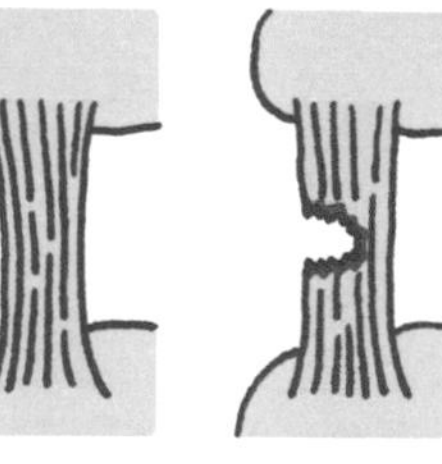

非斷裂

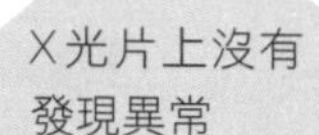

局部斷裂

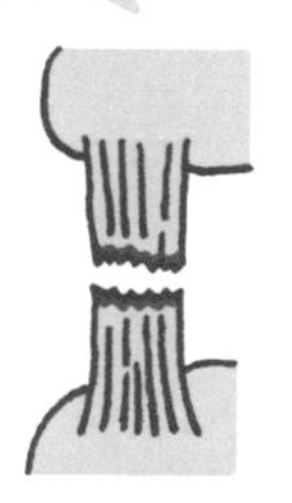

完全斷裂

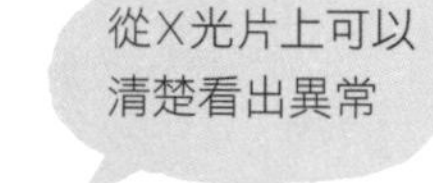

剝離性骨折

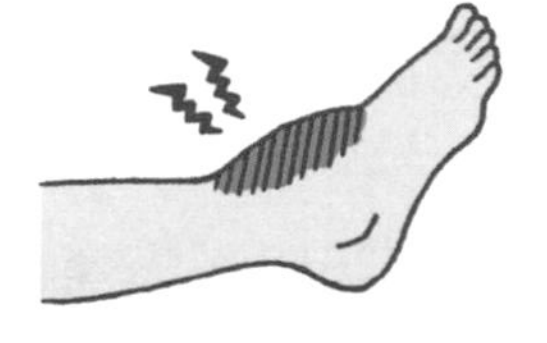

根據腫脹、皮下血腫、壓痛等症狀進行綜合性判讀與診斷。

治療　絕大多數的病例都採用保守治療

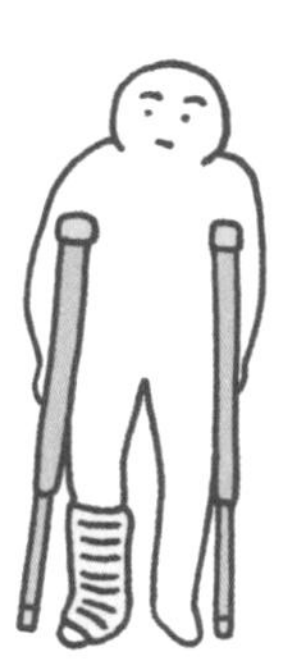

足部固定與使用枴杖的免負重行走

穩定性極差的情況，採用**韌帶縫合手術**。

踝關節外傷的受傷機制為什麼是朝向內外側？

在關節技專欄 ➔ p.20 中也曾經說明，一旦超過關節的活動範圍會造成關節疼痛。踝關節是往蹠屈和背屈方向活動的樞鈕關節，朝內側或外側活動是不正確的，也會因此造成損傷。

5

踝關節骨折

課關節是個容易發生不明就裡骨折、腫脹嚴重、不清楚疼痛點的部位。但透過了解骨折機轉，可以推測損傷部位。

● 骨折機轉

①足內翻

距骨・跟骨**內翻**
內髁突出 → 內髁縱向骨折
韌帶拉扯外髁 → 外髁橫向骨折或外側韌帶斷裂

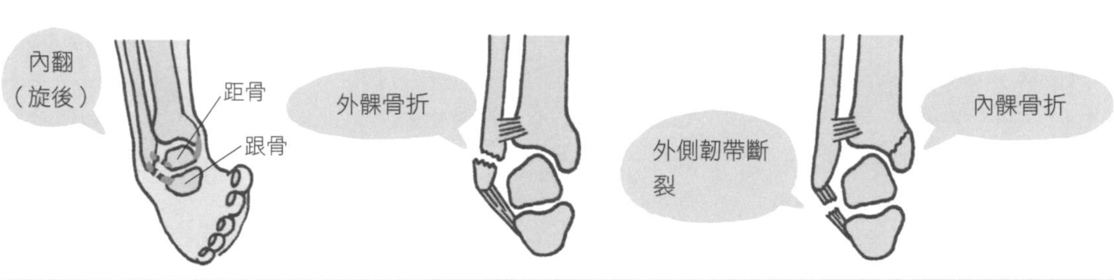
內翻（旋後）
距骨
跟骨
外髁骨折
外側韌帶斷裂
內髁骨折

只要內髁上有縱向骨折線，即便外髁沒有骨折跡象，外側韌帶也可能斷裂。

②足外翻

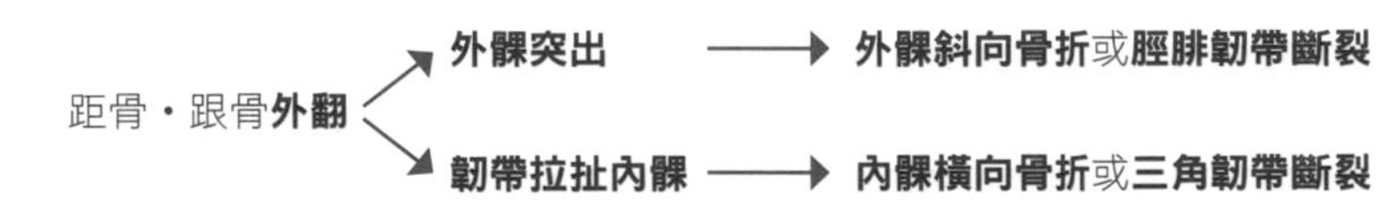
距骨・跟骨**外翻**
外髁突出 → 外髁斜向骨折或脛腓韌帶斷裂
韌帶拉扯內髁 → 內髁橫向骨折或三角韌帶斷裂

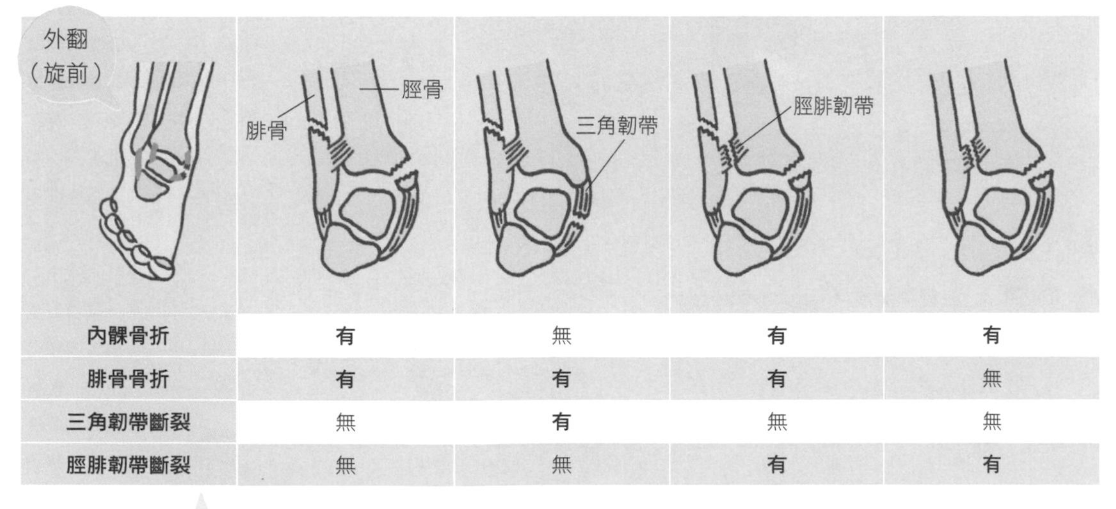
外翻（旋前）
脛骨
腓骨
三角韌帶
脛腓韌帶

內髁骨折	**有**	無	**有**	**有**
腓骨骨折	**有**	**有**	**有**	無
三角韌帶斷裂	無	**有**	無	無
脛腓韌帶斷裂	無	無	**有**	**有**

有可能是多種損傷的組合。
必須確實找出所有損傷部位，並且加以固定。

阿基里斯腱斷裂 小心點，爸爸

何謂阿基里斯腱

Weak Point

阿基里斯腱的名字來自希臘神話人物阿基里斯的弱點。

腓腸肌

比目魚肌

阿基里斯腱

阿基里斯腱

跟骨

小腿三頭肌（腓腸肌＋比目魚肌）的遠端是阿基里斯腱，附著於跟骨

原因 好發於30～50歲的運動愛好者，多半發生在休閒娛樂中

想要成為英雄的爸爸

真是的！
爸爸～～！
區民運動會

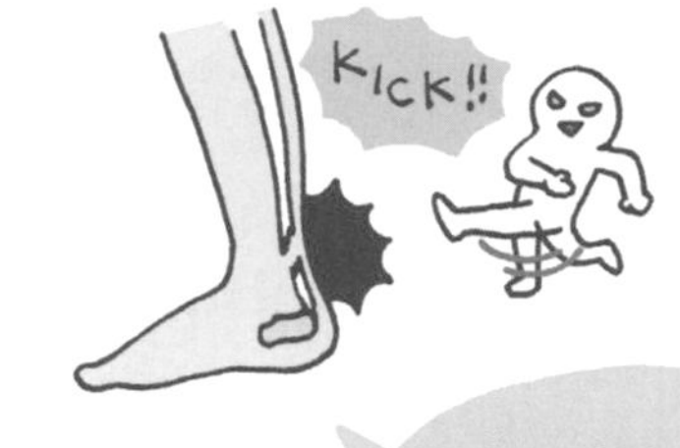

KICK!!

- 平常不運動的人一旦卯足全力，容易發生運動傷害。
- 跌倒後站不起來，即便是假日也得直接送醫院。

多數人於受傷時會感覺宛如**「被人從後面踢了一腳」**般的衝擊

診斷 湯普森測試（Thompson test）

- 因為阿基里斯腱斷裂，即便抓握小腿肚（小腿三頭肌），足部也完全不會動。

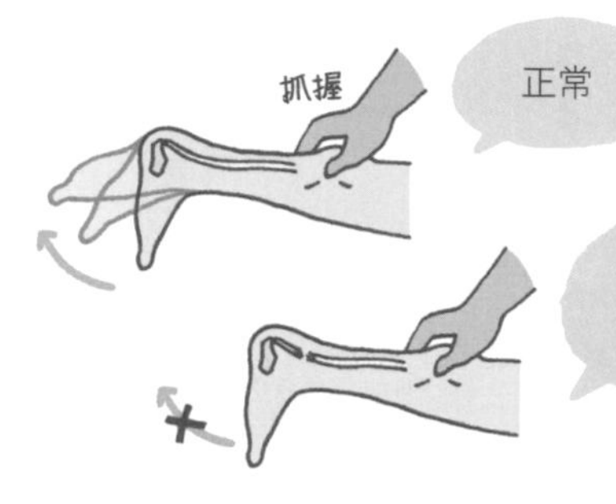

抓握

正常

湯普森測試呈陽性
＝
阿基里斯腱斷裂

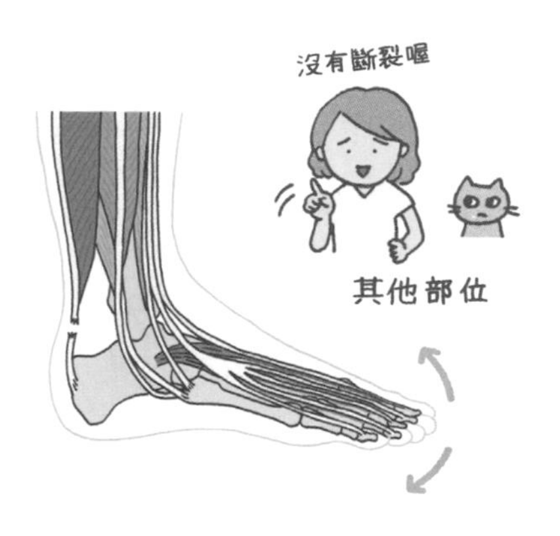

阿基里斯腱以外的部位沒有斷裂，所以能夠靠自己的力量活動腳踝。

● 治療

手術治療：阿基里斯腱縫合手術

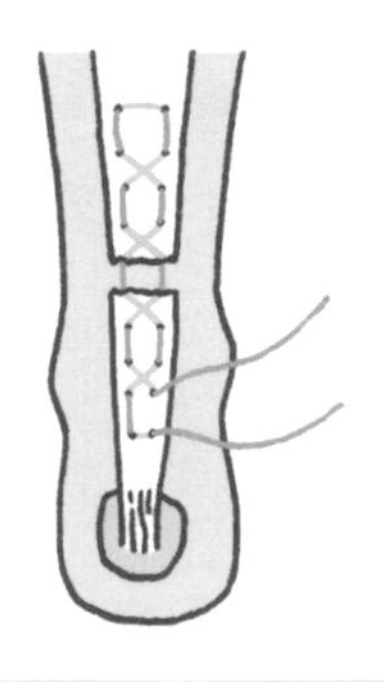

- 也可以採用保守治療。
- 但固定期間會拉得比較長。

保守治療

● 術後治療

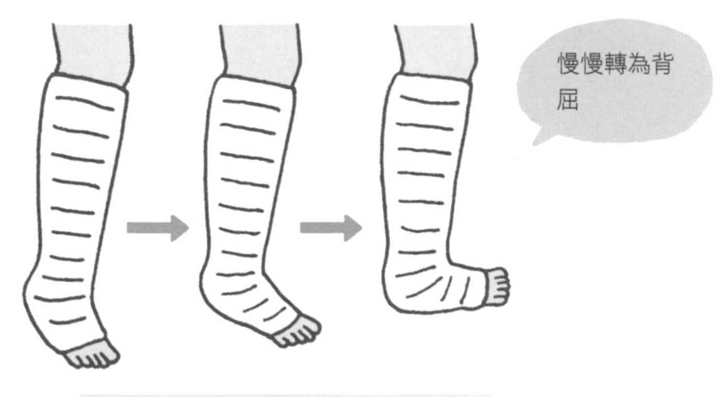

- 需要差不多6個月以上才能走路。
- **或許有機會參加明年的運動會。**

拇趾外翻

女性壓倒性居多

● 原因

- 多發生於關節柔軟、肌力較不足的女性身上。
- 擴散足（橫弓肌力退化）。
- 行走距離減少造成足部肌力下降。
- 不合腳的鞋子。

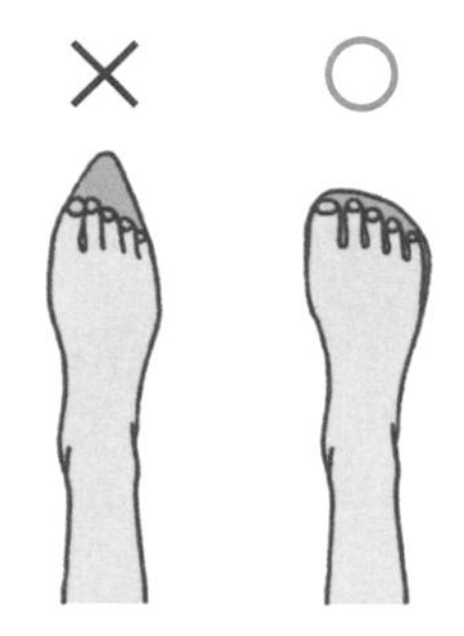

鞋子楦頭太尖的高跟鞋容易造成拇趾外翻

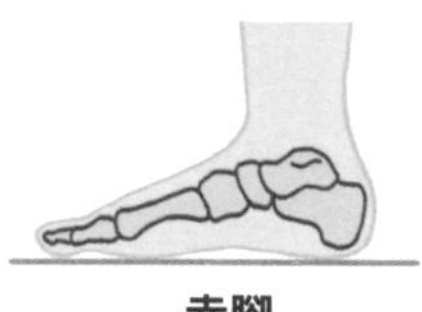

赤腳

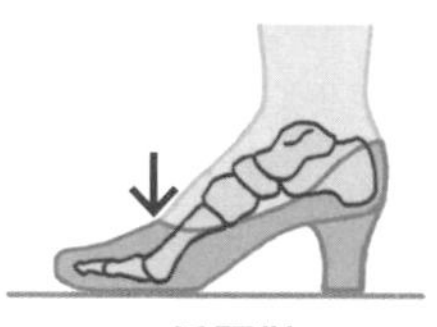

低跟鞋

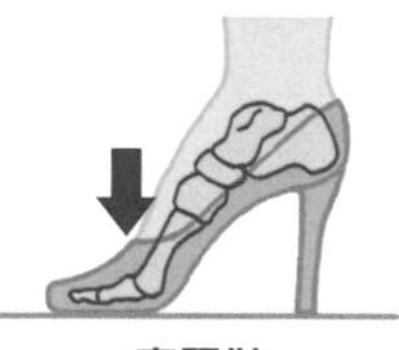

高跟鞋

鞋跟愈高，體重愈容易集中在足部，進而將拇趾壓向外側

● 診斷

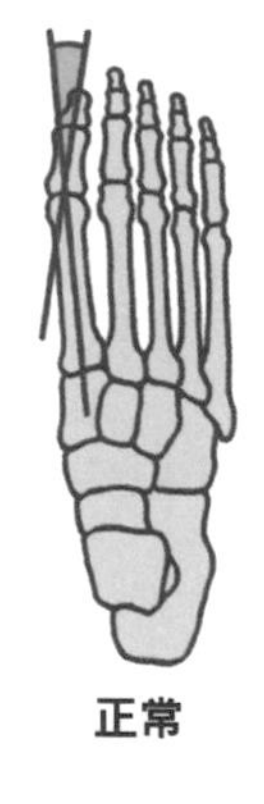

正常

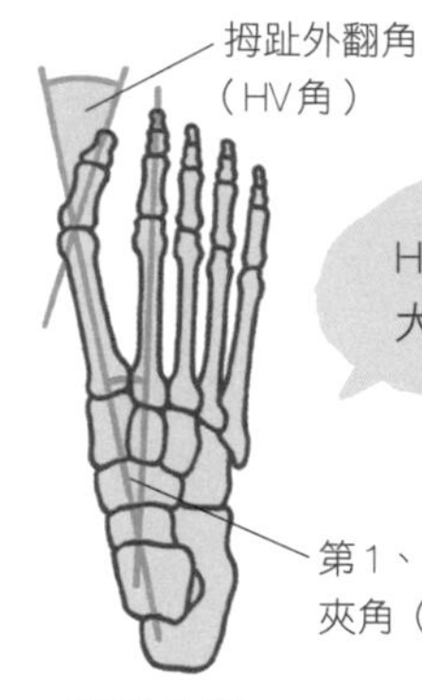

拇趾外翻

HV角、M 1/2角變大

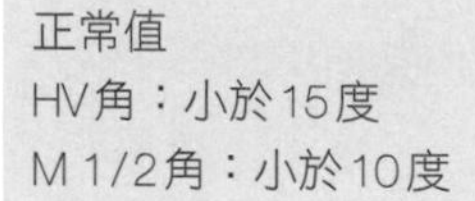

正常值
HV角：小於15度
M 1/2角：小於10度

● 保守治療

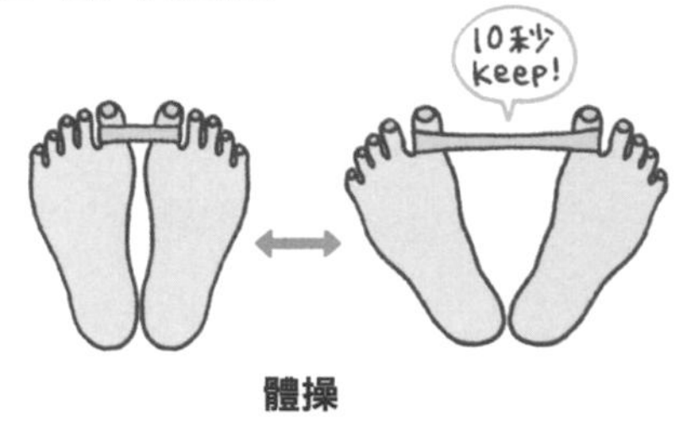

體操

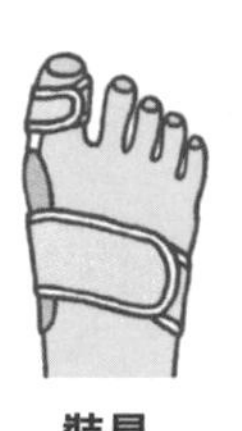

裝具

使用某些方式使外翻的拇趾朝向內側。

● 手術治療

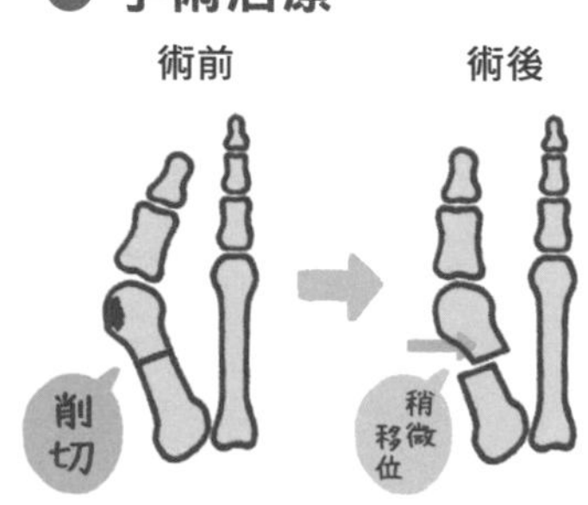

蹠骨切骨矯正手術

手部和足部 總整理

・手和腳的外觀截然不同，而手指的靈活度與腳趾相比更是判若雲泥。

・但針對骨骼本身進行比較，會發現兩者的基本結構相同，所以**將手和腳的骨骼對比記憶，相對省時又省力**。

大約400萬年前開始以兩腳直立行走，前腳進化成手

外觀截然不同，但骨骼結構相似

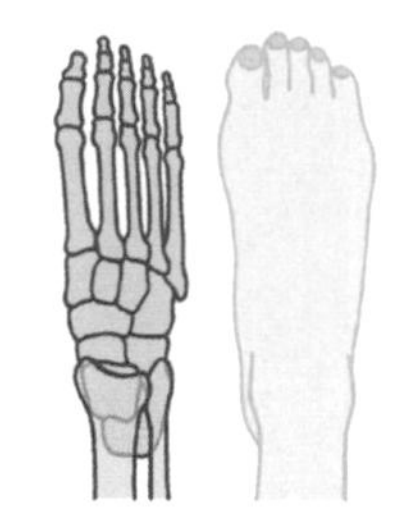

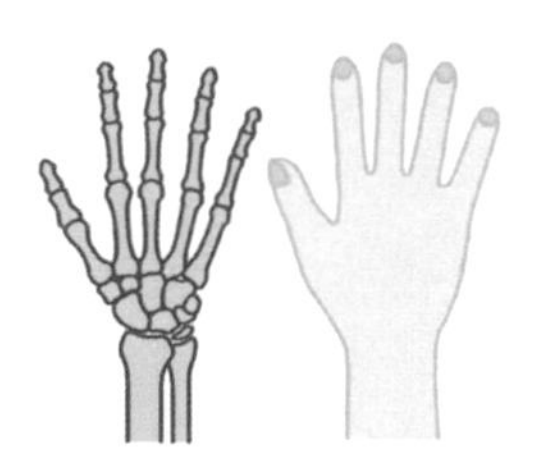

● 骨骼結構

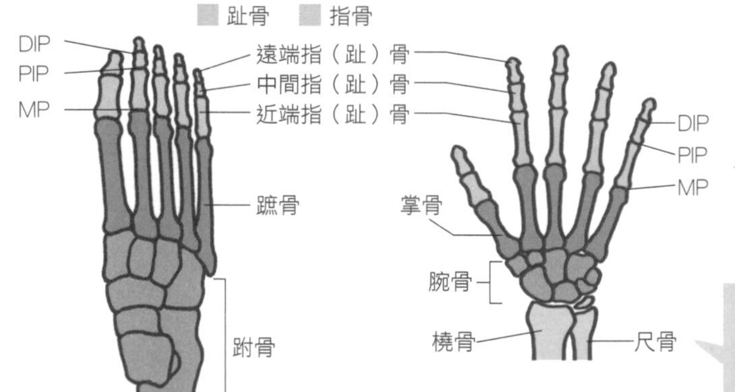

遠端・中間・近端指（趾）骨在足部通稱趾骨，在手部通稱指骨。除腕骨外，骨骼和關節數量相同，名稱也相似。

跗骨有7塊，但腕骨有8塊。手部和足部同樣都有舟狀骨。

● 掌弓、足弓構造

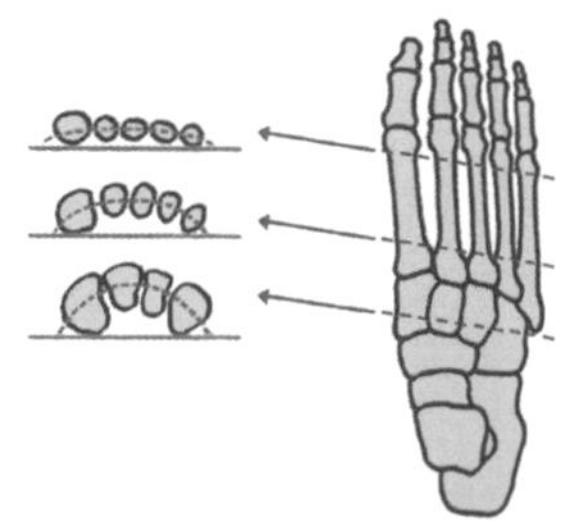

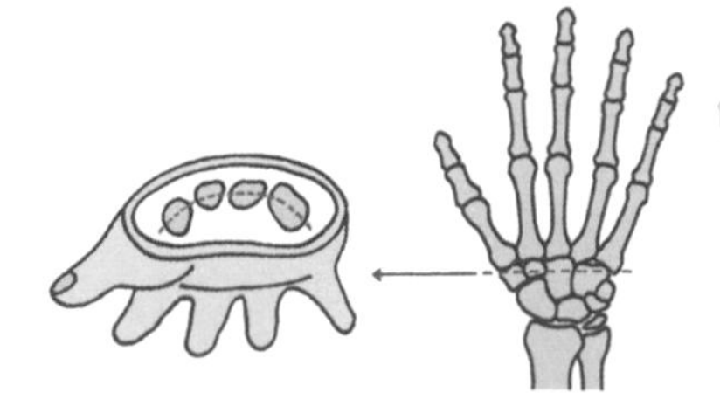

手掌也有掌弓結構，形成腕隧道

足部由第1～3楔狀骨和骰骨構成足弓，手部由大・小多角骨和頭狀骨、鉤狀骨構成掌弓，兩者都由4塊骨骼構成弓形結構。

活動範圍

屈曲、伸展

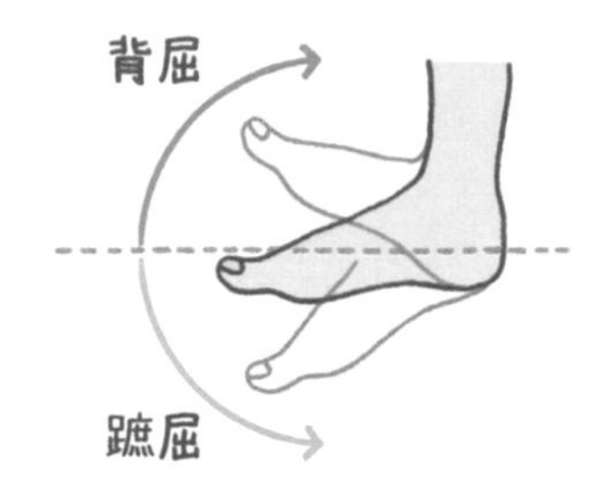

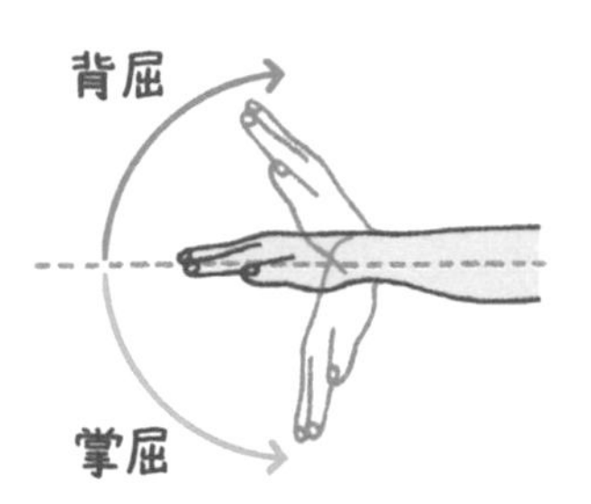

正式表現	慣用表現（足）	慣用表現（手）
屈曲	蹠屈	掌屈
伸展	背屈	背屈

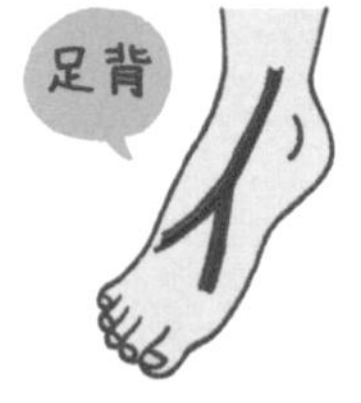

足背（動脈）

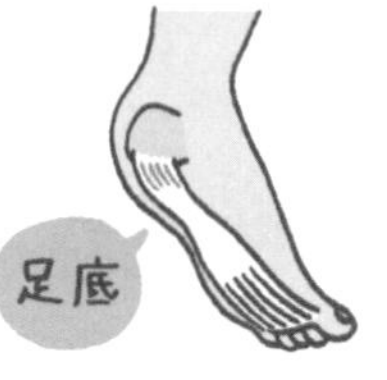

足底（足底筋膜）

手背

手掌

如同足背、足底、手背、手掌等慣用語，足部和手部關節的屈曲・伸展也各自有**蹠屈、背屈、掌屈的慣用稱呼**。

旋前、旋後

足部的內・外在正式名稱與慣用表現有截然不同的說法，容易令人感到困惑

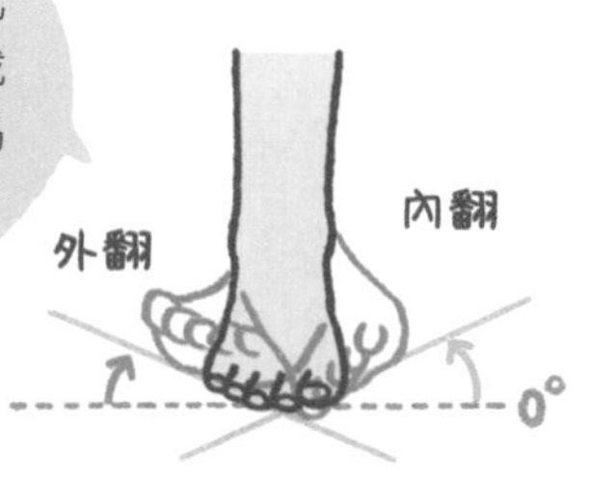

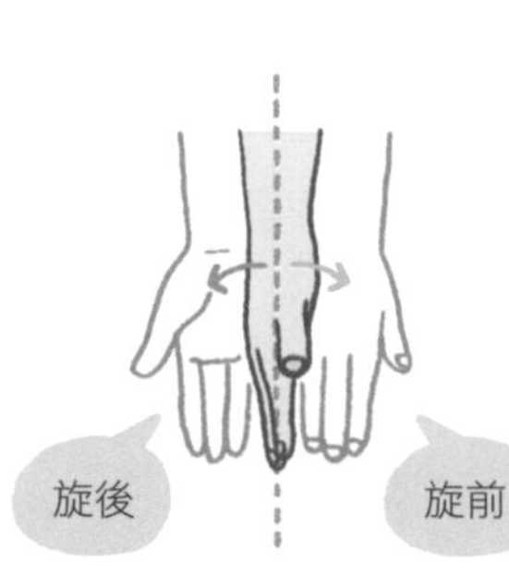

正式表現	慣用表現（足）	慣用表現（手）
旋前	外翻	沒有（旋前）
旋後	內翻	沒有（旋後）

兒童骨骼

軟骨多且柔軟

● 骨折方式

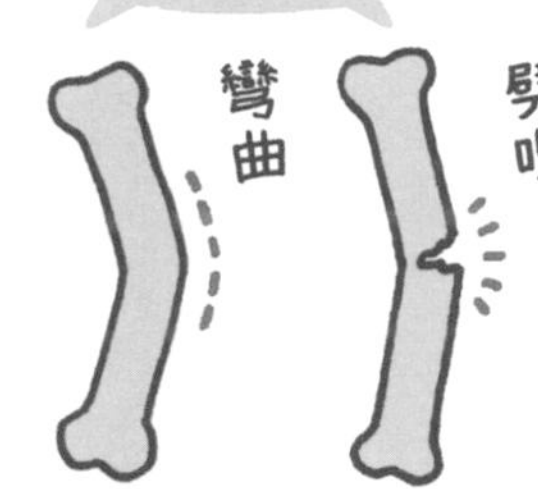

新枝 → 枯木

急性塑性變形	柳條狀骨折	一般骨折	脆弱性骨折
骨骼彎曲變形	骨骼不完全斷裂	骨骼完全斷開	骨骼被壓碎

● 骨骼成長

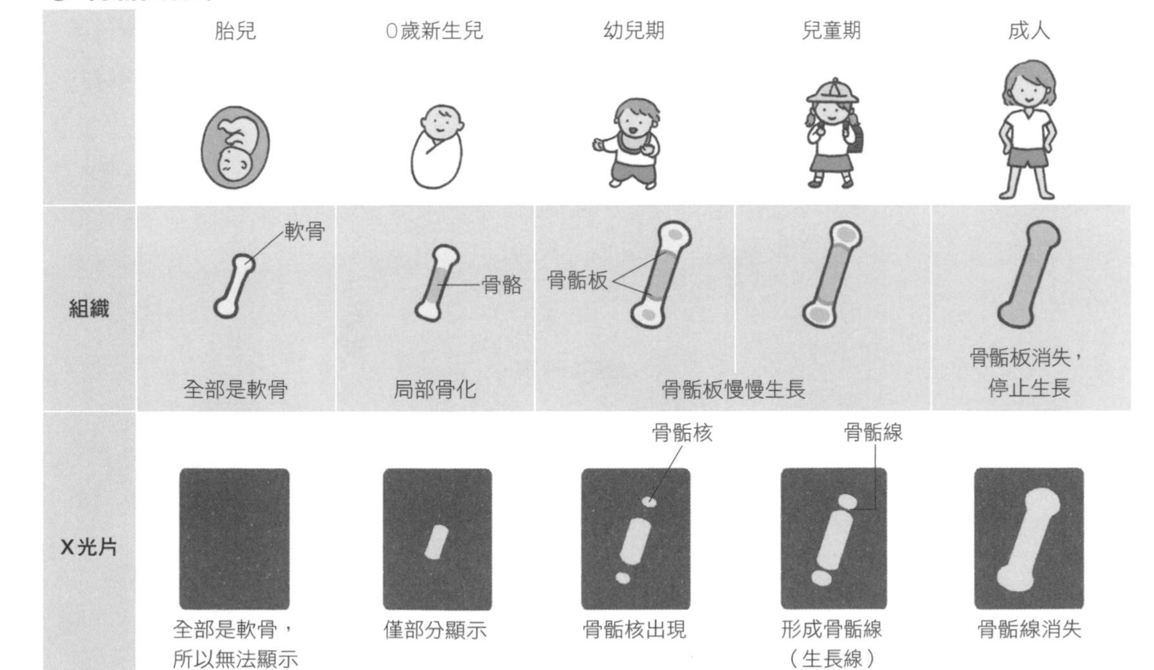

- 骨骺核變大後，骨骺板在X光片上看起來像一條線，所以稱為**骨骺線**。
- 看得見骨骺線的期間，身高持續生長，因此骨骺線也稱為**生長線**。

骨骺線有好幾種不同的說法

	X光片上的名稱	組織上的分類	功用分類	區別上的分類
名稱	骨骺線	骨骺板	生長線	骨骺
意義	存在於骨骺的一條線	與生長有關的軟骨組織	存在於持續生長的兒童身上	為了區別不同於關節軟骨而另有稱呼

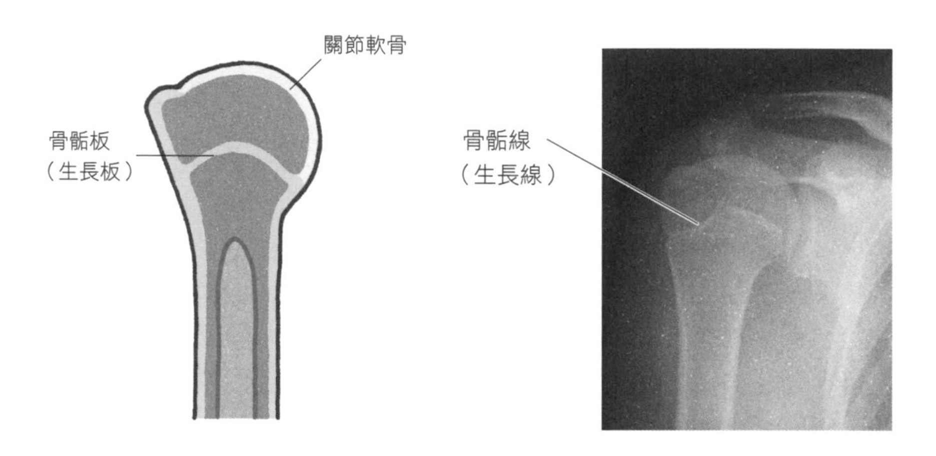

● 骨骺線於臨床上的應用範例

・**骨骼成熟度**（Risser sign）：基於髂骨骨骺線形成的進展加以分類。

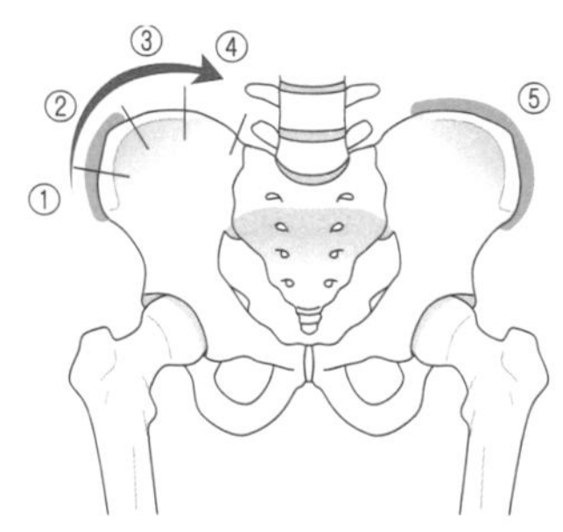

骨骼成熟度

0：完全未形成骨骺核的狀態
1：骨骺核（骨骺線）形成至髂嵴的1/4
2：骨骺核（骨骺線）形成至髂嵴的1/2
3：骨骺核（骨骺線）形成至髂嵴的3/4
4：骨骺核（骨骺線）形成至髂嵴全區
5：骨骺線消失（女性15～16歲，男性17～18歲）

・透過觀察骨骼成熟度，可以預測大約生長發育到幾歲。
・骨骼成熟度5級表示生長停止，同時也是脊椎側彎的裝具治療是否告一段落的有力指標。

骨骺線損傷

・骨骼上還留有骨骺線（結構性較差）的**兒童所特有的骨折**。

● 原因＝外傷

跌倒

骨骺損傷分類（Salter-Harris 分類法）

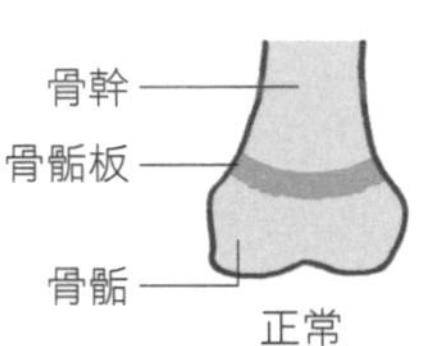

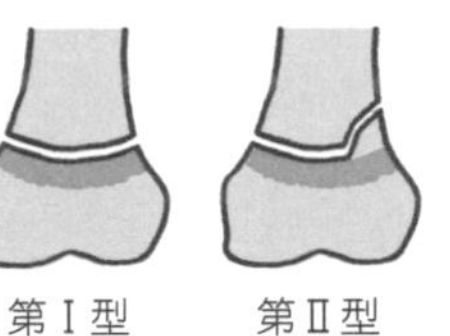

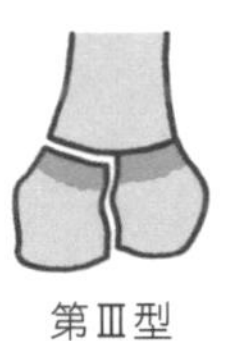

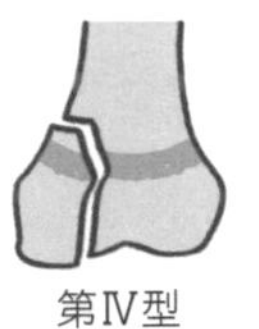

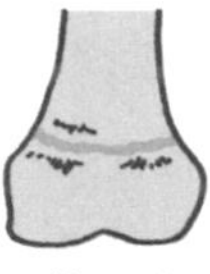

正常　第Ⅰ型　第Ⅱ型　第Ⅲ型　第Ⅳ型　第Ⅴ型

- **依Ⅰ→Ⅴ的順序，預後愈來愈差。**
- 骨折造成骨骺線斷裂的第Ⅲ型和第Ⅳ型需要透過手術治療進行復位與固定。
- 第Ⅴ型是受到長軸方向的壓迫力，導致骨骺線本身大範圍崩裂的狀態。無論進行什麼樣的治療，預後都不太樂觀。

● 發生於兒童球窩關節的骨骺損傷分類第Ⅰ型損傷

・好發於關節中活動方向多的球窩關節（肩關節、髖關節）。

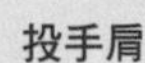

投手肩

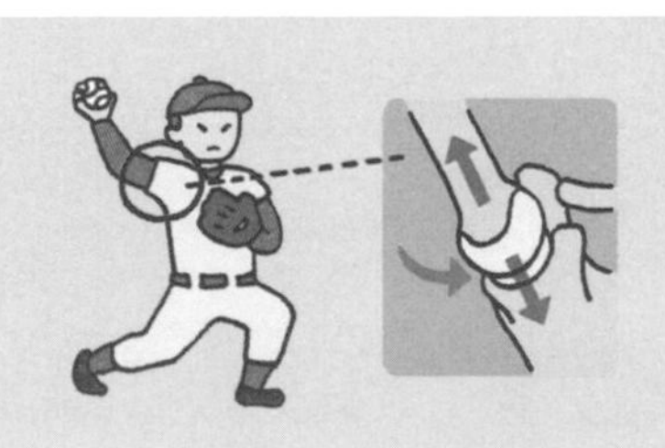

牽引和扭轉力量施加於肱骨頭上

股骨頭骨骺滑脫症

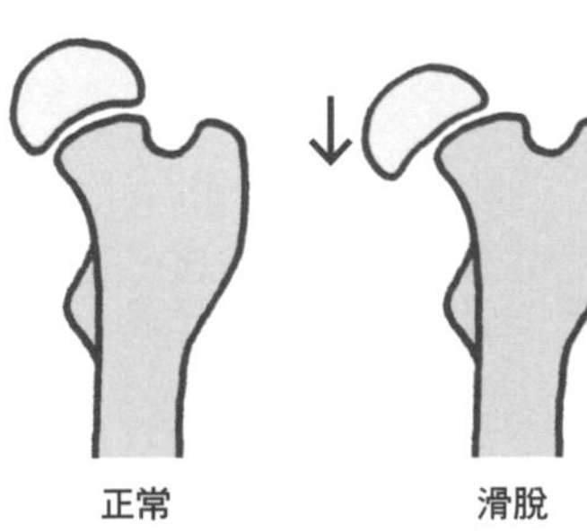

壓力施加於股骨頭上

- 施壓（體重）於股骨頭上，造成骨骺線部位滑脫。
- 發生於體格較為壯碩的兒童身上。
- 骨骺線部位的軟骨細胞呈柱狀排列，強度比較低。

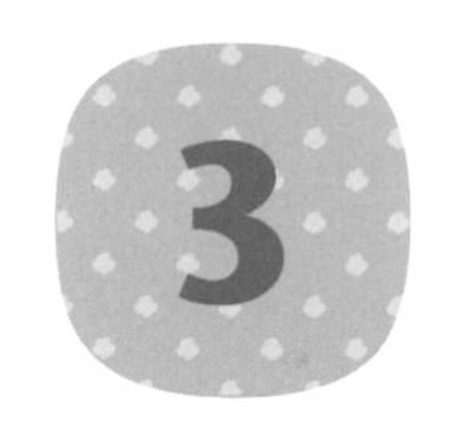

3 先天性髖關節脫臼

早期發現是治療的第一步

病狀

- 嬰幼兒期的髖關節脫臼狀態。
- 畢竟沒人知道究竟是不是一出生就脫臼，稱為「先天性」的確有些不適合，因此後來更名為**「發展性髖關節發育不良」**。但這個病名似乎不太好記。

體表　往後方、上方脫臼，可以從體表觀察到以下現象（插圖為右脫臼）

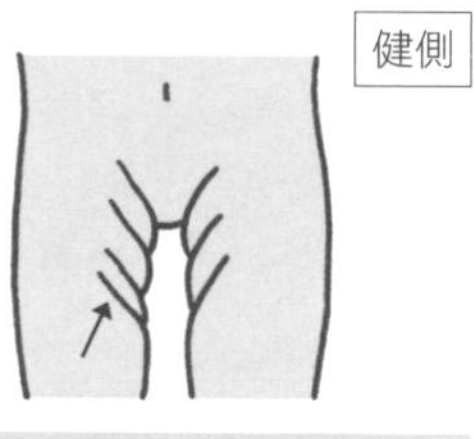

大腿皮膚皺褶左右不對稱
往上方脫臼的患側腳變短，皺褶增加。

屈曲外展受限　可屈曲外展

屈曲外展受限
脫臼造成大腿無法順利張開。

艾利司氏病徵（Allis sign）
往後方脫臼，患側腳膝蓋變低。

骨骼

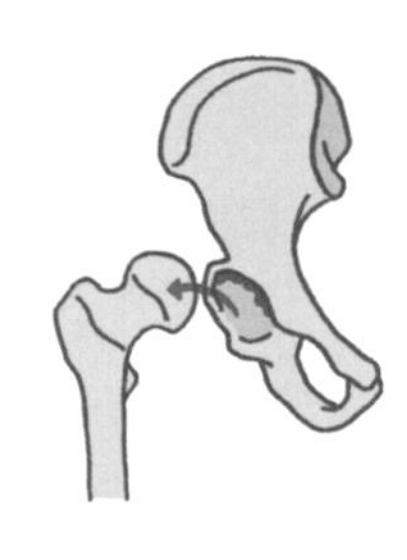

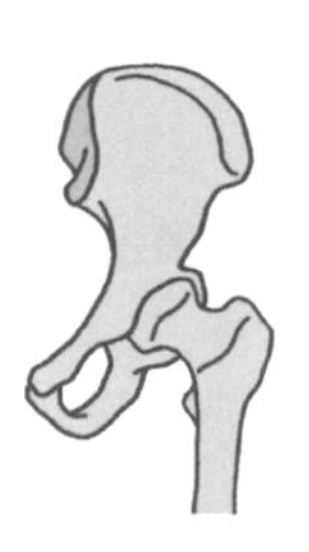

患者背景

- 好發於女嬰，臀位分娩或有家族史的人發生機率高。

骨科醫師製作並提供給新生兒篩檢醫師參考的小手冊

新生兒髖關節篩檢的必要清單與建議接受二次健檢

①髖關節屈曲外展受限（大腿張開角度）

屈曲外展受限的觀察方法：髖關節屈曲90度後外展。
屈曲外展角度（右圖a）小於70度，亦即屈曲外展受限角度（右圖b）大於20度時呈陽性。

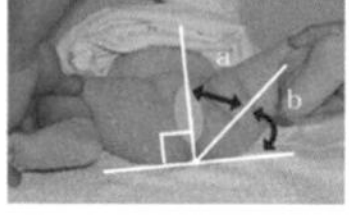

嬰兒習慣朝向某一邊時，特別留意對側的屈曲外展受限情況和左右側差異。

②大腿皮膚皺褶或鼠蹊部皮膚皺褶非對稱

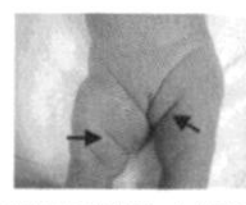

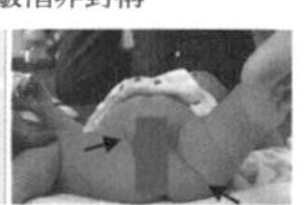

注意大腿皮膚皺褶位置、左右側的數量差異，鼠蹊部皺褶的深度和長度的左右側差異。

③家族史：有血緣關係者的髖關節疾病

④女嬰

⑤臀位分娩（包含剖腹產時的肢位）

關於建議接受二次健檢

- 髖關節屈曲外展受限呈陽性時，建議接受二次健檢
- 符合①②③④中的其中2項以上者，建議接受二次健檢
- 基於篩檢醫師的判斷和監護人意願，進一步接受精密檢查

其他：好發於秋冬季出生的嬰兒，所以必須特別留意髖關節屈曲外展時的復位感覺（輕敲）和髖關節過度屈曲外展問題。
光靠問診和觀察身體外觀，無法毫不遺漏地篩檢出新生兒髖關節異常現象。

日本骨科醫學會・日本小兒骨科醫學會

● 診斷

・婦產科的健檢經常使用超音波進行診斷依據。

・將超音波探頭直接接觸人體，確認髖關節狀態。

・有時候因為軟骨比較多，難以透過X光攝影進行診斷。

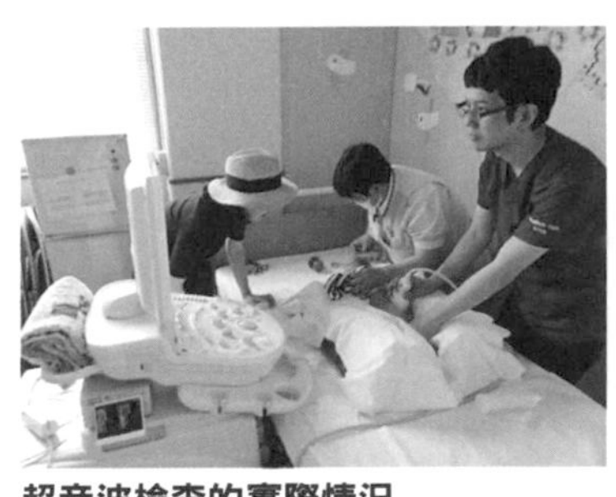

超音波檢查的實際情況

超音波影像

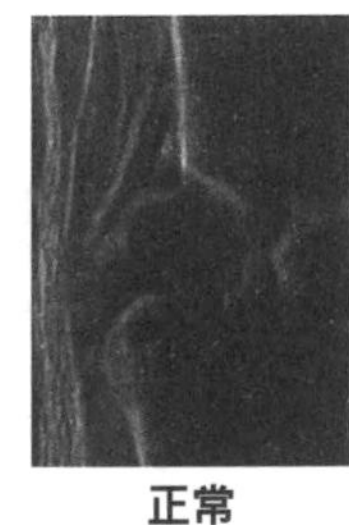

正常

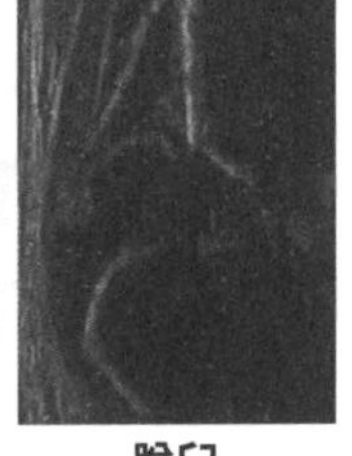

脫臼

● 預防

・以髖關節穩定的屈曲外展姿勢抱嬰兒。

● 治療

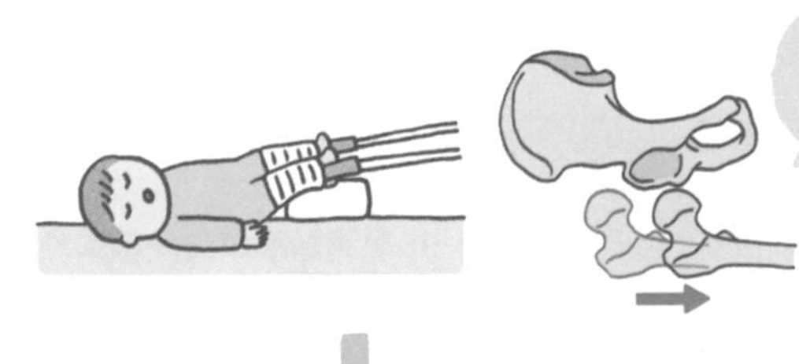

屈曲外展姿勢有助於髖關節的復位
↓
帕氏吊帶（Pavlik harness）
（門診）

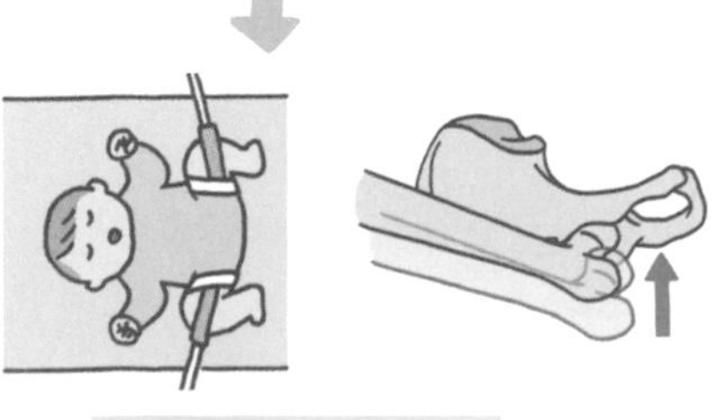

無法復位時
↓
牽引治療（住院）

● 髖關節的屈曲外展

・從屈曲 90 度的位置開始向外展開的角度。

・嬰幼兒專屬的活動範圍用語。

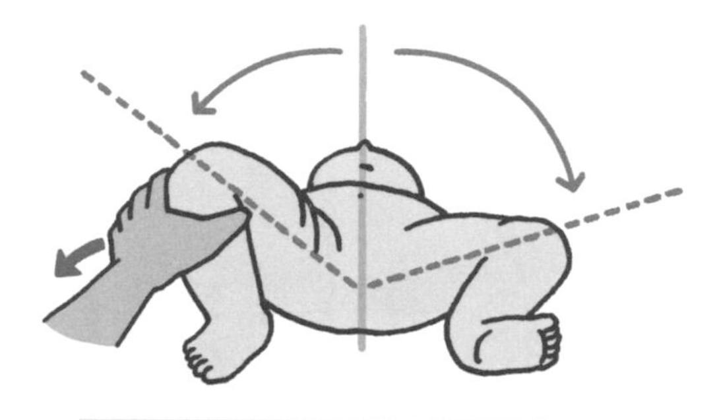

嬰幼兒髖關節屈曲外展角度小於 70 度時稱為屈曲外展受限。

↓

有屈曲外展受限情況時，疑似脫臼。

前輩曾經說過「負責診斷小兒髖關節的人，試著讓小嬰兒做出無尾熊抱姿勢」

無尾熊抱是髖關節屈曲外展姿勢

新生兒肌肉骨骼系統篩檢為什麼只針對髖關節

新生兒的代表性疾病有先天性馬蹄內翻足和發展性髖關節發育不良。

先天性馬蹄內翻足之所以沒有列在篩檢項目中，是因為畸形情況顯而易見。絕大多數不是出生後父母直接帶來接受檢查，就是婦產科醫師建議接受進一步的精密檢查。

沒有任何骨科醫師對「先天性」這個接頭語持反對意見，畢竟打從母親肚子裡出來時若已經有肢體變形情況，確定是「先天性」無誤。

另一方面，髖關節覆蓋於臀部的肌肉與脂肪之下，難以從表面察覺脫臼情況，所以打從很久以前就已經將發展性髖關節發育不良列為新生兒篩檢的項目之一。實際上，幾乎是篩檢結果出現「疑似陽性」而轉介至大醫院進行精密檢查，鮮少是一出生即診斷為異常。

因此，絕大多數的情況下，沒有人知道究竟是不是「先天性」。基於這個緣故，近年來不再使用「先天性」這個說法，而是更名為**發展性髖關節發育不良**，同時也因為脫臼這個詞無法表現這種疾病的全貌與狀況。

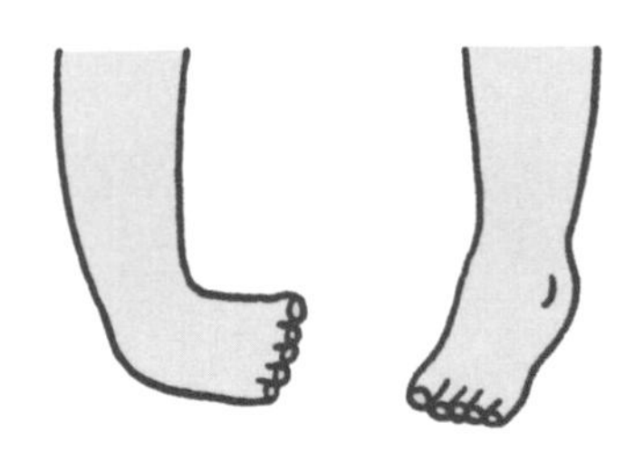

一眼即看出是先天性馬蹄內翻足

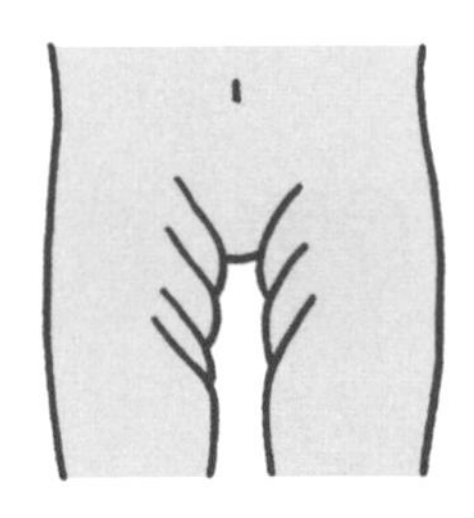

肉眼無法確認是否為先天性髖關節脫臼

脊椎側彎

健康檢查每年確認

● 外觀

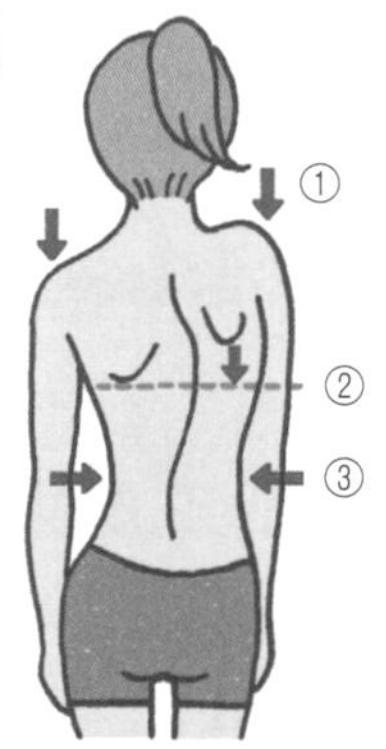

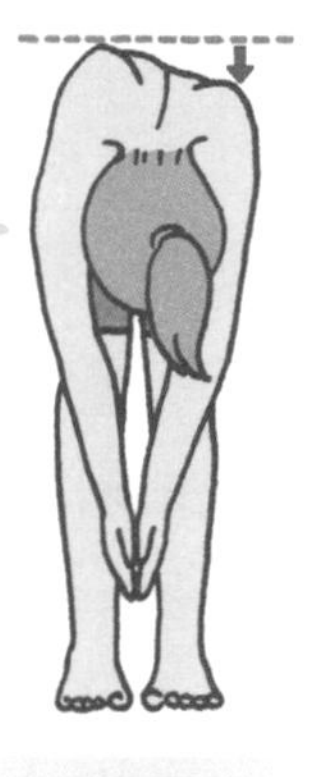

雙手合掌，膝蓋伸直，上半身慢慢向下彎曲

站立姿勢
有左右高低差，疑似脊椎側彎。
①肩膀高度
②肩胛骨高度和突出程度
③腰線（腰部內凹處）

前屈姿勢
背部傾斜。

● 診斷用指標

最為傾斜的椎體上緣與下緣延長線的夾角
＝**科布氏角**
（Cobb角）

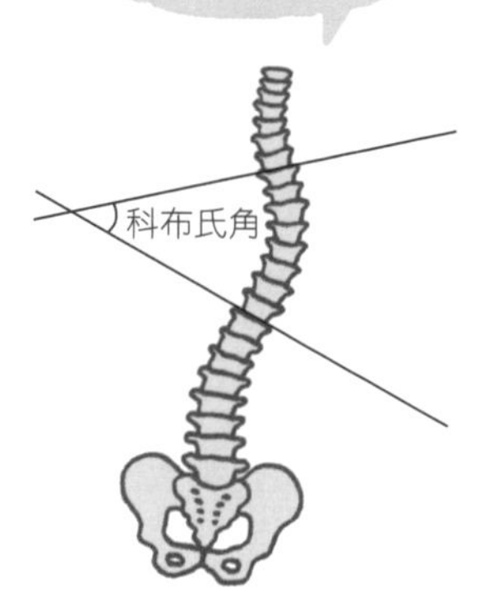

● 治療

科布氏角10～25度：追蹤觀察、25～40度：裝具治療、40度～：評估手術治療可行性

裝具治療

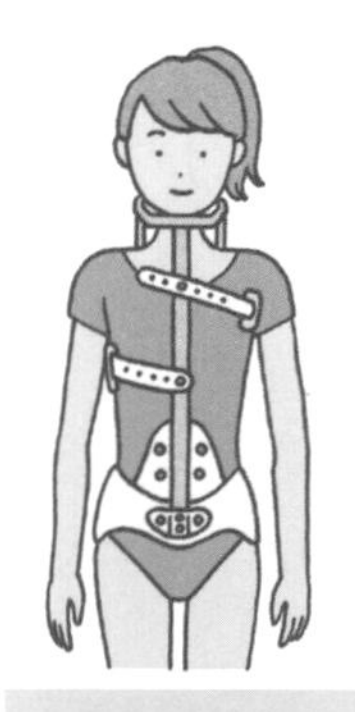

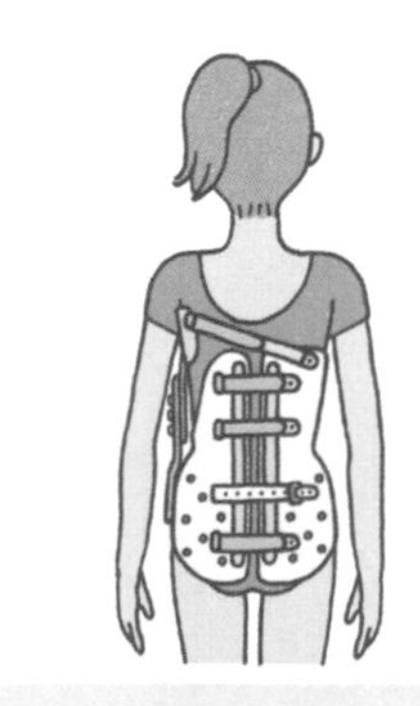

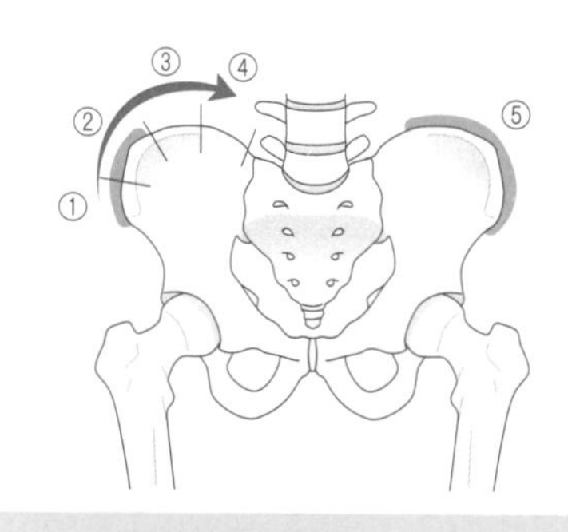

密爾瓦基背架
（Milwaukee brace）
脊椎側彎主要彎度在第6節胸椎近端時，必須有支撐架固定下顎。

腋下裝具
脊椎側彎主要彎度在第7節胸椎遠端時，必須從腋下加以固定。

骨骼成熟度（Risser sign）
脊椎側彎隨身高增加而持續進展，在骨骼成熟度達4以上且身高增加少於1㎝之前，必須持續穿戴裝具進行矯正治療➔p.148。

肌肉骨骼系統篩檢

大家知道運動障礙症候群嗎？

日本當前最大的課題是如何延長健康平均餘命（生活能夠自理，無須仰賴他人的狀態）。內科提倡正視代謝症候群，而外科則提倡正視關節、肌肉等運動器官衰退的**運動障礙症候群**➔ p.171概念，並且提醒各年齡族群必須定期進行健康檢查。基於這樣的背景，近年來肌肉骨骼系統的健檢愈來愈受到矚目。

● 一般健康檢查・特殊篩檢

一般健康檢查	・一般身體健康檢查，確認身體健康狀態。
特殊篩檢	・早期發現特殊疾病，並且早期進行治療。 ・例如發現乳癌或子宮頸癌等的「癌症篩檢」。
法定健檢	・日本法律規定自出生後必須定期接受各種健康檢查。

嬰幼兒篩檢（母子保健法）

3～4個月大、1歲半、3歲

學校健檢（學校保健安全法）

幼稚園～大學每一年

容易延遲發現，但早期治療能有良好預後的發展性髖關節發育不良（3～4個月大新生兒篩檢）和脊椎側彎（學校健檢）等很久以前就已經列入健康檢查項目中。

勞工健康檢查（勞動安全衛生法）

於公司工作的勞工

成人預防保健健檢＝代謝症候群健檢（國民健康保險法）

40～74歲加入全民健康保險者

・學校健康檢查多半由不熟悉肌肉骨骼診察的內科醫師負責。
・自2016年起，監護人可於健診表中填寫下列項目，符合情況者再由健診醫師轉介給相關骨科醫師。

①是否有疼痛症狀（後彎折腰、活動手腳）
②手腳活動範圍是否受限
③能否單腳站立5秒以上
④能否向下蹲踞

成人與兒童的疾病名稱

病狀相同，但不同對象（成人或兒童）有不一樣的疾病名稱。服務於小兒骨科後，更是深切感受到這一點。舉例來說，常見於新生兒的分娩性臂神經叢損傷其實就是一般常說的「臂神經叢損傷」，只是特別發生於分娩時候，因此加上「分娩性」這幾個字。若依循這樣的規則，騎車出車禍造成的臂神經叢損傷應該也可以稱為「機車性臂神經叢損傷」，然而實際上從沒聽過這種說法。

第一次接觸「小兒術語」時，原以為是一種全新截然不同的疾病，但明白病理和病症相同後，有助於彙整在一起並加以記憶。

供應股骨頭的血流不足，造成股骨頭無法獲得養分和氧氣而崩壞的股骨頭缺血性壞死症，若發生在兒童身上，另外稱為小兒股骨頭缺血性壞死。雖然二者發病機轉相同，但兒童和成人所需要的壞死骨修復時間大不相同，因此治療方式也大相逕庭。由於兒童多半具有驚人的修復能力，才會基於不同治療方式而有不同的疾病名稱。

成人	兒童	病狀
股骨頭缺血性壞死	小兒股骨頭缺血性壞死	供應股骨頭的血流不足
臂神經叢損傷	分娩性臂神經叢損傷	臂神經叢受損
腦中風	腦性麻痺	腦出血或腦梗塞造成麻痺
脊髓損傷	脊柱裂	脊髓損傷
板機指	先天性拇指扳機指	指肌肌腱腱鞘炎
臀肌內股骨頭	發展性髖關節發育不良	先天髖關節脫臼
		日本有句諺語說「青蛙的孩子還是青蛙」，但青蛙的孩子其實是蝌蚪

骨科標誌

1741年，巴黎大學的尼古拉斯・安德里（Nicolas Andry）教授寫了一本書，書裡畫了一棵樹，而這棵樹現今已成為全球骨科專用標誌。當時醫學尚不發達，四肢畸形的兒童比較多，因此重心多擺在邊矯正邊隨著發育加以調整的治療，這棵樹就隱含了這層意義。

順帶一提，骨科（Orthopaesic）這個詞由變直（Ortho）和兒童（Paedic）兩個單字組合而成。之所以有兒童特有的疾病名稱，或許是受到這個歷史背景的影響。

象徵骨科的樹木　日本骨科醫學會　日本小兒骨科醫學會

類風濕性關節炎與退化性關節炎 總整理

● 病狀

	類風濕性關節炎	退化性關節炎
	 類風濕性關節炎是從內部遭到破壞 **類風濕性關節炎**	 退化性關節炎是長年以來造成的傾斜 傾斜… **退化性關節炎**
原因	・免疫系統異常（自體免疫疾病）	・關節軟骨退化 ・肥胖 
病狀	・滑膜組織發炎、異常增生 →釋放破壞物質 燃燒 	・軟骨彈性變差 ・過度使用
好發部位	・全身關節（滑膜存在的部位）	・承載體重的部位（下肢或腰部等）
血液檢查	・白血球、CRP上升 ・類風濕因子 ・抗CCP抗體呈陽性	・正常
軟骨狀態	・破壞 破壞殆盡 	・磨損（關節間隙變窄） 
骨骼狀態	・破壞 骨骼破壞  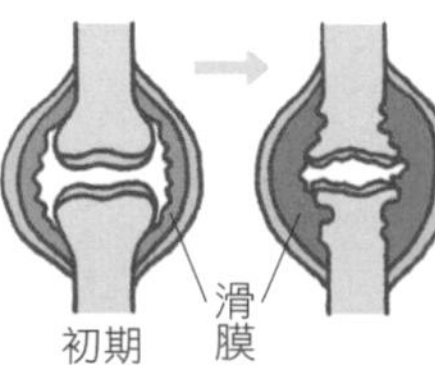  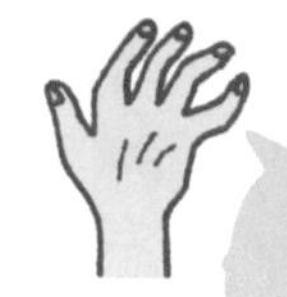 **尺測偏移** 類風濕關節炎引起的變形。若關節沒有遭到破壞，不會產生這樣的變形	・骨硬化：骨質變硬 ・骨刺：骨質增生 ・骨囊腫：形成空洞 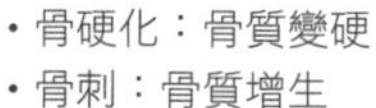 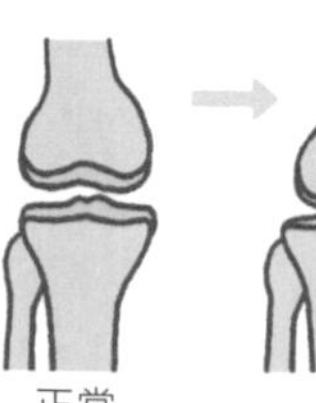 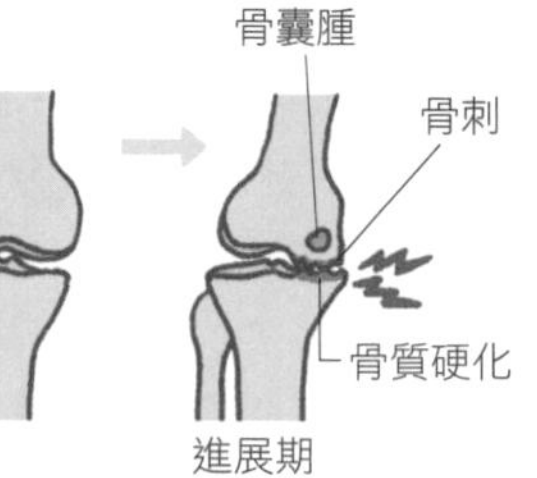 **退化性關節炎**

● 治療

	類風濕性關節炎	退化性關節炎
	 類風濕性關節炎的初期首重滅火	不要急，要有耐心 退化性關節炎需要長期治療
保守治療	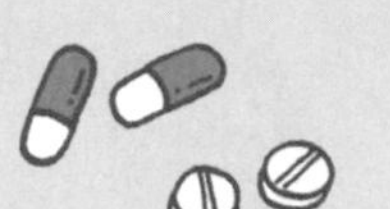 ・治療藥物（抗風濕藥物、生物製劑） →具滅火功用	・肌力訓練→穩定 ・足底→矯正下肢力線 ・減重→減少負荷 減重  ・治療藥物（NSAIDs、玻尿酸等）
手術治療	關節鏡手術 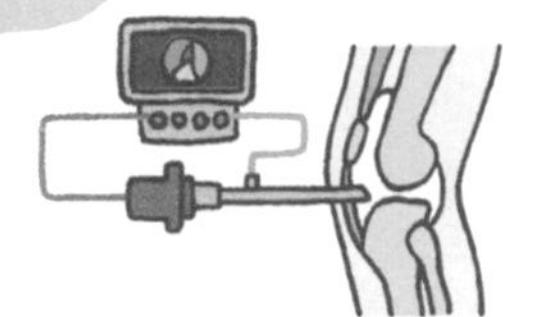 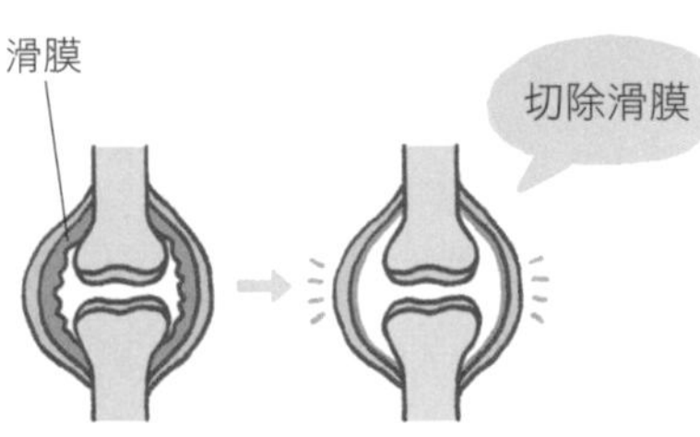 ※自從生物製劑登場後，手術件數逐漸減少。 ・切除滑膜→移除可燃物	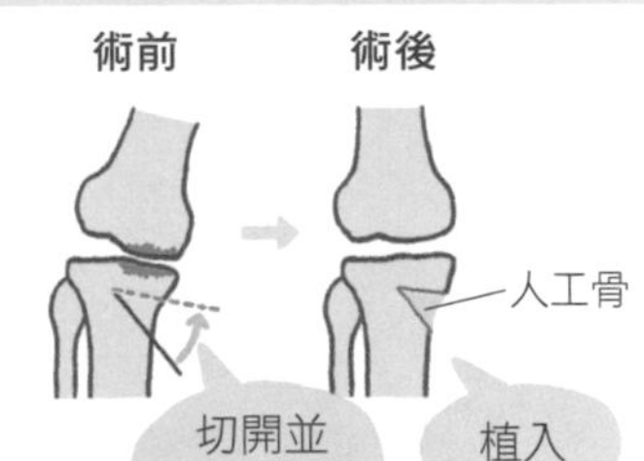 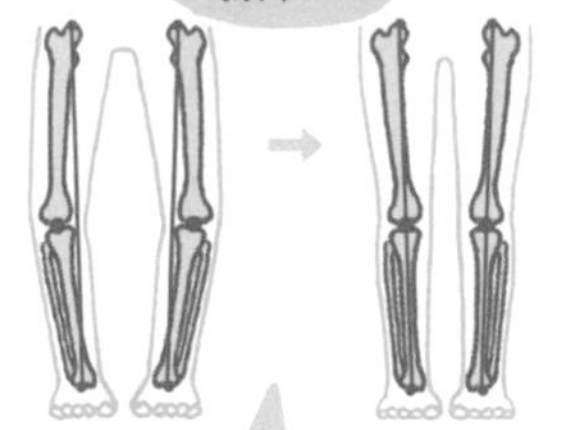 矯正O型腿使其恢復正常 ・截骨矯正術→矯正下肢力線
最終手段為 人工關節置換術	・使用年限 **類風濕性關節炎＜退化性關節炎** ・進行上肢人工關節置換術（肩膀、手肘）的機率 **類風濕性關節炎＞退化性關節炎**	

類風濕性關節炎的診斷

疑似罹患類風濕性關節炎的徵兆

● 診斷基準

日本風濕病醫學會

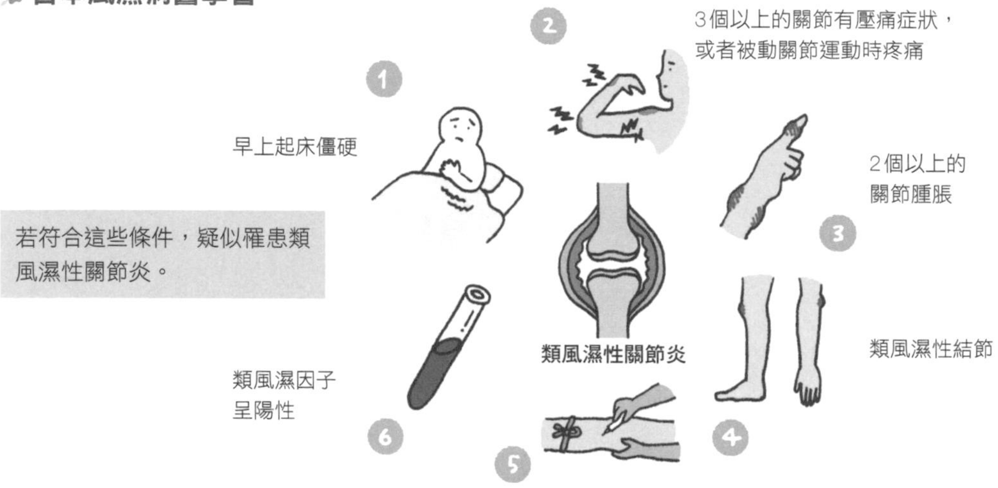

若符合這些條件，疑似罹患類風濕性關節炎。

美國風濕病醫學會／歐洲抗風濕聯盟（ACR／EULAR）

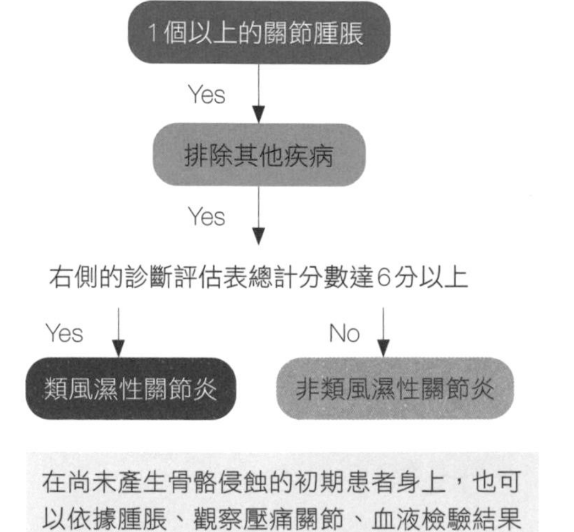

在尚未產生骨骼侵蝕的初期患者身上，也可以依據腫脹、觀察壓痛關節、血液檢驗結果等診斷是否罹患類風濕性關節炎。

可以早期診斷

表現		得分
腫脹或壓痛症狀的關節數	・1個大關節	0
	・2～10個大關節	1
	・1～3個小關節	2
	・4～10個小關節	3
	・＞10個關節（至少1個小關節）	5
血清學指標	・類風濕因子陰性且抗環瓜氨酸抗體（抗CCP抗體）陰性	0
	・類風濕因子弱陽性且抗CCP抗體弱陽性（正常上限的1～3倍）	2
	・類風濕因子強陽性且抗CCP抗體強陽性（正常上限的3倍以上）	3
發炎指數	・CRP正常且紅血球沉降速率正常	0
	・CRP異常且紅血球沉降速率異常	1
症狀持續時間	・＜6週	0
	・≧6週	1

出自Ann Rheum Dis. 69(9). 2010. 1580-8.

● 嚴重度評估

DAS28（疾病活動指數28）

- 全身28個關節有壓痛症狀，全身28個關節有腫脹症狀。

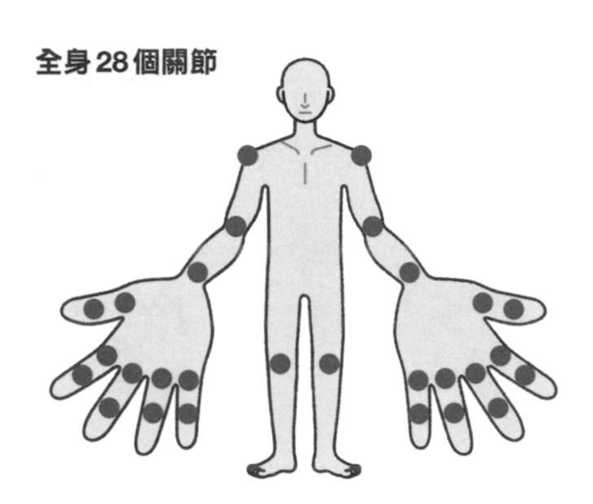

出自 van Gestel,AM. et al. Validation of rheumatoid arthritis improvement criteria that include simplified joint counts. Arthritis Rheum. 41（10）, 1998, 1845-50.

Steinbrocker分類（Steinbrocker classification）

- 依關節破壞進展的①Stage分類，以及依日常生活活動障礙的②Class分類。

①關節破壞進展（Stage 分類）

Stage 1（初期）

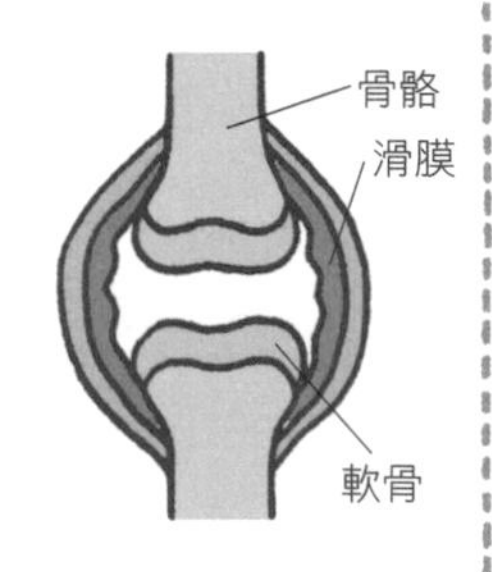

沒有硬骨・軟骨遭到破壞的跡象，但滑膜增生。

Stage 2（中期）

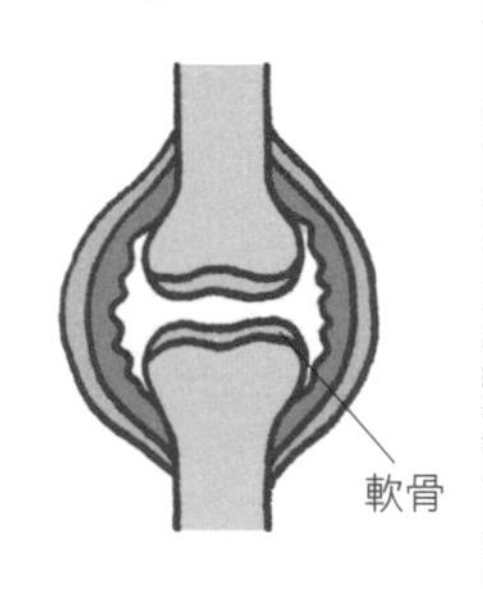

因軟骨遭破壞而導致骨骼間隙變窄。

Stage 3（高速活動期）

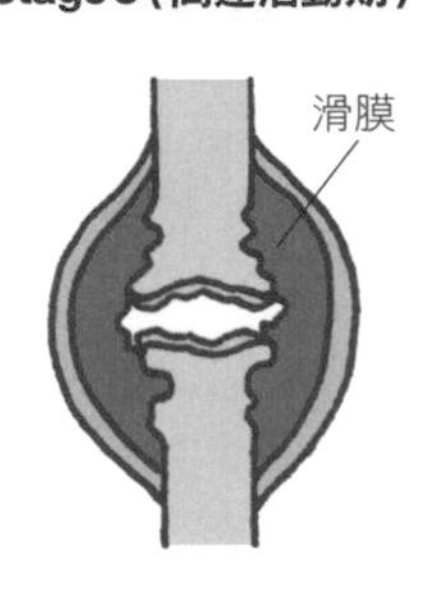

骨質破壞。

Stage 5（晚期）

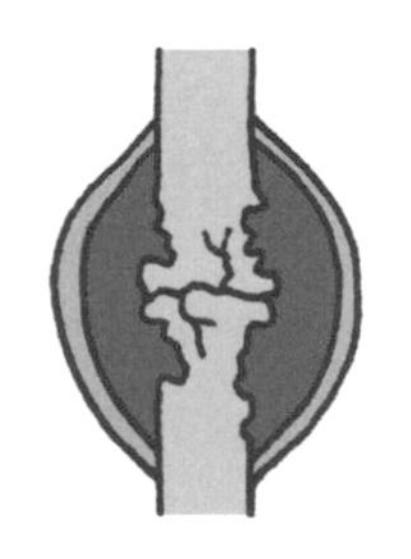

關節僵硬・變形。

②日常生活活動障礙（Class 分類）

Class 1 （幾乎正常）	Class 2 （輕度障礙）	Class 3 （受限）	Class 4 （無法自理）

日常生活活動完全沒有問題。	能夠自理日常生活活動與工作，但工作以外的休閒活動逐漸受到限制。	能夠自理日常生活活動，但工作本身和工作以外的休閒活動受到限制。	包含日常生活在內的所有活動都受到限制。

早期診斷，早期治療！預防病程和活動度障礙日漸惡化

類風濕性關節炎的藥物治療

● 類風濕性關節炎的原因與抗風濕藥物的作用

・免疫系統的功能本該是攻擊入侵體內的病毒與細菌並加以排除。

・造成類風濕性關節炎的原因是免疫系統出問題，誤把自己的關節組織當作敵人而加以攻擊。

抗風濕藥物＝疾病調節抗風濕藥物

（DMARDs：Disease Modifying Anti-Rheumatic Drugs）

・本身不具抗發炎作用，但能夠藉由**抑制・調節異常的免疫系統**以控制發炎反應。

①免疫抑制劑

・非特定性地抑制所有免疫功能的藥劑。

②免疫調節藥

・不影響正常免疫功能，僅針對異常的免疫功能進行調節的藥劑。

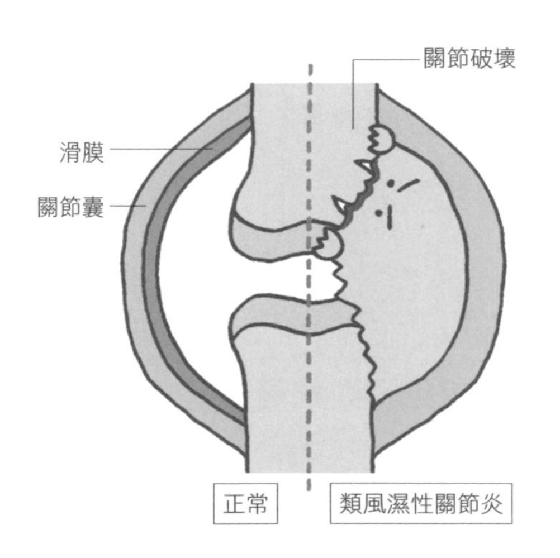

● 關節內狀態與生物製劑的作用

・新血管於滑膜內增生，自體免疫細胞的淋巴球聚集。

・聚集的淋巴球釋放發炎細胞激素（TNF和IL6）並破壞關節。

生物製劑

・具有抑制淋巴球活化、抑制發炎細胞激素活性的作用，有效避免關節受到破壞。

● 目前投藥方式

・①先投予抗風濕藥物。②成效不彰時並用生物製劑。

關於NSAIDs與類固醇

・非類固醇抗發炎藥物（NSAIDs）和腎上腺皮質素（類固醇藥物）具有抑制類風濕性關節炎誘發的關節炎，但無法阻止病程進展。

・在主要治療藥物出現效果之前，常作為輔助藥劑。

column

✿ 藥物治療法示意圖

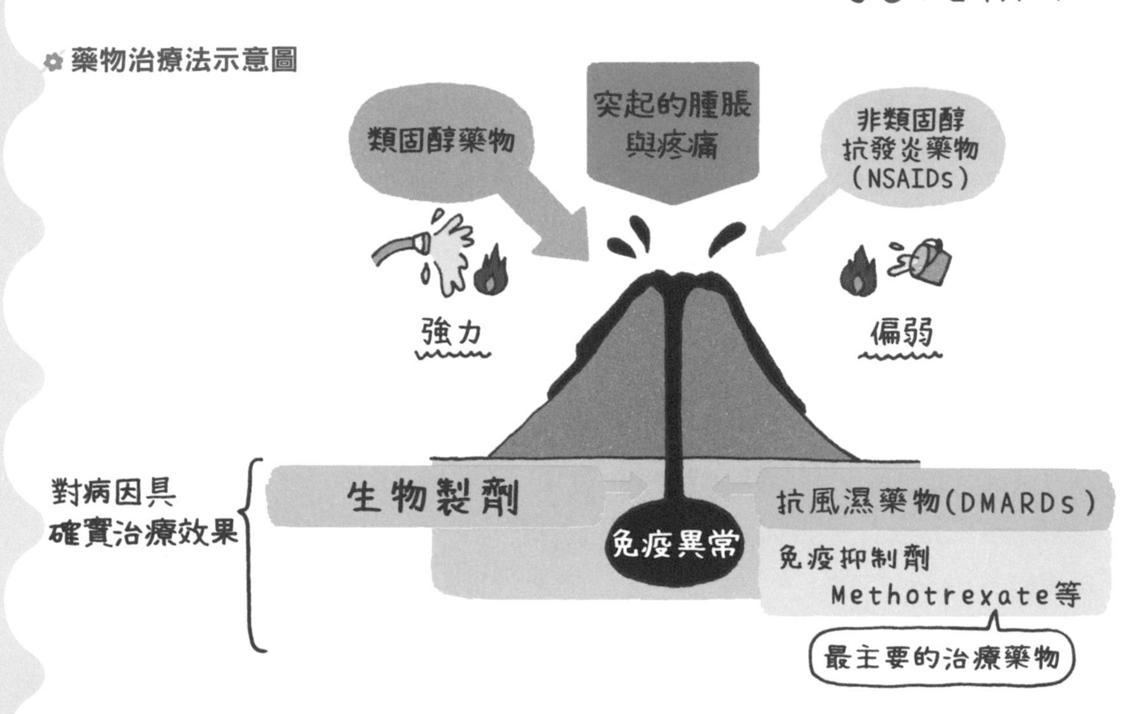

\ 搜集彙整熟記！/

● 抗風濕藥物評比

	主要功用	優點	缺點	主要藥劑名
免疫抑制劑	・抑制全身所有免疫反應	・**緩解率高** ・抑制關節破壞進展的效果非常好	・需要較長時間，藥效才會開始出現 ・**副作用大** ・由於免疫功能失效，容易受到感染	・Methotrexate ・Leflunomide ・Tacrolimus
免疫調整藥	・抑制異常免疫反應	・抑制關節破壞 ・**副作用小**	・效果優於免疫抑制劑	・Salazosulfapyridine ・Bucillamine ・金製劑（硫代蘋果酸金鈉）
生物製劑	・抑制特定的發炎因子，阻斷發炎反應	・針對關節症狀，具戲劇性的改善效果 ・就算緩解後停藥，依舊能維持不錯的緩解效果	・長期使用會造成什麼影響至今不明 ・**藥價高**，經濟負擔大	・Infliximab ・Etanercept ・Tocilizumab ・Adalimumab

※上述藥劑名為學術名。

※市售藥劑因製造藥廠的不同而有不一樣的商品名。

4 類風濕性關節炎的手術治療

・遭到破壞的關節和肌腱無法修復，必須進行姑息性・破壞性手術。

⇒最重要的是及早開始進行藥物治療

● 肌腱轉移手術、肌腱移植手術

類風濕性關節炎造成的肌腱斷裂

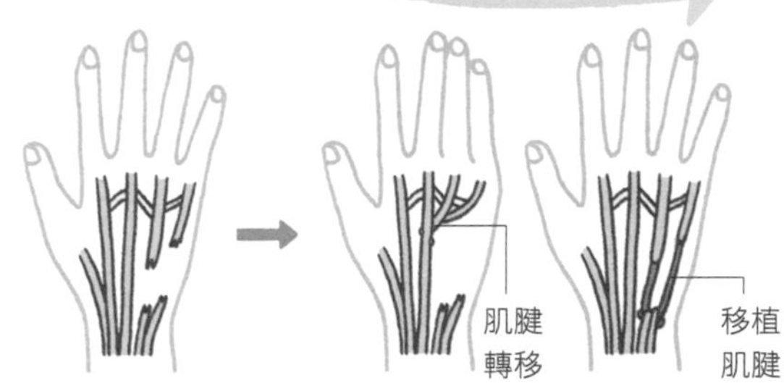

肌腱轉移手術　肌腱移植手術

● 切除性關節成型術

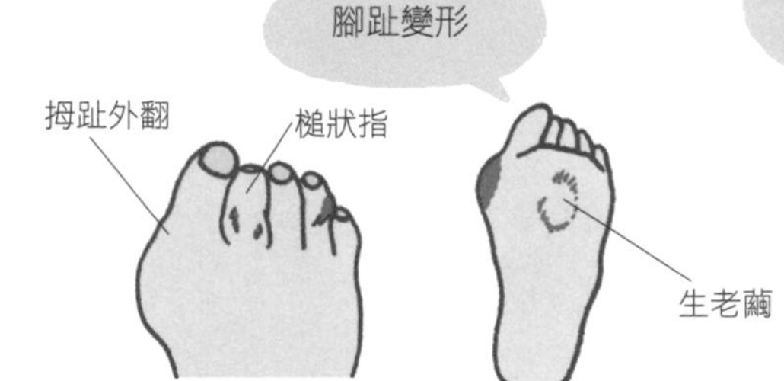

類風濕性關節炎造成變形

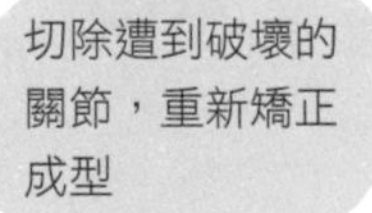

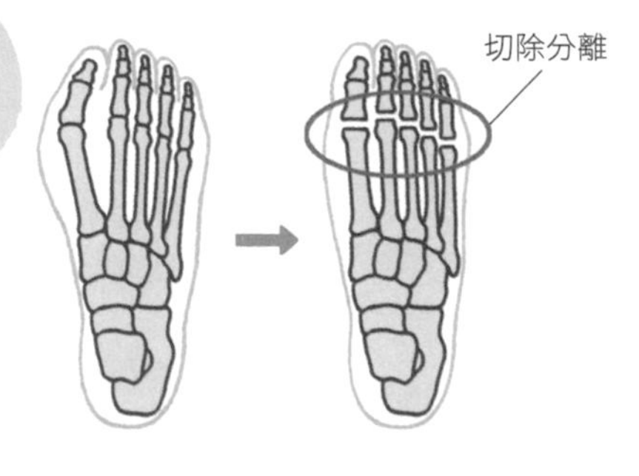

● 關節固定術

・切除滑膜，削切軟骨，固定骨骼的手術。

・讓關節本身消失，所以再也無法活動。

・手部和足部多採用這種手術。

・髖關節或肘關節等大關節處若進行關節固定術，恐對日常生活動作造成極大影響，因此多半採用人工關節置換術。

骨質疏鬆症

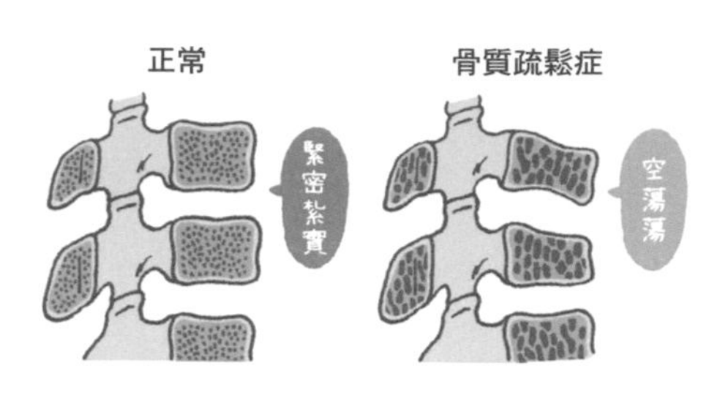

● 骨質密度隨年齡增長而疏鬆

・超過80歲的女性，約半數以上有骨質疏鬆問題。

・**停經後的女性**容易因為骨量不足造成椎體慢慢塌陷而使身高縮水。

・稍微一點外力（重力）造成的骨折稱為**脆弱性骨折**。

・製藥公司在電視廣告裡常說的「**不知不覺間骨折了**」指的就是脆弱性骨折。

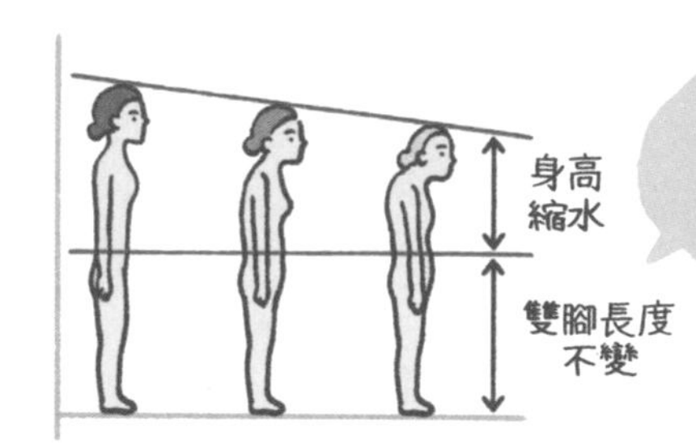

● 病狀　因骨溶蝕作用大於骨生成作用而產生

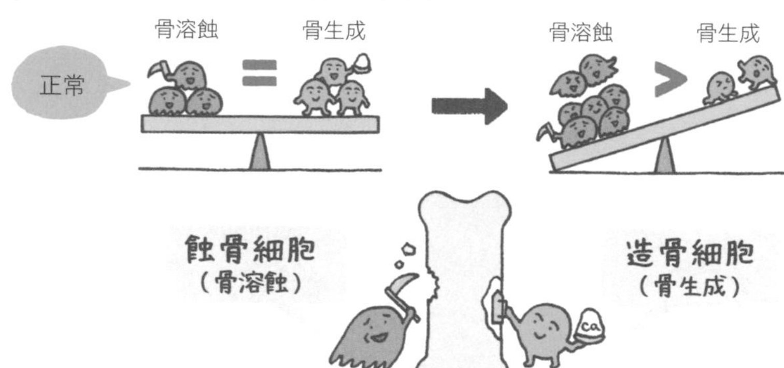

● 診斷　符合①②③其中一項即骨質疏鬆症

①低於年輕成人平均骨質密度（YAM）的70%。

②股骨近端或椎體有脆弱性骨折。

③其他部位脆弱性骨折，未達YAM的80%。

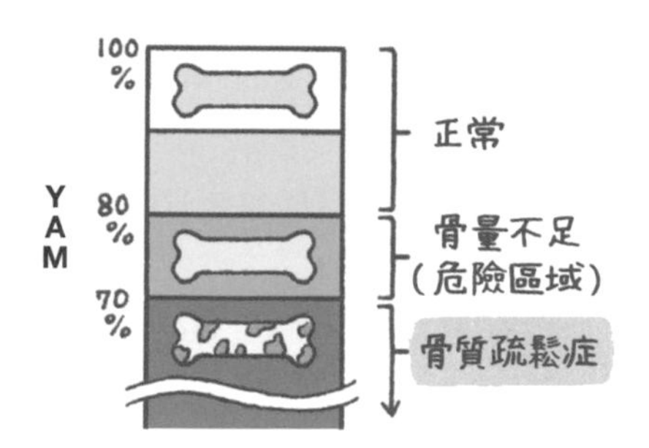

骨質密度檢測儀的體積相當大，無法像血壓計一樣可以一戶備有一台。
採用相對值（與年輕成人骨質密度平均值比較），而非絕對值。

非常重要的疾病　骨質疏鬆症＋跌倒＝造成骨折會是個大問題！

- 對向來提倡肌肉骨骼障礙「運動障礙症候群」會造成身體移動功能下降的骨科醫學會來說，骨質疏鬆症是非常重要的疾病➔ p.171。
- 骨折造成日常生活自理能力下降，而臥床不起會進一步導致**健康平均餘命**縮短。

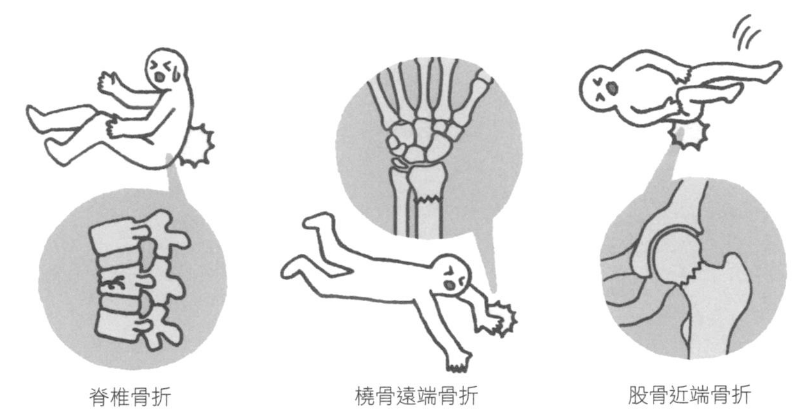

因骨質疏鬆症而容易骨折的部位（脆弱性骨折）

預防

治療　以藥物治療為主

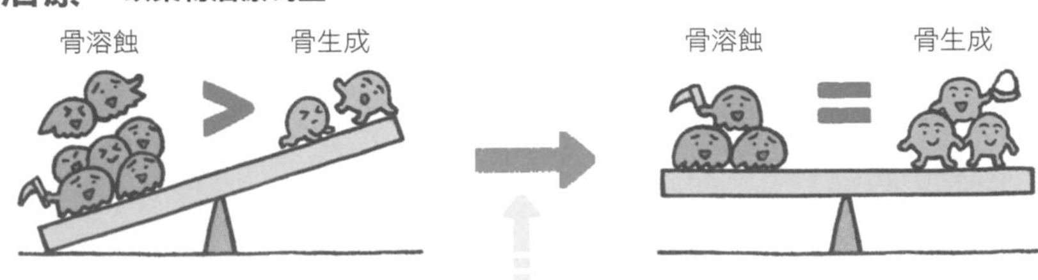

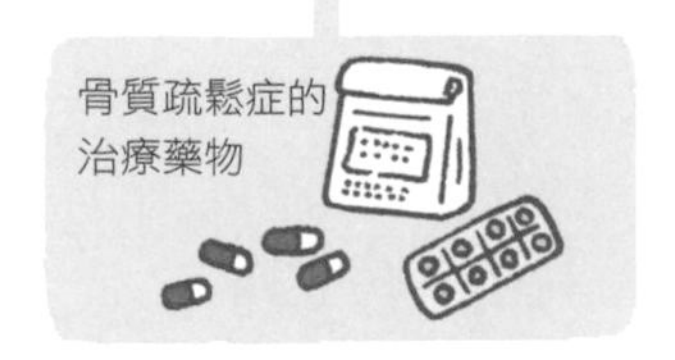

以藥物調整骨溶蝕與骨生成之間的動態平衡

骨質疏鬆症治療藥物

經由護理師的協助，務必按時服用！

曾經聽過這些藥物名稱嗎？一起來尋找醫院開立的處方箋上的藥物吧！

發現部位	作用部位與機轉	藥劑成分	科學家命名的 **一般藥品學名**	製藥廠命名的 **商品名**
原本存在於生物體體內的物質	促使鈣質吸收	活性維生素D_3	• Calcitriol • Alfacalcidol • Eldecalcitol	• Rocaltrol • Alfarol、Onealfa • Edirol
	促使新骨生成（造骨細胞）	• 維生素K_2	• Menatetrenone	• Glakay、Kaytwo
		• 副甲狀腺激素	• Teriparatide	• Teribone、Forteo
	減少骨質溶蝕（蝕骨細胞）	• 抑鈣素 （不同於T3、T4甲狀腺激素，由完全不一樣的甲狀腺所分泌的荷爾蒙）	• Elcatonin	• Elcitonin
		• 雌激素 （女性荷爾蒙的一種）	• Estradiol • Estriol	• Julina • Estriol
人工合成物質		• 雙磷酸鹽類藥物	• Alendronic acid • Risedronic acid • Minodronic acid • Ibandronic acid	• Bonalon 、Fosamac • Actonel、Benet • Bonoteo、Recalbon • Bonviva
		• 選擇性雌激素受體調節劑（SERM）	• Raloxifene • Bazedoxifene	• Evista • Viviant
		• 骨黃酮 • RANKL 單株抗體 • 硬化蛋白抑制劑	• Menatetrenone • Denosumab • Romosozumab	• Osten • Pralia • Evenity

● 副甲狀腺激素和抑鈣素的作用

在鄰近位置分泌，作用正好相反

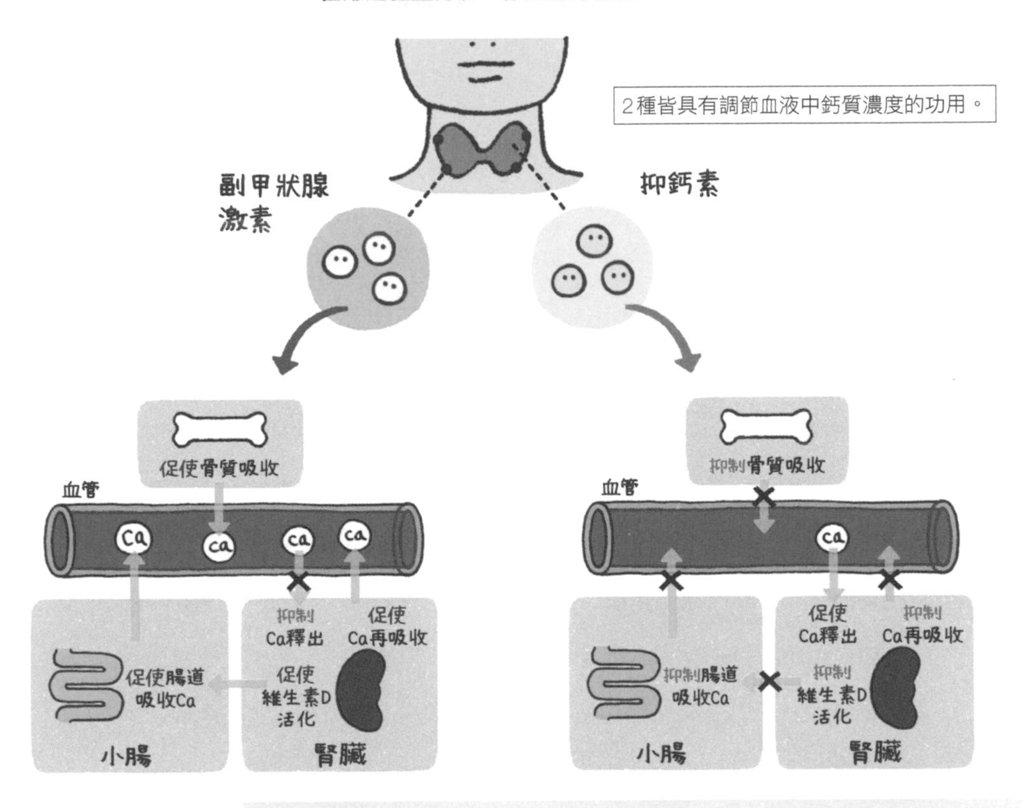

抑鈣素會抑制蝕骨細胞作用，防止骨質吸收，減少鈣質不斷流失至血液中，雖然是骨質疏鬆症的治療藥物，但作用力相對較小。

促使骨質吸收的副甲狀腺激素為什麼會成為骨質疏鬆症的治療用藥？

- 根據研究發現，週期性投予副甲狀腺激素會使濃度升高，進而促使新骨生成。
- 由於非自然分泌，所以Teriparatide的投予方式比較特殊。
- 藥劑為液體狀，經皮下注射方式投予。
- Forteo®（商品名）一天一次，可於自家自行注射。
- Teribone®則是一週一次，於醫療機構接受注射。
- 由於無法排除**罹患骨肉瘤的可能性**，這種藥物**不應使用超過年2年**。

週期性投予副甲狀腺激素

投予 投予 投予
副甲狀腺激素濃度
時間

並非「連續性」，而是「週期性」投予，如此才能加速骨骼生成，增加骨質密度！

既然這麼麻煩，為什麼還要使用這種藥物？

因為極具提升骨質密度・抑制骨折發生的效果。

為什麼骨質疏鬆症的治療藥物如此複雜難懂

閱讀骨質疏鬆症治療藥物的解說時，最令人感到困惑的是「處方箋上的藥物名稱可能有以下3種呈現方式」。

①大致成分名　②一般藥品學名　③商品名

▼這裡以「Julina」藥物為例，向大家進行說明。

③製藥廠以仿雌二醇（Estradiol）效益製作成骨質疏鬆症治療藥物的藥劑商品名。

②雌二醇（Estradiol）是雌激素（雌酮、雌二醇、雌三醇的總稱）的一種，由科學家命名的物質。

①雌激素是原本存在於體內的女性荷爾蒙（雌激素和黃體素的總稱）之其中一種。

依③→②→①的順序倒推，即可得知這是女性荷爾蒙的一種。

再以樂器③Electone（YAMAHA）②電子風琴 ①風琴為例。說明Electone時，同樣也以③→①的方式倒推說明，就可以清楚了解Electone是一種風琴樂器。

將所有骨質疏鬆症治療藥物全部記起來是不可能的事，而且即便記住了，沒隔多久又立刻有新型藥物推陳出新。唯有確認現在所用治療藥物的源頭，才有助於掌握藥物的屬性與功用。

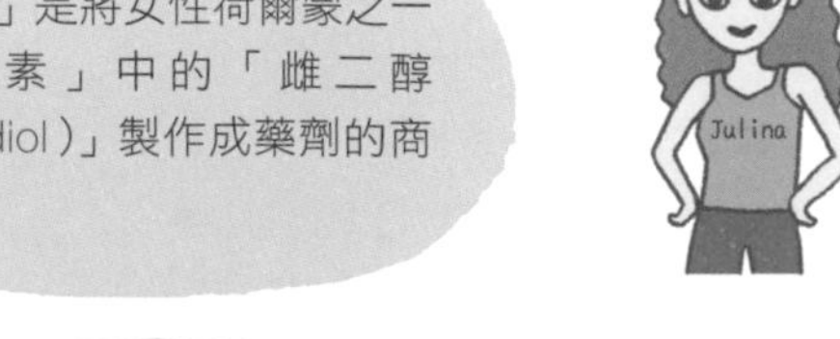

「Julina」是將女性荷爾蒙之一「雌激素」中的「雌二醇（Estradiol）」製作成藥劑的商品名

鍵盤樂器

風琴

電子風琴

Electone

而「Electone」則是將鍵盤樂器的「風琴」製作成電子式風琴的其中一個品牌

肌肉骨骼不穩定症　即運動障礙症候群

● 定義

・高齡引起運動功能衰退的運動障礙症候群會造成平衡能力與移動行走能力變差，進而增加足不出戶或跌倒風險的狀態。

● 診斷基準

・以下為隨高齡而來，容易造成運動功能衰退的11種肌肉骨骼系統疾病。診斷基準為是否曾經罹患這些疾病，或者目前因罹病而導致日常生活自理能力與運動功能變差。

因11種肌肉骨骼系統疾病  雖然不到臥床不起的程度，但運動功能明顯衰退的狀態

11種肌肉骨骼系統疾病

①脊椎壓迫性骨折與各種脊椎變形（脊椎後彎症、高度腰椎後彎・側彎症等）
②下肢骨折（股骨頸骨折等）
③骨質疏鬆症
④退化性關節炎（髖關節、膝關節等）
⑤腰椎管狹窄症
⑥脊髓障礙（頸部脊髓症、脊髓損傷等）
⑦神經・肌肉疾病
⑧類風濕性關節炎與各種關節炎
⑨下肢截肢
⑩長期臥床後造成肌肉骨骼系統廢用
⑪高度頻繁跌倒

①符合**日常生活自理程度判定基準**等級J或A
②符合運動功能：Ⅰ）或Ⅱ）
Ⅰ）開眼單腳站立：不到15秒
Ⅱ）坐站起走測試（Timed Up and Go test）：11秒以上

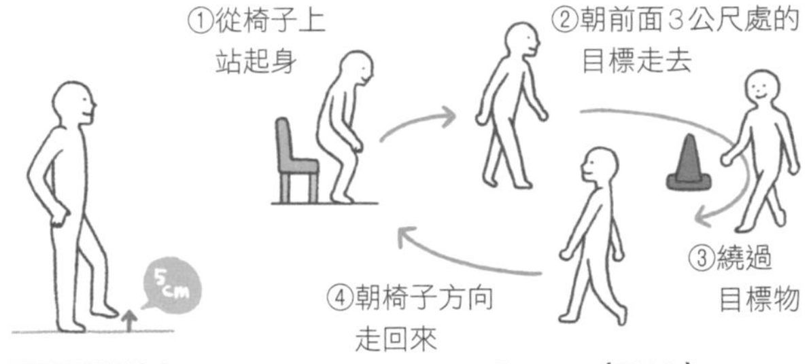

開眼單腳站立　Timed Up and Go test（TUG）

日常生活自理程度判定基準

臥床度	等級	具體情況
生活自理	J	有某些障礙，但日常生活還是可以自理，也可以單獨外出
臥床前期	A	屋內的生活大致可以自行處理，但沒有輔助就出不了門
臥床	B	屋內的生活也需要一定程度的輔助，白天多半臥床，但可以坐起身
	C	整天都臥床，如廁、飲食、穿衣皆需要他人輔助

● 運動障礙症候群（Locomotive syndrome）

・為了讓健康保險中收錄的疾病概念「肌肉骨骼不穩定症」更廣為人知，日本骨科醫學會大力宣導「運動障礙症候群」，這同時也為了和代謝症候群（metabolic syndrome）做出區別。名稱由來是代表「移動」的「locomotion」。
・相較於「metabo」，稱為「locomo」旨在壯大聲勢，引起更多人重視。

運動障礙症候群

索引

英數字

一～五劃

六～十劃

十一～十五劃

十六～二十劃

二十一～二十五劃

二十六劃以上

岡野邦彥

現任長崎縣立兒童醫療福祉中心骨科診療部長。
醫學博士。同時也是骨科和復健科的專科醫師暨指導醫師。
1988年畢業於長崎大學醫學院。曾在美國進行2年5個月的基礎研究。
現服務於第10個工作單位，從與兒童嬉戲的過程中學習兒童骨科。
每天騎公路車上班，魔術道具和杯緣子佔據了醫院辦公桌的30%。
近期目標是提倡好理解且不易遺忘的骨科學習方法。

全彩圖解骨科入門教科書

出　　版／楓葉社文化事業有限公司
地　　址／新北市板橋區信義路163巷3號10樓
郵政劃撥／19907596 楓書坊文化出版社
網　　址／www.maplebook.com.tw
電　　話／02-2957-6096
傳　　真／02-2957-6435
作　　者／岡野邦彥
翻　　譯／龔亭芬
責任編輯／王綺
內文排版／洪浩剛
港澳經銷／泛華發行代理有限公司
定　　價／380元
初版日期／2022年12月

國家圖書館出版品預行編目資料

全彩圖解骨科入門教科書 / 岡野邦彥作；龔亭芬譯. -- 初版. -- 新北市：楓葉社文化事業有限公司, 2022.12　面；公分

ISBN 978-986-370-490-4（平裝）

1. 骨科

416.6　　111016241